U0653087

普通高等教育电子信息类校企合作系列教材

电路分析基础
学习指导与考研辅导

DIANLU FENXI JICHU XUEXI ZHIDAO YU KAOYAN FUDAO

主　编　刘　亮　尹进田　杨民生

副主编　邓名高　康钦清　陈　希

参　编　冯　婉　马凌云　蒋国保　邓　蓉

西安电子科技大学出版社

内 容 简 介

本书是主教材《电路分析基础》(刘亮主编)的配套教学辅导书。全书的结构与《电路分析基础》一致，内容包含各章重点与难点、基本知识点、思维导图、习题全解以及考研真题详解。作为主教材的补充读物，本书有助于学生理解电路的基本概念，掌握电路的基本原理和基本计算方法。通过本书的学习，学生不仅能够开拓思路，还能提高解题技巧。

本书适合普通高等院校学习电路课程的学生使用，并可作为学生考研的参考资料，也可供教师作为教学参考书使用。

图书在版编目（CIP）数据

电路分析基础学习指导与考研辅导 / 刘亮，尹进田，杨民生主编. -- 西安 ：西安电子科技大学出版社，2025. 7. -- ISBN 978-7-5606-7711-8

Ⅰ. TM133

中国国家版本馆 CIP 数据核字第 20251MT269 号

策　　划　刘小莉
责任编辑　刘小莉
出版发行　西安电子科技大学出版社（西安市太白南路 2 号）
电　　话　(029) 88202421　88201467　　邮　　编　710071
网　　址　www.xduph.com　　电子邮箱　xdupfxb001@163.com
经　　销　新华书店
印刷单位　陕西博文印务有限责任公司
版　　次　2025 年 7 月第 1 版　　2025 年 7 月第 1 次印刷
开　　本　787 毫米×1092 毫米　1/16　　印　　张　13.5
字　　数　318 千字
定　　价　38.00 元
ISBN 978-7-5606-7711-8

XDUP 8012001-1

前　言

“电路分析基础”是电气与电子信息类学科重要的基础课，也是相关专业学生接触的第一门学科基础课。由于该课程定理、定律、概念多，分析方法多，而且内容的系统性和逻辑性强，前后联系紧密，因此对初学者来说有一定的难度。为了帮助学生更好地掌握该课程的基本知识，同时也考虑一些考研学生的需求，我们编写了本书。

基于知识学习与能力培养并重的理念，遵循先学习后巩固的学习规律，本书先对《电路分析基础》教材中每章的重点和难点进行了阐述，对各章的知识点进行了梳理；然后对《电路分析基础》中的习题逐个进行了解析和解答，对一些题目还给出了不同的解题思路和解题方法，尽可能帮助学生厘清思路，引导学生深入思考和掌握“电路”课程的基本内容。

本书的主要内容包括电路的基本概念和定律，电路的基本分析方法，电路分析中的常用定理，正弦交流电路分析，三相交流电路分析，动态电路的时域分析，耦合电感、理想变压器及双口网络。

本书由刘亮、尹进田、杨民生、邓名高、康钦清、陈希、冯婉等老师共同编写。其中刘亮老师负责全书的统稿工作。本书在编写过程中得到了长沙学院和湖南湘能智能电器股份有限公司的大力支持和帮助，邵阳学院唐杰教授审阅了本书，长沙学院苏钢教授和长沙市一中莫红青老师提出了宝贵的建议，在此一并表示感谢。

限于编者的水平和经验，书中难免有不妥之处，恳请读者批评指正。如有意见和建议，请发至电子邮箱 liuliang@ccsu. edu. cn。

编　者

2025 年 3 月

目 录

第 1 章

电路的基本概念和定律

1.1 重点与难点

1. 重点

(1) 电压与电流的参考方向、功率的计算及功率性质的判断。

(2) 电阻、独立源、受控源等电路元件的约束方程(VCR 特性)。

(3) 基尔霍夫电流、电压定律的应用。

(4) 纯电阻电路的等效变换。

(5) 电阻 Y-△连接的等效变换。

(6) 含独立电源电路常用的等效变换规律，尤其是两种实际电源模型间的等效变换。

(7) 含受控源电路的等效变换。

2. 难点

发出功率和吸收功率的判断、元件伏安特性与电压电流参考方向之间的关系、电压源和电流源的外部特性、受控源在电路中的处理、电阻 Y-△连接的等效变换、两种实际电源模型间的等效变换等知识点是本章的学习难点。

1.2 基本知识点

1. 电路与电路模型

(1) 实际电路：由电气设备和电气元件按预期目的连接而成的电流通路。

(2) 电路模型：反映实际电路部件的主要电磁性质的理想电路元件及其组合。

2. 电路中的基本物理量

电流、电压和功率是电路分析的常用变量。其中电流和电压是电路分析的基本变量，如表 1-1 所示。电路分析的任务就是求解这些变量。

表 1-1　常用变量电流和电压

说　明	电　流	电　压
实际方向	正电荷流动的方向	由高电位(正极)指向低电位(负极)
参考方向	任意设定	任意设定
标记符号	① 箭头；② 双下标	① 箭头；② 双下标；③ 正负极性
实际方向与参考方向的关系	$i>0$，实际方向与参考方向相同； $i<0$，实际方向与参考方向相反	$u>0$，实际方向与参考方向相同； $u<0$，实际方向与参考方向相反

温馨提示：

(1) 分析电路前必须先选定电压和电流的参考方向，并在电路图中标示出来。

(2) 电压、电流的参考方向虽然可以任意指定，但无论选择怎样的参考方向都不会改变电压、电流的实际方向。同时，在电路分析中，参考方向一经指定就不能再改变。

(3) 根据参考方向列写方程，解方程求得结果(正或负)，才可确定实际的电压和电流方向。

(4) 关联参考方向：电流参考方向的箭头由电压参考方向的"+"极性端指向"−"极性端。

(5) 非关联参考方向：电流参考方向的箭头由电压参考方向的"−"极性端指向"+"极性端。

(6) 一个闭合回路中，一般只取一个电流参考方向。

在单位时间内二端元件(或电路)吸收的电能称为电功率，简称功率(P)。

任意二端元件吸收的功率可写成：

$$p(t)=\frac{\mathrm{d}\omega(t)}{\mathrm{d}t}=\frac{\mathrm{d}\omega(t)}{\mathrm{d}q(t)}\frac{\mathrm{d}q(t)}{\mathrm{d}t}=u(t)i(t)$$

吸收功率与发出功率的判断见表 1-2。

表 1-2　功率的判断

参考方向	元件的功率	实际功率
关联参考方向	$P>0$	吸收功率
	$P<0$	发出功率
非关联参考方向	$P>0$	发出功率
	$P<0$	吸收功率

在二端元件上电流和电压取关联参考方向的前提下，在(t_0, t_1)的时段内该二端元件吸收的电能 $W=\int_{t_0}^{t_1}p(t)\mathrm{d}t$。

3. 电路中的基本元件

电阻元件、电源元件和受控电源元件是常用的电路元件。元件的伏安特性是指流过元件的电流和元件两端电压之间的关系，是元件本身的约束，是电路分析的基础之一。因此，必须熟练掌握元件的伏安特性。

1）电路元件的分类

电路元件有多种分类方式，如图 1－1 所示。

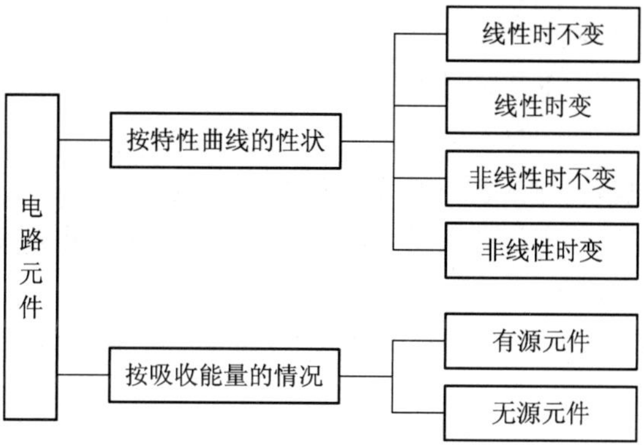

图 1－1　电路元件的分类

2）基本的无源元件

最基本的无源元件是线性时不变二端电阻、电容和电感，如表 1－3 所示。

表 1－3　基本的无源元件

说明	电阻	电容	电感
电路符号	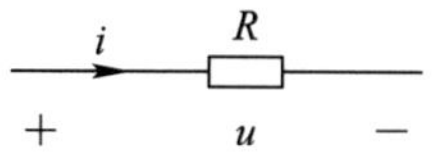	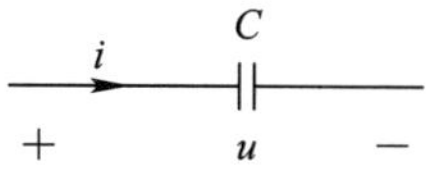	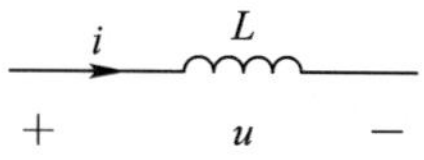
约束方程	$u=Ri$	$q=Cu$， $i=\frac{dq}{dt}=C\frac{du}{dt}$	$\psi=Li$， $u=\frac{d\psi}{dt}=L\frac{di}{dt}$
特性曲线	伏安特性	库伏特性	韦安特性
能量特性	耗能元件	储能元件	储能元件
储存能量	0	电场能量	磁场能量
记忆特性	无记忆	记忆电流元件	记忆电压元件

温馨提示：

（1）对于电容元件，电容电流 i 的大小取决于电压 u 的变化率，与 u 的大小无关，即电容是动态元件。当 u 为常数(直流)时，$i=0$，电容相当于开路。电容电压是一个连续函数。

（2）对于电感元件，电感电压 u 的大小取决于电流 i 的变化率，与 i 的大小无关，即电感是动态元件。当 i 为常数(直流)时，$u=0$，电感相当于短路。电感电流不具有跃变性，而是一个连续函数。

3）独立电源元件

电源元件又称独立电源元件，属于有源元件，在电路中起激励作用。电源元件分为电压源和电流源两类。

（1）电压源。

① 理想电压源。其两端电压总能保持定值或一定的时间函数，且电压值与流过它的电流 i 无关的元件叫作理想电压源。

电压源有两个基本性质：

a. 电压源两端的电压由电压源本身决定，与外部电路无关，也与流经它的电流大小、方向无关。

b. 流经电压源的电流由电压源和外部电路共同决定。

② 实际电压源。实际电压源有损耗，其电路模型可用理想电压源和电阻的串联组合表示，该电阻称为电压源的内阻。

实际电压源不允许短路，这是因为其内阻小，若短路，则电流很大，可能烧毁电压源。

（2）电流源。

① 理想电流源。不管外部电路如何，其输出电流总能保持定值或一定的时间函数，其值与它两端的电压 u 无关的元件叫作理想电流源。

电流源有两个基本性质：

a. 电流源的输出电流由电流源本身决定，与外部电路无关，也与它两端的电压大小、方向无关。

b. 电流源两端的电压由电流源及外部电路共同决定。

② 实际电流源。实际电流源有损耗，其电路模型可用理想电流源和电阻的并联组合表示，该电阻称为电流源的内阻。

温馨提示：

（1）理想电压源不允许短路。

（2）理想电流源不允许开路。

（3）实际电流源不允许开路，这是因为其内阻很大，若开路，则端电压很大，可能烧毁电流源。

4）受控源元件

受控源又称非独立电源。电压（或电流）的大小和方向受电路中其他地方的电压（或电流）控制的电源称为受控源。受控源为四端元件。

四种基本的线性受控源为：电压控制电压源（VCVS）、电压控制电流源（VCCS）、电流控制电压源（CCVS）、电流控制电流源（CCCS）。

温馨提示：

（1）受控源不能作电路的一个独立激励，它只反映电路中某处的电压或电流受另一处电压或电流的控制关系。

（2）含受控源电路的分析方法、原理如同含独立电源的电路，即先把受控源当作独立源来处理。

5）运算放大器

运算放大器（运放）是一种集成电路，是一种高增益、高输入电阻、低输出电阻的放大器。一般放大器的作用是把输入电压放大一定倍数后再输送出去，其输出电压与输入电压的比值称为电压放大倍数或电压增益。

在求解具有运放的电路时，可先画出运放的电路模型，然后按类似于求解含受控源电路的方法来分析电路。

4. 基尔霍夫定律

基尔霍夫定律是分析一切集总参数电路的根本依据。基尔霍夫定律包括基尔霍夫电流定律(KCL)和基尔霍夫电压定律(KVL)，这两个定律反映了电路中所有支路电流和电压所遵循的基本规律。基尔霍夫定律仅与元件的相互连接有关，而与元件的性质无关，无论元件是线性的还是非线性的、是时变的还是时不变的，KCL 和 KVL 总是成立的，如表 1-4 所示。对一个电路应用 KCL 和 KVL 时，应对电路各结点和支路编号，指定各支路电流和支路电压的参考方向，指定有关回路的绕行方向。基尔霍夫定律与元件的特性构成了电路分析的基础。

(1) 结点：电路中三条或三条以上支路的连接点称为结点。

(2) 支路：电路中任何一个二端元件都可定义为一条支路。

(3) 回路：电路中任何一个由不重复出现的支路所构成的闭合路径称为一个回路。

表 1-4　基尔霍夫电流定律和电压定律

基尔霍夫定律	基尔霍夫电流定律(KCL)	基尔霍夫电压定律(KVL)
定律内容	在集总参数电路中，任何时刻流入(或流出)任意结点的支路电流的代数和恒等于零	在集总参数电路中，任何时刻沿任意闭合回路的所有支路电压的代数和恒等于零
数学表达式	$\sum i = 0$	$\sum u = 0$
广义形式	任何时刻流入(或流出)电路中的任一封闭面的支路电流的代数和恒等于零	任何时刻沿该广义回路的闭合路径的所有相邻结点间电压的代数和恒等于零
说明	根据电流的参考方向，当流出结点的电流取正时，流入结点的电流取负	当支路电压的参考方向与回路绕线一致时，该电压取正；反之取负

5. 电路的等效变换

电路等效变换的概念在电路理论中非常重要。电路等效变换的方法是电路分析中经常使用的方法，运用等效变换可以将复杂的电路化简为单回路或双结点的电路，因此，深刻理解等效变换的概念和熟练运用等效变换的方法化简电路是本章的重点。正确认识等效变换的条件和等效变换的目的是本章的难点。

1) 二端网络

只有两个端钮可与外部电路连接的网络称为二端网络，如图 1-2 所示。

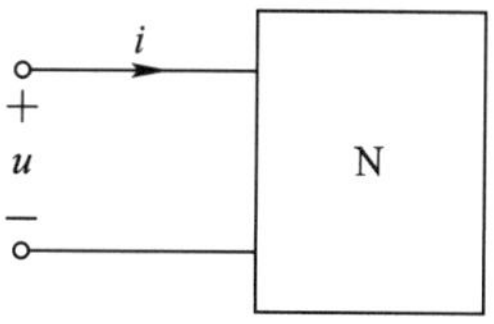

图 1-2　二端网络

二端网络端口电压与端口电流之间的关系称为二端网络的端口伏安关系。其一般形式为

$$u = Ri + u_S \quad 或 \quad i = Gu + i_S$$

式中，G 代表电导，它与 R 互为导数，即 $G = \dfrac{1}{R}$。

具有完全相同的伏安关系的二端网络称为等效二端网络。

等效二端网络之间的代换称为等效变换。等效变换分为等效化简和等效分解两种。

2）电阻的等效变换

电阻的串联、并联和串并联是电阻之间主要的连接方式。一个由电阻组成的无源一端口网络，总是可以用一个等效电阻来等效替换，从而简化电路的分析和计算。

（1）电阻的串联。

串联电阻的等效电阻为各个串联电阻之和，等效电阻大于任一个串联电阻，其计算公式为

$$R=\sum_{i=1}^{n}R_i$$

式中，R 代表电阻。

在串联电阻电路中，各个电阻上的电压值与电阻值成正比，阻值越大电阻分得的电压越大，所以串联电阻电路可以用作分压电路。各电阻消耗（吸收）的功率与其电阻值成正比；等效电阻消耗（吸收）的功率等于各电阻消耗（吸收）的功率之和。

（2）电阻的并联。

并联电阻的等效电阻的倒数等于各个并联电阻的倒数之和，等效电阻小于任一个并联电阻。并联电导的等效电导为各个并联电导之和，等效电导大于任一个并联电导。电阻与电导的计算公式为

$$R=\frac{1}{\sum_{i=1}^{n}G_i}$$

在并联电阻电路中，各并联电阻上的电流与它们各自的电导值成正比，电导值大者分得的电流大，因此，并联电阻电路可作分流电路。各电阻消耗（吸收）的功率与其电导值成正比；等效电阻消耗（吸收）的功率等于各电阻消耗（吸收）的功率之和。

（3）电阻的串并联。

电阻的串联和并联相结合的连接方式称为电阻的串并联，也称电阻的混联。

（4）电阻的 Y 形连接和△形连接的等效变换。

Y-△电路的等效变换属于多端子电路的等效，在应用中除了正确使用电阻变换公式计算各电阻值外，还必须正确连接各对应端子，如图 1－3 所示。

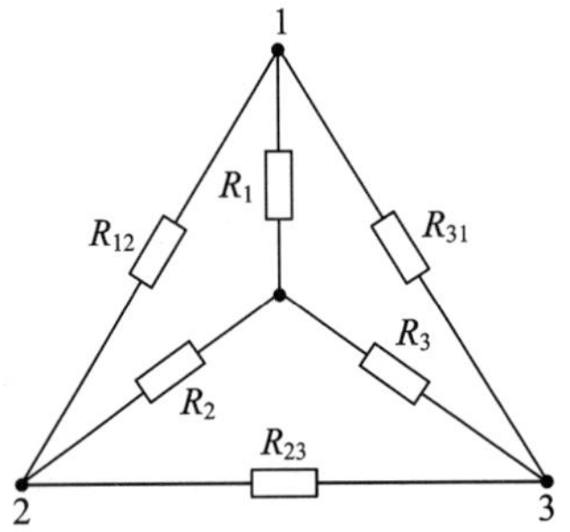

图 1－3　Y 形电路和△形电路

△形电路与 Y 形电路等效变换时各电阻的关系式为

$$\triangle \to Y:\begin{cases} R_1=\dfrac{R_{12}R_{31}}{R_{12}+R_{23}+R_{31}} \\ R_2=\dfrac{R_{12}R_{23}}{R_{12}+R_{23}+R_{31}} \\ R_3=\dfrac{R_{23}R_{31}}{R_{12}+R_{23}+R_{31}} \end{cases}$$

$$Y \to \triangle:\begin{cases} R_{12}=\dfrac{R_1R_2+R_2R_3+R_1R_3}{R_3} \\ R_{23}=\dfrac{R_1R_2+R_2R_3+R_1R_3}{R_1} \\ R_{31}=\dfrac{R_1R_2+R_2R_3+R_1R_3}{R_2} \end{cases}$$

温馨提示：

对于不含独立源的一端口网络，该端口网络可以用一个电阻来等效(该电阻等于端口上电压与电流的比值)。求该等效电阻的一种方法就是在端口上外加电压，求端口电流；另一种方法是把电压、电流表达为电路中同一种变量的函数，然后相除。当电路中存在不止一处 Y 形和△形连接时，可选择任意一处进行化简。但化简的难易程度有很大区别。在化简时应尽量选择阻值相等的 3 个电阻进行化简，并注意电阻对应的位置。

6. 电源的等效变换

实际电压源的模型是理想电压源与电阻的串联组合，实际电流源的模型是理想电流源与电阻(电导)的并联组合。实际电源的两种模型可以等效变换，应用实际电源两种模型的等效变换方法来化简电路也是本章的重点(注意这种等效是指对外等效)。受控电压源、电阻的串联组合和受控电流源、电阻(电导)的并联组合可以采用实际电源的两种模型的等效变换方法进行变换，此时，应把受控源当作独立源处理，但是注意在变换过程中控制量必须保持完整而不被改变。受控电压源、电阻的串联组合和受控电流源、电阻(电导)的并联组合之间的等效变换是电源等效变换中的难点。

1) 电压源的等效变换

(1) 电压源的串联。

n 个电压源串联，可以用一个等效电压源来替代，等效电压源的电压等于各个串联电压源的电压的代数和。

(2) 电压源的并联。

只有当电压源的电压相等且电压的极性一致时，电压源才能并联。

(3) 电压源与任意元件的并联。

电压源与任意元件的并联对外可等效为此电压源。

2) 电流源的等效变换

(1) 电流源的串联。

只有当电流源的电流相等且电流方向一致时，电流源才能串联。

(2) 电流源的并联。

n 个电流源并联，可以用一个等效电流源替代，等效电流源的电流等于各个并联电流源的电流的代数和。

(3) 电流源与任意元件的串联。

电流源与任意元件的串联对外可等效为此电流源。

3) 实际电源的两种模型及其等效变换

实际电源的电路模型可以是理想电压源与电阻的串联组合或者理想电流源与电阻(电导)的并联组合，如图 1－4 所示。

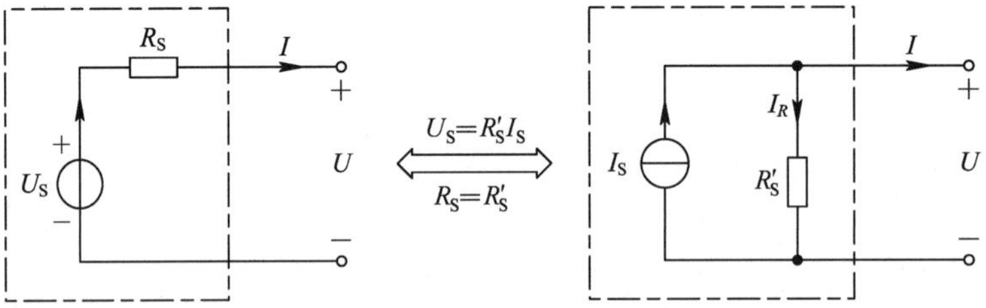

图 1－4　实际电源的两种模型及其等效变换

受控电压源与电阻的串联组合和受控电流源与电阻(电导)的并联组合可以采用实际电源的两种模型的等效变换方法进行变换，此时，应把受控源当作独立源处理，但是注意在变换过程中控制量必须保持完整而不被改变。

7. 含受控源单口网络的等效电阻

对于不含独立源的二端电阻网络，在关联参考方向下，其端口电压与端口电流的比值定义为该二端网络的输入电阻，又称为入端电阻。输入电阻和等效电阻在数值上是相等的。但输入电阻是不含独立源的二端电阻网络的端口电压与端口电流的比值，而等效电阻则是用来等效代替此二端网络的电阻。二端网络的等效电阻可通过计算输入电阻求得，如图 1－5 所示。由于受控源的有源性，某些由电阻和受控源构成的二端网络，其输入电阻可能会出现负值。图 1－5 中：

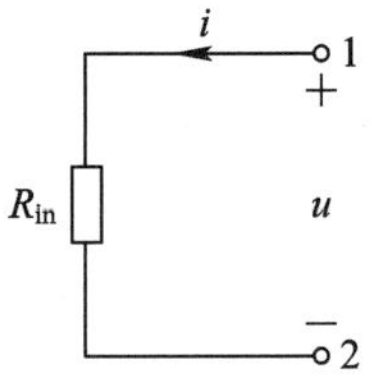

图 1－5　二端网络的等效电阻

$$R_{in}=\frac{u}{i}$$

无源一端口网络的输入电阻和其等效电阻的数值是相等的，所以可通过求等效电阻得到输入电阻的值。

求解无源一端口网络的输入电阻的方法有两种：

(1) 当无源一端口网络为仅含电阻的网络时，其输入电阻可通过电阻的串联、并联或 Y-△等效变换等化简方法求得。

(2) 当无源一端口网络含受控源时，可采用外加电源法。

工程案例 1　　工程案例 2

1.3 思维导图

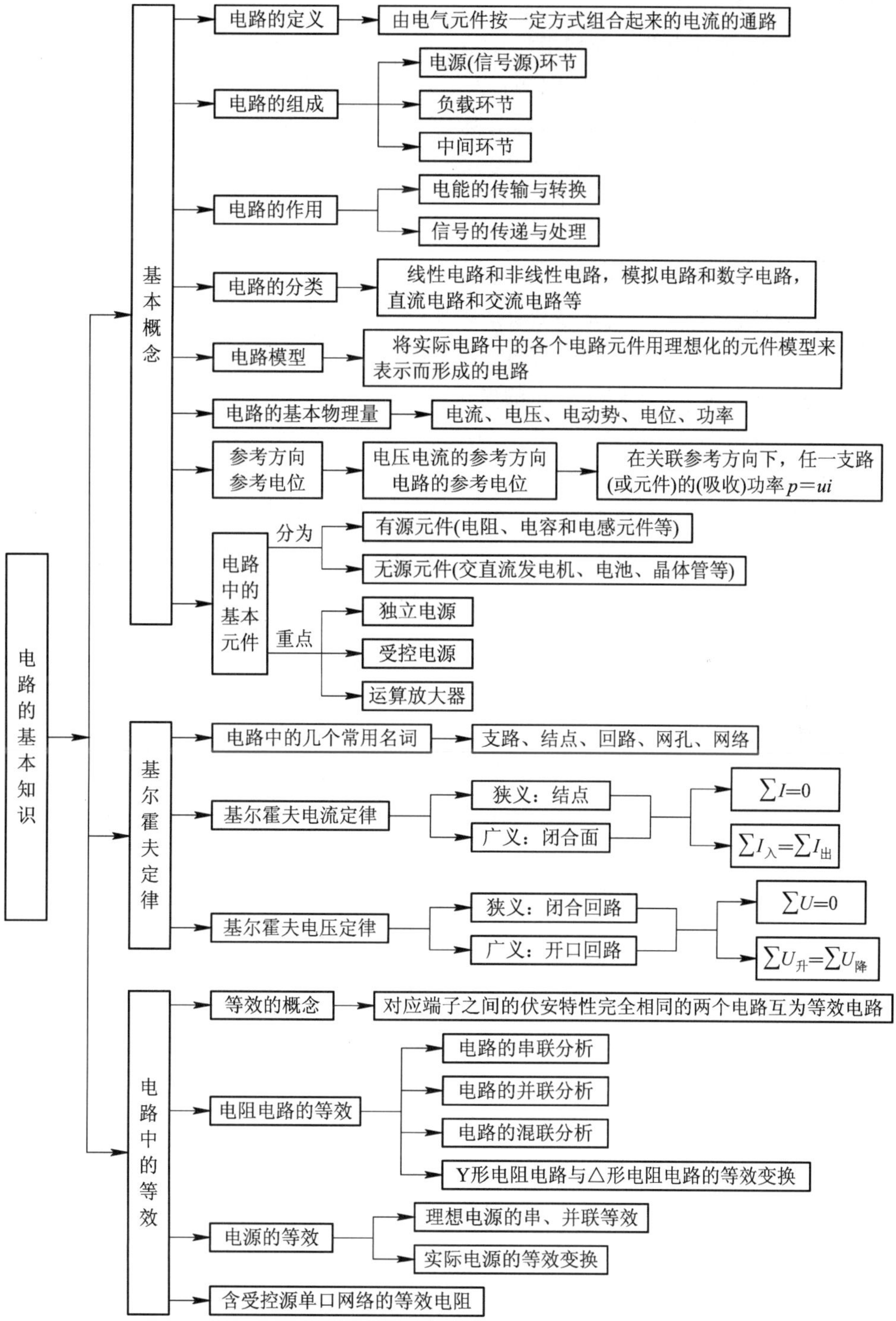
电路的基本知识
基本概念
电路的定义
由电气元件按一定方式组合起来的电流的通路
电路的组成
电源(信号源)环节
负载环节
中间环节
电路的作用
电能的传输与转换
信号的传递与处理
电路的分类
线性电路和非线性电路，模拟电路和数字电路，直流电路和交流电路等
电路模型
将实际电路中的各个电路元件用理想化的元件模型来表示而形成的电路
电路的基本物理量
电流、电压、电动势、电位、功率
参考方向
参考电位
电压电流的参考方向
电路的参考电位
在关联参考方向下，任一支路(或元件)的(吸收)功率 $p=ui$
电路中的基本元件
分为
有源元件(电阻、电容和电感元件等)
无源元件(交直流发电机、电池、晶体管等)
重点
独立电源
受控电源
运算放大器
基尔霍夫定律
电路中的几个常用名词
支路、结点、回路、网孔、网络
基尔霍夫电流定律
狭义：结点
广义：闭合面
$\sum I=0$
$\sum I_{入}=\sum I_{出}$
基尔霍夫电压定律
狭义：闭合回路
广义：开口回路
$\sum U=0$
$\sum U_{升}=\sum U_{降}$
电路中的等效
等效的概念
对应端子之间的伏安特性完全相同的两个电路互为等效电路
电阻电路的等效
电路的串联分析
电路的并联分析
电路的混联分析
Y形电阻电路与△形电阻电路的等效变换
电源的等效
理想电源的串、并联等效
实际电源的等效变换
含受控源单口网络的等效电阻

1.4 习题全解

一、选择题

1. 电路分析中所讨论的电路一般均指(　　)。

A. 由理想电路元件构成的抽象电路

B. 由实际电路元件构成的抽象电路

C. 由理想电路元件构成的实际电路

D. 由实际电路元件构成的实际电路

答案：A

2. 关于电位，下列说法不正确的是(　　)。

A. 参考点的电位为零，某点电位为正，说明该点电位比参考点高

B. 参考点的电位为零，某点电位为负，说明该点电位比参考点低

C. 选取不同的参考点，电路中各点的电位也将随之改变

D. 电路中两点间的电压值是固定的，与零电位参考点的选取有关

答案：D

3. 一个元件的电流为 2 A，电压为-5 V，电流、电压方向关联，则该元件吸收的功率为(　　)。

A. 10 W　　B. 20 W　　C. -10 W　　D. -20 W

答案：C

4. 图 1-6 中电压、电流参考方向关联的是(　　)。

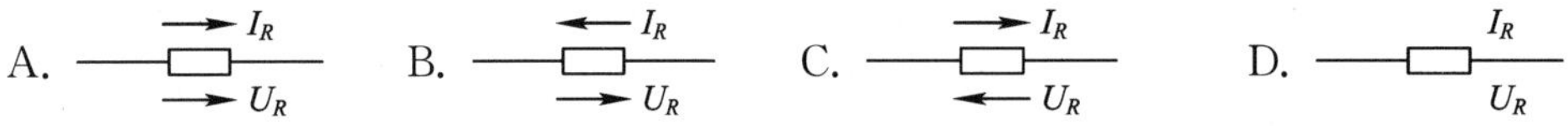

图 1-6

答案：A

5. 一个元件的电流为 2 A，电压为-5 V，电流、电压方向非关联，则该元件吸收的功率为(　　)。

A. 10 W　　B. 20 W　　C. -10 W　　D. -20 W

答案：A

6. 如将两只额定值为“220 V，100 W”的白炽灯串联接在 220 V 的电源上，设灯的电阻不变，则每只灯消耗的功率为(　　)。

A. 100 W　　B. 50W　　C. 25W　　D. 40 W

答案：C

7. 如图 1-7 所示，已知 $U_a > U_b$，则以下说法正确的是(　　)。

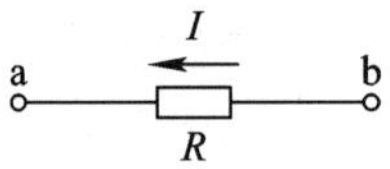

图 1-7

A. 实际电压为由 a 指向 b，$I>0$　　B. 实际电压为由 b 指向 a，$I<0$

C. 实际电压为由 b 指向 a，$I>0$　　D. 实际电压为由 a 指向 b，$I<0$

答案：D

8. 6 μF 的电容器，用 2 kV 直流电压充电，可以储存的最大电场能量为(　　)。

A. 6 J　　B. 12 J　　C. 18 J　　D. 24 J

答案：B

9. 某电阻元件的额定数据为“1 kΩ，2.5 W”，正常使用时允许流过的最大电流为(　　)mA。

A. 50　　B. 2.5　　C. 250　　D. 5000

答案：A

10. 已知在非关联参考方向下，某个元件的端电压为 5 V，流过该元件的电流为 2 mA，则该元件的功率状态为(　　)。

A. 吸收 10 W　　B. 发出 10 W　　C. 吸收 10 mW　　D. 发出 10 mW

答案：D

11. 已知某元件在关联参考方向下吸收的功率为 10 kW。如果该元件的端电压为 1 kV，则流过该元件的电流为(　　)。

A. −10 A　　B. 10 A　　C. −10 mA　　D. 10 mA

答案：B

12. 常用的理想电路元件中，耗能元件是(　　)。

A. 开关　　B. 电阻器　　C. 电感器　　D. 电容器

答案：B

13. 常用的理想电路元件中，储存电场能量的元件是(　　)。

A. 开关　　B. 电阻器　　C. 电感器　　D. 电容器

答案：D

14. 常用的理想电路元件中，储存磁场能量的元件是(　　)。

A. 开关　　B. 电阻器　　C. 电感器　　D. 电容器

答案：C

15. 电路如图 1-8 所示，A 点的电位 U_A 应为(　　)。

A. −10 V

B. −6 V

C. −5 V

D. 0 V

答案：C

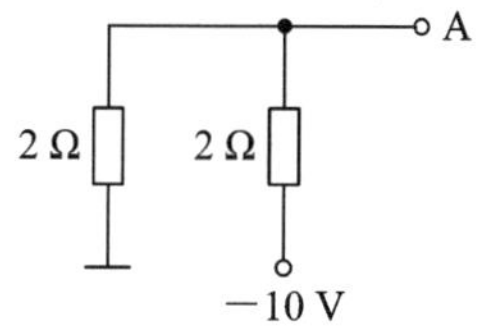

图 1-8

16. 理想电流源输出恒定的电流，其输出端电压(　　)。

A. 恒定不变　　B. 等于零　　C. 由内电阻决定　　D. 由外电阻决定

答案：D

17. 理想电流源的电流为定值，电压为(　　)，且由外电路决定。

A. 常数　　B. 任意值　　C. 零　　D. 正值

答案：B

18. 理想电压源的电压为定值，电流为(　　)，且由外电路决定。

A. 常数　　B. 任意值　　C. 零　　D. 正值

答案：B

二、填空题

1. 由 4 A 电流源、2 V 电压源、3 Ω 电阻组成的串联支路，对外部电路而言可等效为一个元件，这个元件是________。

   答案：4 A 电流源

2. 图 1－9 所示的二端网络的等效电阻为________ Ω。

   答案：360

3. 图 1－10 所示的二端网络的等效电阻 R_{ab} 为________ Ω。

   答案：30

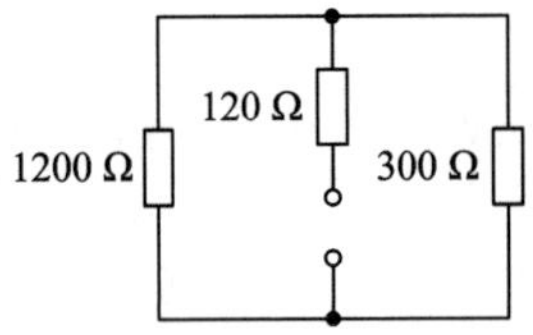

图 1－9

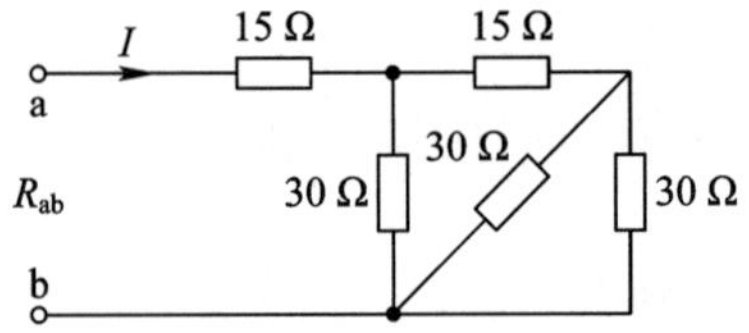

图 1－10

4. 电路如图 1－11 所示，a、b 间的等效电阻 R_{ab}＝________ Ω。

   答案：20

5. 电路如图 1－12 所示，其中 $R_1=9$ Ω，$R_2=12$ Ω，$R_3=6$ Ω，$R_4=2$ Ω，$R_5=4$ Ω，a、b 之间的电阻值为________ Ω。

   答案：6

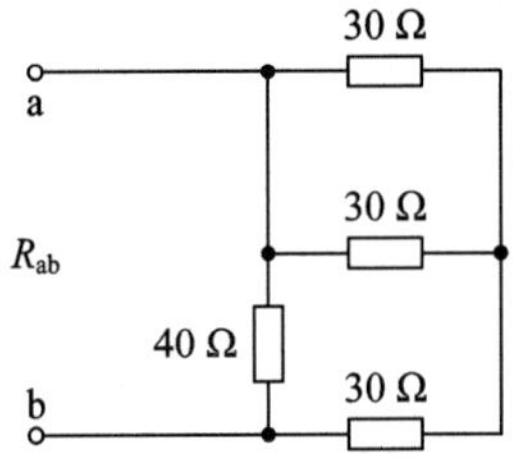

图 1－11

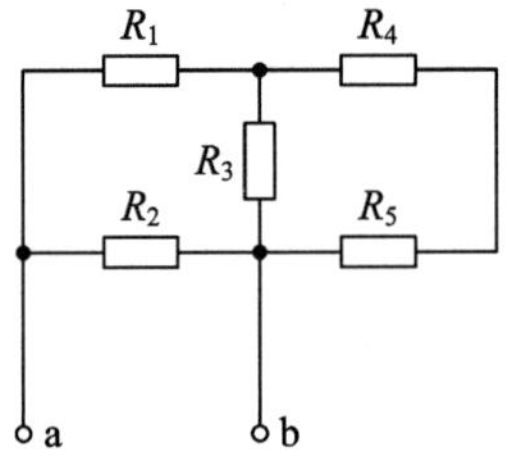

图 1－12

6. 图 1－13 所示的电路中，$R_1=3$ Ω，$R_2=9$ Ω，$R_3=3$ Ω，$R_4=3$ Ω，$R_5=9$ Ω，则其一端口电路中的等效电阻是________ Ω。

   答案：4.5

7. 如图 1－14 所示的电路中，$R_1=4$ Ω，$R_2=2$ Ω，则其等效电阻为__________ Ω。

   答案：4

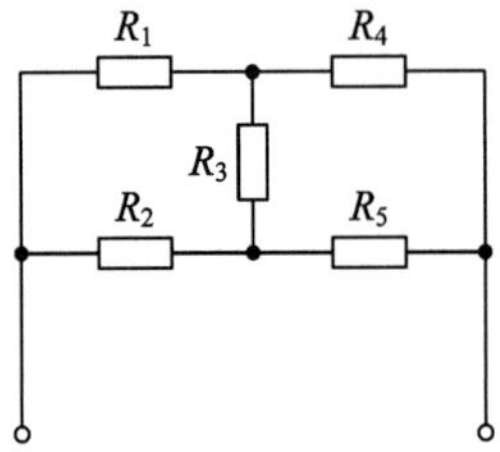

图 1－13

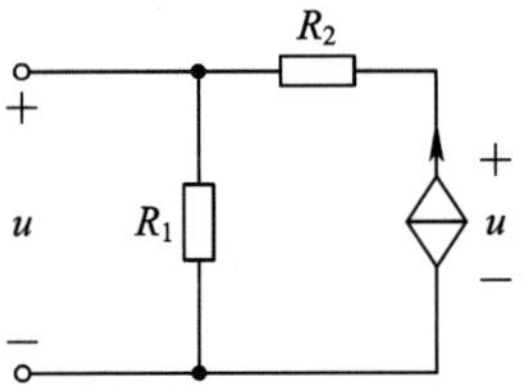

图 1－14

8. 如图 1-15 所示电路中，$R_1=1\ \Omega$，$R_2=2\ \Omega$，$R_3=3\ \Omega$，其等效电阻 R_{in} 为__________ Ω。

答案：$-\dfrac{11}{5}$

9. 如图 1-16 所示的电路中，$I_S=3$ A，$U_S=9$ V，$R_1=24\ \Omega$，$R_2=18\ \Omega$，$R_3=9\ \Omega$，则电流 I 为__________ A。

答案：1

10. 如图 1-17 所示的电路中，$R_1=5\ \Omega$，$R_2=3\ \Omega$，输入电阻为________ Ω。

答案：5

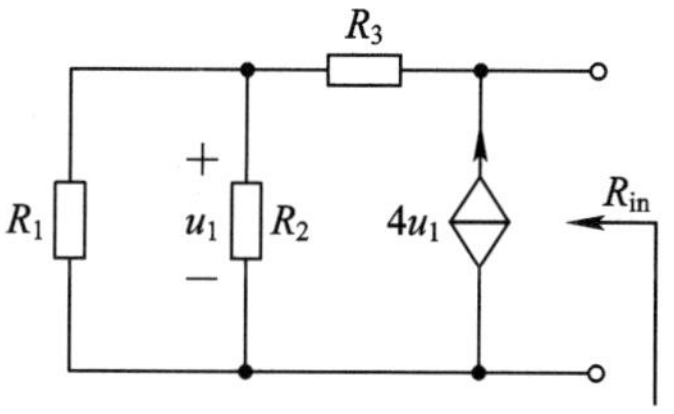

图 1-15

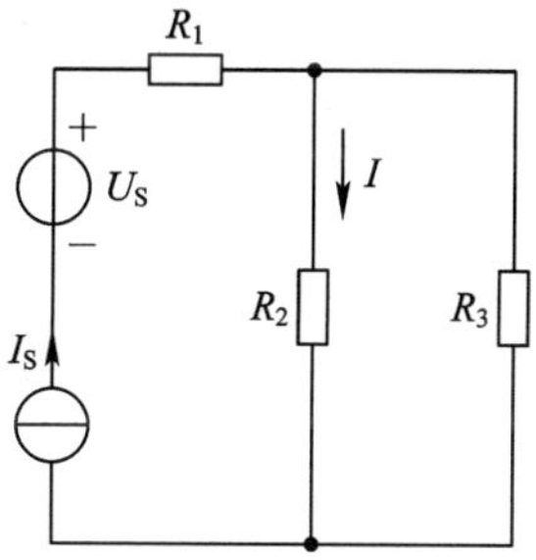

图 1-16

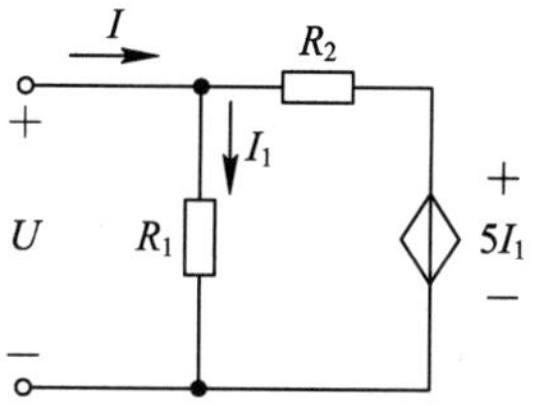

图 1-17

11. 已知图 1-18 所示的电路中，$R_1=8\ \Omega$，$R_2=10\ \Omega$，$R_3=6\ \Omega$，$R_4=7\ \Omega$，$R_5=8\ \Omega$，$R_6=6\ \Omega$，等效电阻 $R_{ab}=$________ Ω。

答案：9

12. 已知图 1-19 所示的电路中，$R_1=3\ \Omega$，$R_2=2\ \Omega$，$R_3=4\ \Omega$，$R_4=2\ \Omega$，$R_5=2\ \Omega$，$R_6=4\ \Omega$，$R_7=4\ \Omega$，等效电阻 $R_{ab}=$________ Ω。

答案：1.5

13. 如图 1-20 所示的电路中，$R_1=20\ \Omega$，$R_2=30\ \Omega$，$R_3=30\ \Omega$，$R_4=30\ \Omega$，$R_5=30\ \Omega$，$R_6=30\ \Omega$，$R_7=20\ \Omega$，$R_L=40\ \Omega$，$I_S=2$ A，R_L 上消耗的功率 $P_L=$________ W。

答案：40

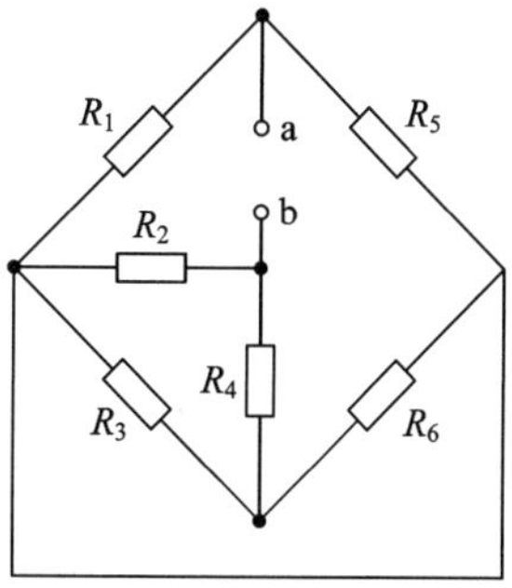

图 1-18

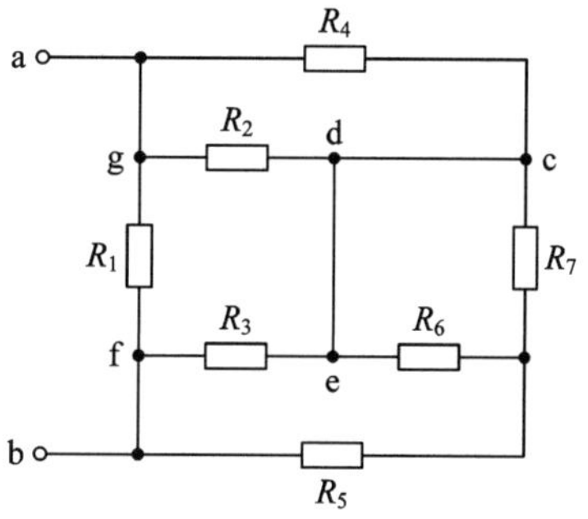

图 1-19

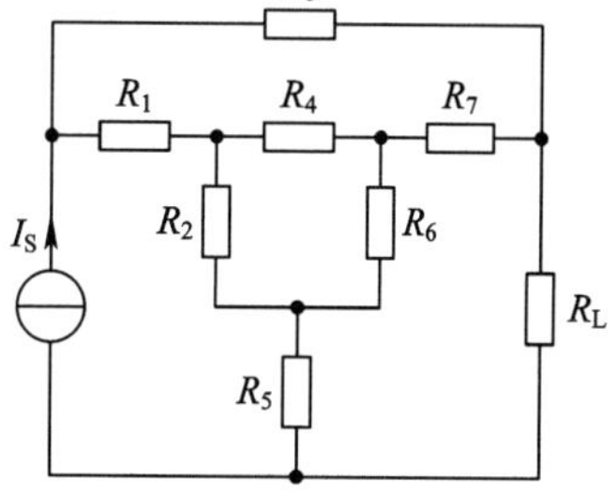

图 1-20

三、分析计算题

1. 如图 1-21 所示的电路中，$I_S=2$ A，$R=5\ \Omega$，$U_S=15$ V，试求电路中电压源、电流

源及电阻的功率(需说明是吸收还是发出)。

解　图1-21中，流过15 V电压源的2 A电流与激励电压15 V为非关联参考方向，因此，电压源发出功率为

$$P_{U_S发}=15\times 2\ \text{W}=30\ \text{W}$$

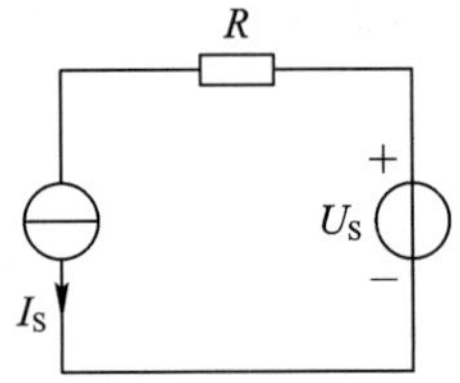

图1-21

2 A电流源的端电压为

$$U_A=(-5\times 2+15)\ \text{V}=5\ \text{V}$$

此电压与激励电流为关联参考方向，因此，电流源吸收功率为

$$P_{I_S吸}=5\times 2\ \text{W}=10\ \text{W}$$

电阻消耗功率为

$$P_R=I^2R=2^2\times 5\ \text{W}=20\ \text{W}$$

电路中，$P_{U_S发}=P_{I_S吸}+P_R$，功率平衡。

2. 如图1-22所示的电路中，$I_S=2$ A，$R=5\ \Omega$，$U_S=15$ V，试求电路中电压源、电流源及电阻的功率(需说明是吸收还是发出)。

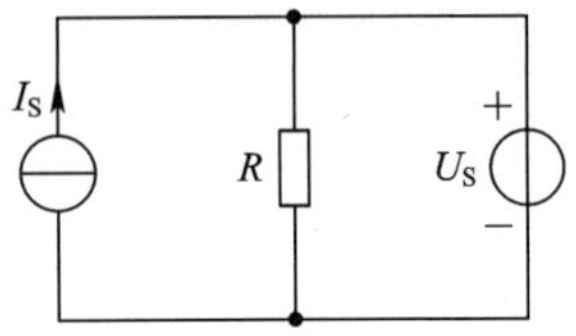

图1-22

解　图1-22中，电压源中的电流 $I_{U_S}=\left(2-\dfrac{15}{5}\right)$ A$=-1$ A，其方向与激励电压关联，15 V电压源吸收功率

$$P_{I_S吸}=15\times(-1)\ \text{W}=-15\ \text{W}$$

电压源实际发出功率15 W。

2 A电流源两端的电压为15 V，与激励电流2 A为非关联参考方向，因此2 A电流源发出功率为

$$P_{I_S发}=15\times 2\ \text{W}=30\ \text{W}$$

电阻消耗功率为

$$P_R=\frac{15^2}{5}W=45\ \text{W}$$

电路中，$P_{I_S发}=P_{U_S吸}+P_R$，功率平衡。

3. 如图1-23所示的电路中，$I_S=2$ A，$R=5\ \Omega$，$U_S=15$ V，试求电路中电压源、电流源及电阻的功率(需说明是吸收还是发出)。

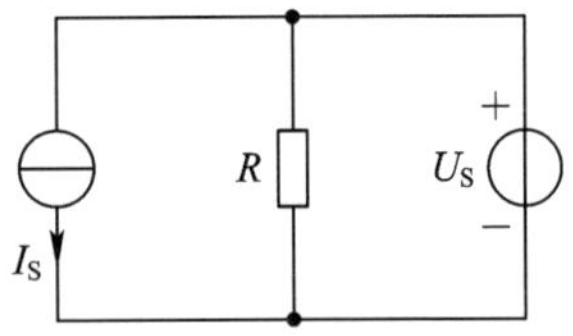

图1-23

解　图1-23中，电压源中的电流 $I_{U_S}=\left(2-\dfrac{15}{5}\right)$ A$=-1$ A，方向与15 V激励电压非关联，电压源发出功率

$$P_{U_S发}=15\times 5\ \text{W}=75\ \text{W}$$

电流源两端电压 $U_A=15$ V，方向与2 A激励电流关联，电流源吸收功率

$$P_{I_S吸}=15\times 2\ \text{W}=30\ \text{W}$$

电阻消耗功率为

$$P_R=\frac{15^2}{5}\text{W}=45\ \text{W}$$

电路中，$P_{U_S发}=P_{I_S吸}+P_R$，功率平衡。

4. 如图 1－24 所示的电路中，$I=0.5$ A，$R=2$ Ω，试求每个元件发出或吸收的功率。

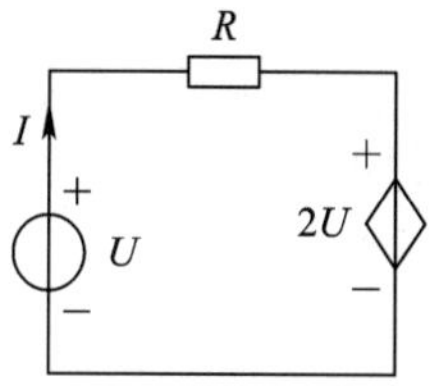

图 1－24

解　根据图 1－24，应用 KVL 可得到方程

$$-U+2\times0.5+2U=0$$

解得 $U=-1$ V。

电流源电压 U 与激励电流方向非关联，因此电流源发出功率为

$$P_{I_S发}=U\times0.5=(-1)\times0.5\ \text{W}=-0.5\ \text{W}(\text{实际吸收 }0.5\ \text{W})$$

电阻功率为

$$P_R=0.5^2\times2\text{W}=0.5\ \text{W}$$

VCVS 两端电压 $2U$ 与流入电流方向关联，故吸收功率为

$$P_{U_S吸}=2U\times0.5=1\ \text{W}(\text{实际发出 }1\ \text{W})$$

显然，$P_{I_S发}=P_{U_S吸}+P_R$。

5. 如图 1－25 所示的电路中，$I_S=2$ A，$U_S=180$ V，$R_1=15$ Ω，$R_2=20$ Ω，电路中 I 是多少？

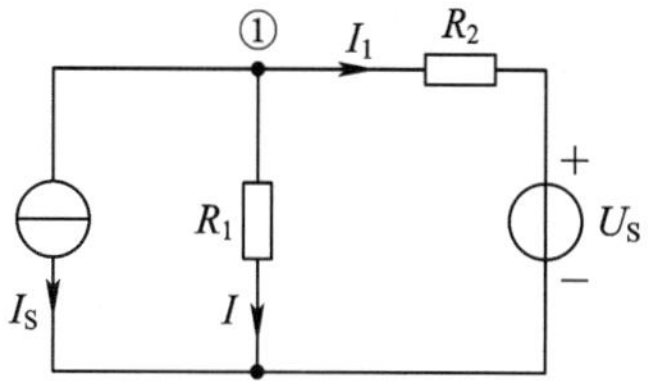

图 1－25

解　由 KVL 可得

$$15I=20I_1+180$$

故 $I_1=\dfrac{15I-180}{20}$。

在结点①列写 KCL 方程，有

$$2+I+\frac{15I-180}{20}=0$$

可解得 $I=4$ A。

本题是一个双电源电路，要用 KCL、KVL 方程联立求解。本题中采用的方法是将列方程的过程与消去变量的过程相结合，使得解题过程较为简捷。这是一种很有用的解题技巧。

6. 电路如图 1－26(a)所示，图 1－26(b)为电容的电流波形图，已知 $R=10$ Ω，$C=2$ F，求电容电压 $u_C(t)$。

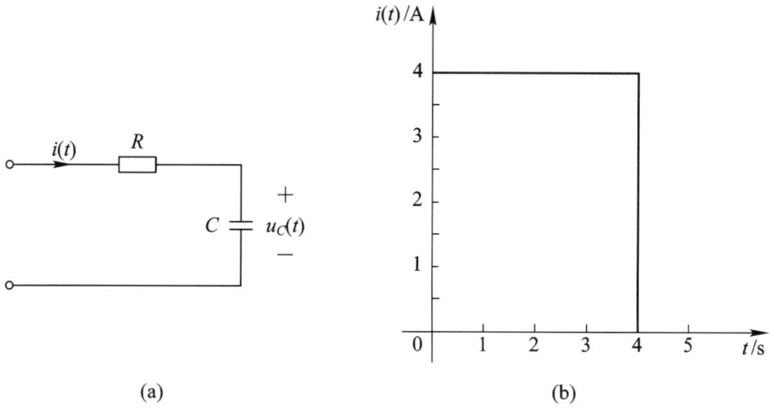

图 1－26

解　由于电容电压 $u_C(0)=0$，又

$$i=C\frac{\mathrm{d}u}{\mathrm{d}t}$$

所以有

$$u_C(t)=\frac{1}{C}\int_{-\infty}^{t}i(\xi)\mathrm{d}\xi$$

由图 1-26(b)可知

$$i(t)=\begin{cases}0 & (t<0\ \mathrm{s})\\ 4 & (0\ \mathrm{s}\leqslant t\leqslant 4\ \mathrm{s})\\ 0 & (t>4\ \mathrm{s})\end{cases}$$

当 $t<0$ s 时，有

$$u_C(t)=\frac{1}{C}\int_{-\infty}^{t}i(\xi)\mathrm{d}\xi=0$$

故 $u_C(0)=0$。

当 0 s$\leqslant t\leqslant$4 s，有

$$u_C(t)=\frac{1}{C}\int_{-\infty}^{t}i(\xi)\mathrm{d}\xi=u_C(0)+\frac{1}{C}\int_{0}^{t}i(\xi)\mathrm{d}\xi=0+\frac{1}{2}\int_{0}^{t}4\mathrm{d}\xi=2t\ \mathrm{V}$$

当 $t=4$ s 时，有

$$u_C(4)=8\ \mathrm{V}$$

当 $t>4$ s 时，有

$$u_C(t)=u_C(4)+\frac{1}{C}\int_{4}^{t}i(\xi)\mathrm{d}\xi$$

1.5　考研真题详解

1. 如图 1-27 所示的电路中，若 a 点电位 $U_a=30$ V，则 $I=$________ A，$U_S=$________ V。

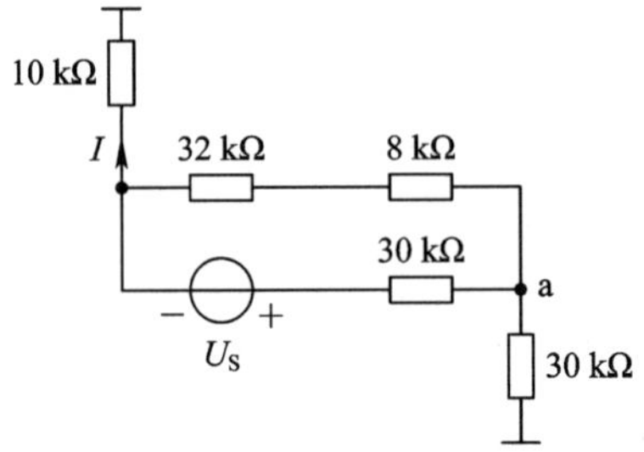

图 1-27

答案：-1×10^{-3}，100

2. 图 1-28 所示为某电路的一部分，其端钮 A、B、C 与外部电路相连。其中，电流 I 为________ A，电压 U_{AB} 为________ V，电阻 R 为________ Ω。

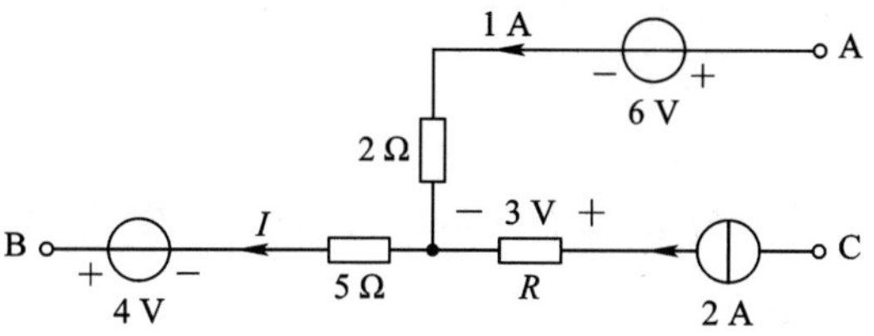

图 1 - 28

答案：3，19，1.5

3. 当电压源 U_S 与电阻 R_1、R_2 按图 1 - 29(a)连接时，电压 U=15 V；当电压源 U_S 与电阻 R_1、R_2 按图 1 - 29(b)连接时，电压 U=5 V。因此，U_S 应为________ V。

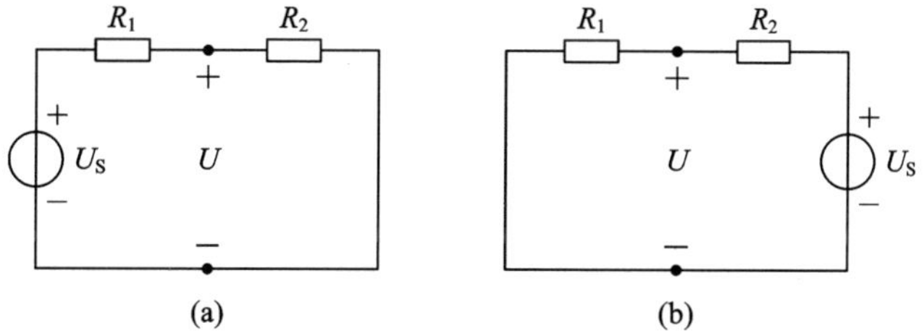

图 1 - 29

答案：20

4. 如图 1 - 30 所示的电路中，开关 S 闭合时的短路电流 I_{SC}=42 A，则电阻 R 为________ Ω，S 断开后 A 点电位为________ V。

答案：10，210

5. 如图 1 - 31 所示的电路中，电压 U_x=________ V。

答案：4

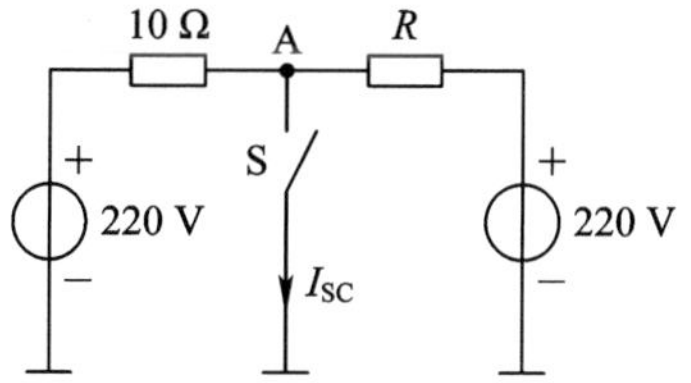

图 1 - 30

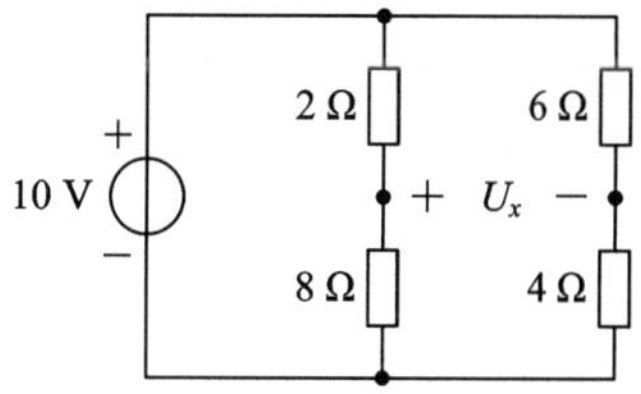

图 1 - 31

6. 如图 1 - 32 所示的电路中，开路电压 U 为________ V，电压 U_1 为________ V。

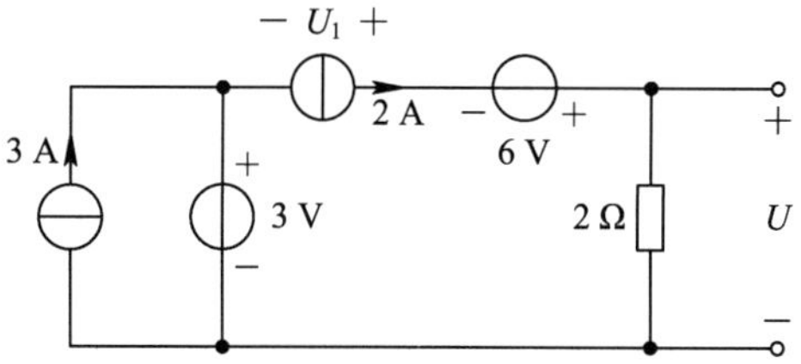

图 1 - 32

答案：4，−5

7. 图 1-33 所示的电路为某复杂电路的一部分，$R_1=R_2=R_3=3\ \Omega$，$R_4=6\ \Omega$，$R_5=18\ \Omega$，$R_6=12\ \Omega$，已知 $I_1=6$ A，$I_2=-2$ A，图中电流 $I=$________ A。

答案：$I=3$

8. 电路如图 1-34 所示，若 I_o 与 U_S 的关系式为 $I_o=KU_S$，则 $K=$________。

答案：0

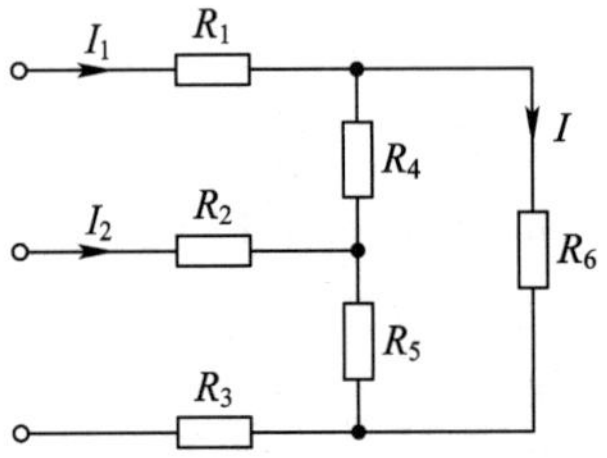

图 1-33

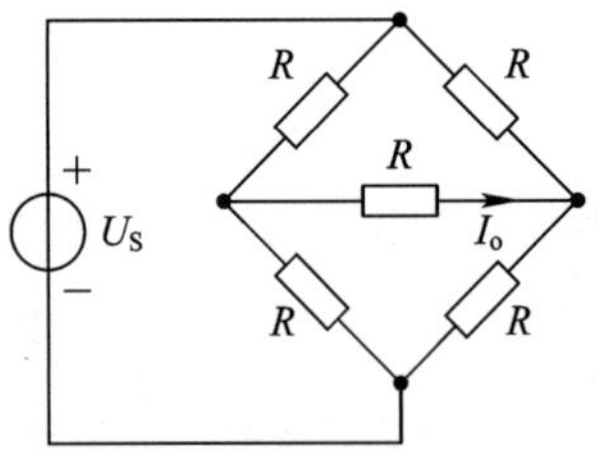

图 1-34

9. 电路如图 1-35 所示，$R_1=1\ \Omega$，$R_2=4\ \Omega$，输入电阻 R_{ab} 应等于________。

答案：2 Ω

10. 电路如图 1-36 所示，$R_1=R_2=4\ \Omega$，$R_3=R_4=R_5=R_6=8\ \Omega$，电路中 a、b 端的等效电阻 $R_{ab}=$________。

答案：4 Ω

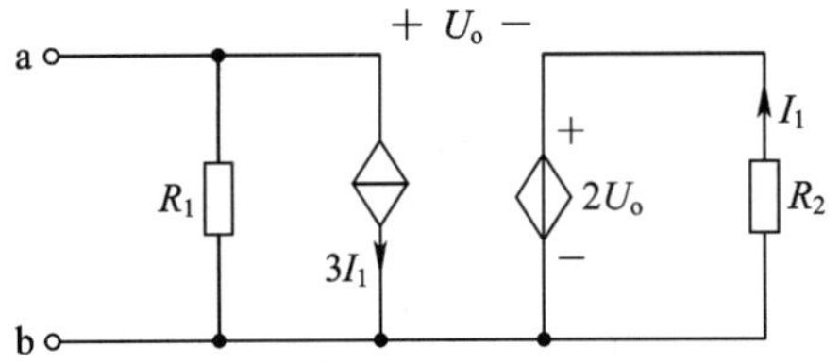

图 1-35

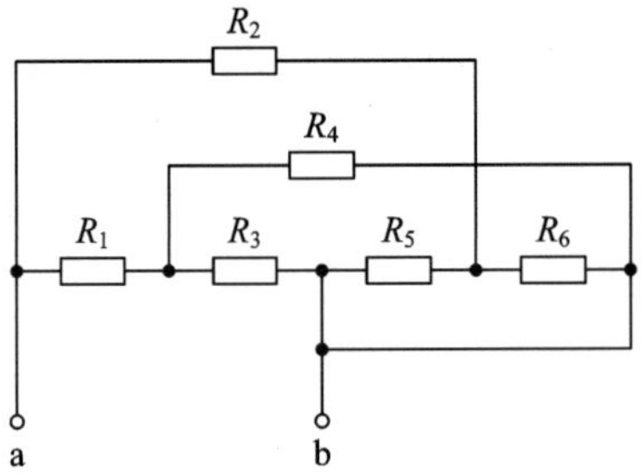

图 1-36

11. 电路如图 1-37 所示，$R=2\ \Omega$，$U_{S1}=6$ V，$U_{S2}=3$ V，求电流 I 和电压 U。

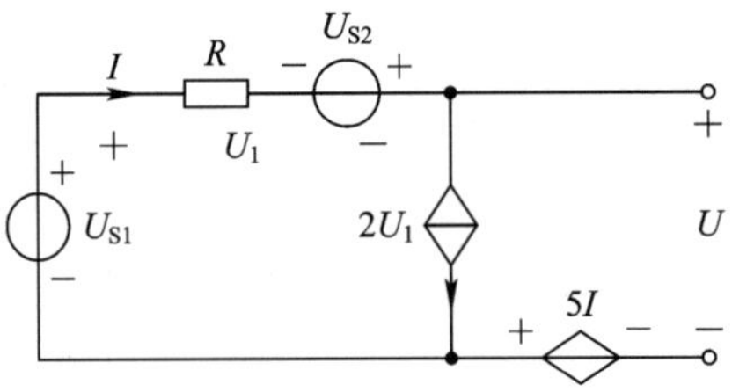

图 1-37

解　因 $I=2U_1$，所以 $U_1=2\times 2U_1-3$，解得

$$U_1=1\ \text{V}$$

故

$$I=2U_1=2\ \text{A},\ U=-U_1+6+5I=15\ \text{V}$$

本题中含电压控制的受控源。分析时可将受控源当作独立源处理，此时受控电流源的电流即电流 I，而受控电压源则提供了 $5I$ 的电压。

12. 图 1-38(a)中，$L=4$ H，且 $i(0)=0$，电压的波形如图 1-38(b)所示。试求当 $t=1$ s，$t=2$ s，$t=3$ s 和 $t=4$ s 时的感应电流 i。

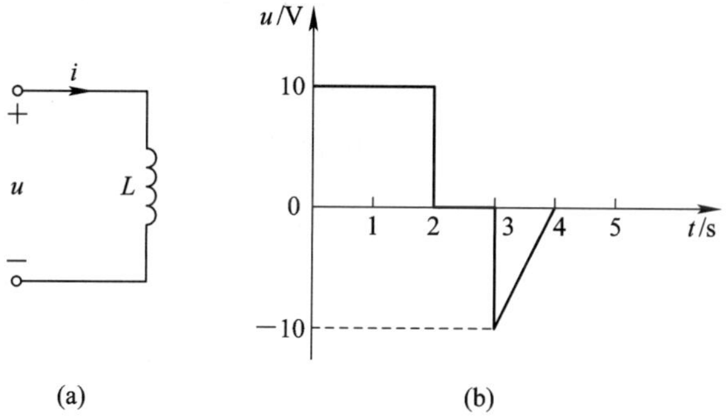

图 1-38

解　电感电压与电流的关系为

$$i(t)=i(t_0)+\frac{1}{L}\int_{t_0}^{t}u(\xi)\mathrm{d}\xi$$

在各时段，电感电压的表达式为

$$u(t)=\begin{cases}10\ \text{V} & (0\leqslant t\leqslant 2\ \text{s})\\ 0\ \text{V} & (2\ \text{s}<t\leqslant 3\ \text{s})\\ 10t-40 & (3\ \text{s}<t\leqslant 4\ \text{s})\end{cases}$$

所以，当 $t=1$ s 时，有

$$i(1)=0+\frac{1}{4}\int_0^1 10\mathrm{d}t=\frac{10}{4}t\Big|_0^1=[2.5\times(1-0)]\ \text{A}=2.5\ \text{A}$$

当 $t=2$ s 时，有

$$i(2)=2.5+\frac{1}{4}\int_1^2 10\mathrm{d}t=2.5+\frac{10}{4}t\Big|_1^2=[2.5+2.5\times(2-1)]\ \text{A}=5\ \text{A}$$

当 $t=3$ s 时，有

$$i(3)=5+\frac{1}{4}\int_2^3 0\mathrm{d}t=5\ \text{A}$$

$t=4$ s 时，有

$$\begin{aligned}i(4)&=5+\frac{1}{4}\int_3^4(10t-40)\,\mathrm{d}t=5+\frac{10}{4\times 2}t^2\Big|_3^4-\frac{40}{4}t\Big|_3^4\\&=[5+1.25\times(16-9)-10\times(4-3)]\ \text{A}\\&=(5+8.75-10)\text{A}=3.75\ \text{A}\end{aligned}$$

13. 如图 1-39 所示的电路中，$R_1=6\ \Omega$，$R_2=4\ \Omega$，$R_3=5\ \Omega$，$u=10$ V，试求 i_1 与 u_{ab}。

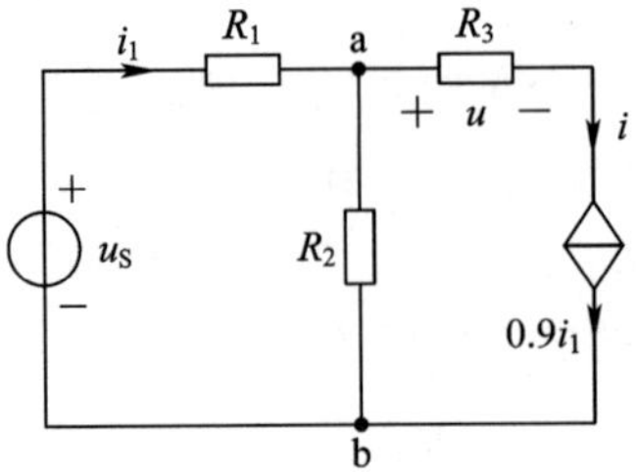

图 1-39

解 如图 1-39 所示，CCCS 中的电流根据题意有

$$0.9i_1=i=\frac{10}{5}\ \text{A}=2\ \text{A}$$

因而

$$i_1=\frac{2}{0.9}\text{A}=2.222\ \text{A}$$

再应用 KVL，有

$$u_{ab}=4(i_1-i)=4(i_1-0.9i_1)=4\times0.1i_1=\frac{4\times0.1\times2}{0.9}\ \text{V}=0.889\ \text{V}$$

14. 如图 1-40 所示的电路中，$i_S=2$ A，$R_1=5\ \Omega$，$R_2=20\ \Omega$，$u_S=3$ V，试求图中的 u_{cb}。

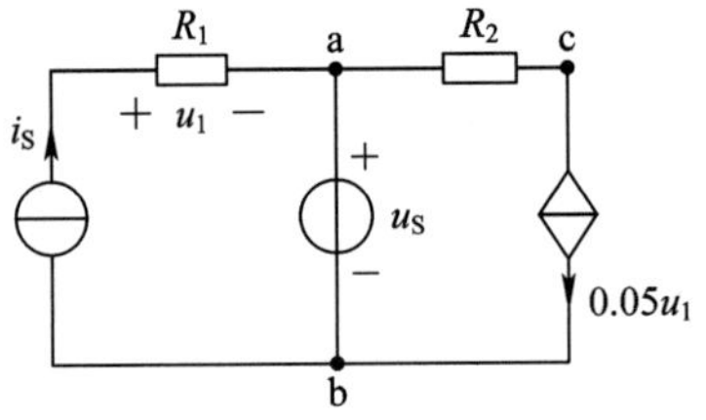

图 1-40

解 由图 1-40 可知

$$u_1=5\times2\ \text{V}=10\ \text{V}$$

故

$$u_{cb}=u_{ca}+u_{ab}=-20\times0.05u_1+3=(-20\times0.05\times10-3)\ \text{V}=-13\ \text{V}$$

15. 如图 1-41 所示的电路中，$U_S=20$ V，$i=4$ A，$u_1=25$ V，求元件 1、2、3 吸收的总功率的最小值。

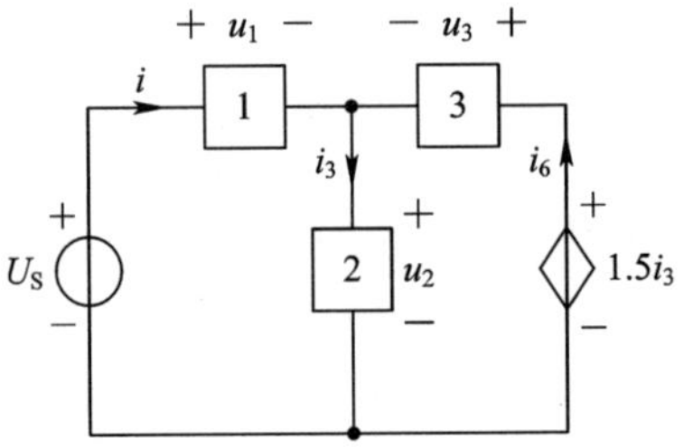

图 1-41

解　　　$u_2=-25+20=-5$，$u_3=1.5i_3-u_2=1.5i_3+5$，$i_6=i_3-4$

总功率：

$$P=P_1+P_2+P_3=4\times25+i_3u_2+i_6u_3=1.5i_3^2-6i_3+80$$

令$\frac{dP}{di_3}=0$，解出 $i_3=2$ A，此时 P 为最小值，即

$$P_{min}=1.5\times2^2-6\times2+80=74\ \text{W}$$

16. 如图 1-42 所示的电路中，$U_{S2}=5$ V，$U_{S3}=5$ V，$I_S=9$ A，$R_1=10$ Ω，$R_2=5$ Ω，$R_3=2$ Ω。求电路中的 I、U 及 CCVS 所吸收的功率。

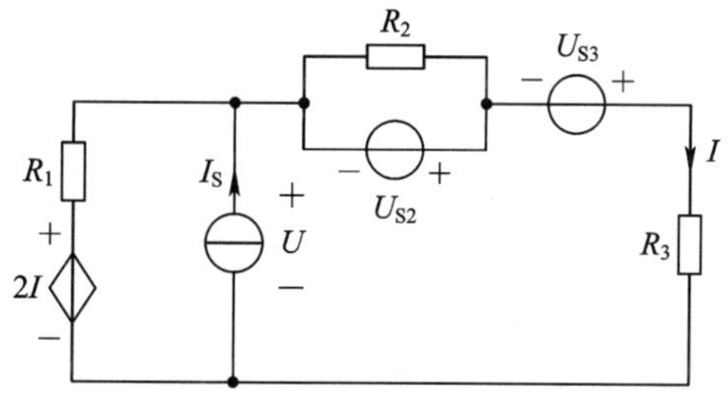

图 1-42

解　作等效电路如图 1-43 所示。

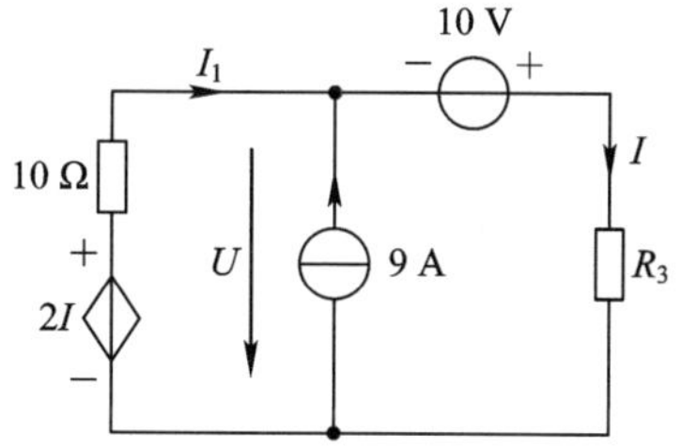

图 1-43

列 KVL、KCL 方程

$$\begin{cases}10I_1+2I=10+2I\\I_1=I-9\\U=-10+2I\end{cases}$$

解得 $I=10$ A，$U=10$ V，$I_1=1$ A。

CCVS 的功率：

$$P=2I\times(-I_1)=-20\ \text{W(发出)}$$

17. 如图 1-44 所示的电路中，全部电阻均为 1 Ω，求输入电阻 R_{in}。

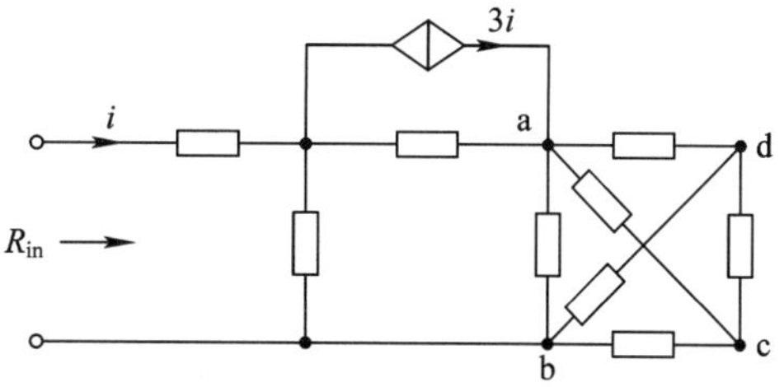

图 1-44

解 由于 a、b 端子右边的电路是一个平衡电桥，因此可以将 c、d 端短接，而 a、b 端右侧相当的电阻为

$$\left(\frac{1\times1}{1+1}+\frac{1\times1}{1+1}\right)\ \Omega=1\ \Omega$$

原电路再进行电源等效变换，如图 1-45(a)、(b)、(c)、(d)所示。从图 1-45(d)中可知，CCVS 相当于一个 $-\frac{6}{5}\ \Omega$ 的电阻，因此

$$R_{\text{in}}=\left(\frac{8}{5}-\frac{6}{5}\right)\ \Omega=\frac{2}{5}\ \Omega=0.4\ \Omega$$

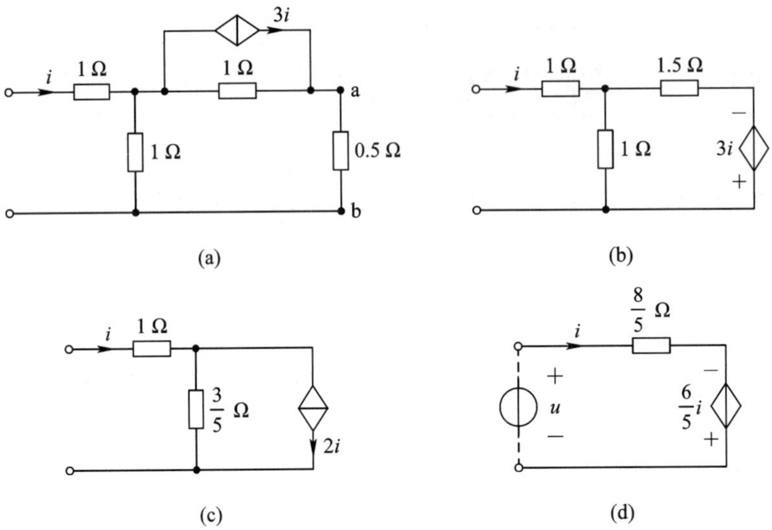

图 1-45

第2章

电路的基本分析方法

2.1 重点与难点

1. 重点

(1) 理解电路分析须满足的两大约束规律：拓扑约束规律和元件约束规律。

(2) 掌握 KCL 和 KVL 方程的独立性与完备性。

(3) 掌握在基尔霍夫定律基础上推导出电路的一般分析方法：支路分析法、网孔电流法和结点电位法。

(4) 掌握具有运算放大器的电阻电路，尤其是对虚断、虚短的理解。

2. 难点

能熟练运用网孔电流法和结点电位法建立电路方程，能运用虚断、虚短处理运算放大器电路等知识点是本章的学习难点。

2.2 基本知识点

等效变换法是化简分析电路的有效方法，但它改变了原电路的结构，不便于系统分析；而基本分析法是一种不要求改变电路结构的方法。首先，基本分析法需要选择一组合适的电路变量(电流或电压)，根据 KCL 和 KVL 及元件的电压、电流关系(VCR)建立该组变量的独立方程组，即电路方程，然后从方程组中解出电路变量。采用基本分析法求解电路，必须确定一个具有 n 个结点和 b 条支路的电路的 KCL 和 KVL 独立方程的数目。

电路的两类约束如下：

(1) 拓扑约束(结构约束)：元件的相互连接给支路电压和电流带来的约束。

(2) 元件约束：取决于元件性质的约束。

一个 n 个结点和 b 条支路的电路，其独立的 KCL 方程数为 $n-1$，即求解电路问题时只需选取 $n-1$ 个结点来列出 KCL 方程。

一个 n 个结点和 b 条支路的电路，其独立的 KVL 方程数为其基本回路数，即 $b-(n-1)$。求解电路问题时，需选取 $b-(n-1)$个独立回路来列出 KVL 方程。

电路的基本分析法包括支路分析法、网孔电流法、结点电位法。

1. 支路分析法(支路法)

支路分析法分为支路电流法和支路电压法两种。较常用的是支路电流法。

(1) 支路电流法：以支路电流为电路解变量建立电路方程进行分析计算的方法。这组以支路电流为变量的方程称为支路电流方程。

(2) 支路电压法：以支路电压为电路解变量建立电路方程进行分析计算的方法。这组以支路电压为变量的方程称为支路电压方程。

2. 回路电流法(网孔电流法)

回路电流法是选回路电流为电路变量列写电路方程求解电路的方法，它适合于回路数较少的电路、平面电路和非平面电路。在平面电路中，以网孔电流为电路变量列写电路方程求解电路的方法，称为网孔电流法。根据回路电流法(网孔电流法)的步骤，简便、正确地列写电路的回路电流(网孔电流)方程是本章的重点内容之一，而独立回路的确定以及含无伴独立电流源和无伴受控电流源电路的回路电流方程的列写是学习中的难点。

1) 网孔电流方程的列写

列写网孔电流方程的一般步骤如下：

(1) 指定网孔电流的参考方向。

(2) 按照式(2-1)所示的列写规则，对网孔电流列写 KVL 方程。

$$R_{kk}i_{nk}+\sum R_{kj}i_{nj}=\sum u_{Skk} \tag{2-1}$$

式中，R_{kk} 为第 k 个回路的自阻(自阻总为正)；R_{kj} 为第 k 个回路和第 j 个回路间的互阻(互阻的正负则视两个回路电流在共有支路上的参考方向是否相同而定，方向相同时为正，方向相反时为负。若两个回路间没有共有支路，或有共有支路但其电阻为零，则互阻为零)；i_{nk} 和 i_{nj} 分别为第 k 和第 j 个回路电流；u_{Skk} 为第 k 个回路的总电压源的电压，各电压源的方向与回路电流方向一致时取“－”值，不一致时取“＋”值，u_{Skk} 中还包括电流源和电阻并联组合经等效变换形成的电压源电压。

2) 无伴电流源支路的处理

没有并联电阻的电流源称为无伴电流源。

根据无伴电流源在电路中所处的位置，有两种处理方法。

(1) 当无伴电流源仅处于一个网孔时，让网孔电流等于无伴电流源电流。

(2) 当无伴电流源处于两个网孔的公共支路上时，可采用附加变量法，即将无伴电流源端电压设为未知量，同时增加一个网孔电流方程。

3）受控源支路的处理

当电路中含受控源支路时，可先把受控源当作独立源，然后按常规方法列写网孔电流方程，最后将受控源的控制量用网孔电流表示代入方程，并将方程整理为标准形式。

温馨提示：

（1）由于基本回路的选取是多种多样的，因此，回路法较网孔法具有更大的灵活性。为了减少电路方程的数目，应尽可能多地把独立电流源、受控电流源和控制支路选作连支，把感兴趣的支路也选作连支。这样就使得电流源支路只属于一个基本回路，且该基本回路电流已知或不独立，该回路的方程不需再列写。

（2）回路 k 与 j 的互电阻 $R_{kj}(k\neq j)$，其绝对值等于这两个回路的共有支路的电阻（与电压源并联者除外）之和。当两个回路的电流流过公共支路的参考方向相同时，互电阻取正，否则取负。

3. 结点电位法

结点电位法是选结点电压为电路变量列写电路方程求解电路的方法，它适合于结点数较少的电路。根据结点电位法的步骤，简便、正确地列写电路的结点电压方程是本章的一个重点，而含无伴独立电压源和无伴受控电压源电路的结点电压方程的列写是学习中的难点。

在电路中任意选择某一结点为参考结点，其他结点与此参考结点之间的电压称为结点电压。以结点电压为电路变量，根据 KCL 列写电路方程求解电路的方法称为结点电压法。

1）结点电压方程的列写

列写结点电压方程的一般步骤如下：

（1）任意选择一个结点为参考结点，标定其余 $n-1$ 个独立结点。

（2）对$(n-1)$个独立结点，以结点电压为未知量，按照式(2-2)所示的列写规则，列写其 KCL 方程。

$$G_{kk}u_{nk}+\sum G_{kj}u_{nj}=\sum i_{Skk} \tag{2-2}$$

式中，G_{kk} 为第 k 个结点的自导（自导总为正，它等于连接于各结点支路的电导之和）；G_{kj} 为第 k 个结点和第 j 个结点间的互导（互导总是负的，它等于连接于结点间支路电导的负值）；u_{nk} 和 u_{nj} 分别为第 k 和第 j 个结点电压；i_{Skk} 为第 k 个结点的注入电流，注入电流等于流向结点的电流源电流的代数和，流入结点者前面取“＋”，流出结点者前面取“－”。注入电流源还包括电压源和电阻串联组合经等效变换形成的电流源。

2）无伴电压源支路的处理

无电阻与之串联的电压源称为无伴电压源。

当无伴电压源作为一条支路连接于两个结点之间时，该支路的电阻为零，即电导等于无限大。由于支路电流不能通过支路电压表示，因此在列写结点电压方程时，需要采用以下两种处理方法：

（1）以电压源电流为变量，增补结点电压与电压源电压间的关系。

（2）选合适的参考结点，即选无伴电压源的负极为参考结点。

3）受控源支路的处理

当电路中含受控源支路时，可先把受控源当作独立源，然后按常规方法列写结点电压方程，最后将受控源的控制量用结点电压表示代入方程，并将方程整理为标准形式。

4. 具有运算放大器的电阻电路

运算放大器简称运放，学习时对其外特性要有足够的认识，并以运放外特性的线性部分为依据建立其电路模型。分析含有运放的电路时，必须熟练地运用运放的电路模型来分析。

在实际分析电路时，为了简化分析，一般假设运放是在理想化的条件下工作的，这样做在许多场合下不会造成很大的误差。因此，分析和求解含有理想运放的电路是本章的重点内容，而深刻理解“虚短”和“虚断”的概念以及利用“虚短”和“虚断”的特征来分析求解理想运放电路是学习中的难点。

1）理想运算放大器

理想运放的特征：虚短和虚断。

理想化的条件如下：

（1）开环电压增益无穷大，$A\to\infty$。

（2）输入电阻无穷大，$R_i\to\infty$。

（3）输出电阻无穷小，$R_o\to 0$。

（4）共模抑制比无穷大，$K_{CMRR}\to\infty$。

2）含有理想运算放大器电路的分析

对含有理想运放的电路，应合理运用理想运放的“虚短”和“虚断”两条规则，并结合结点电压法进行求解。需要注意，在对理想运放输入端列写 KCL 方程时，由于理想运放输入电流为零，故可将其视为“开路”；同时由于运放输出端的电流事先无法确定，故不宜对该结点列写 KCL 方程。

工程案例 3

2.3 思维导图

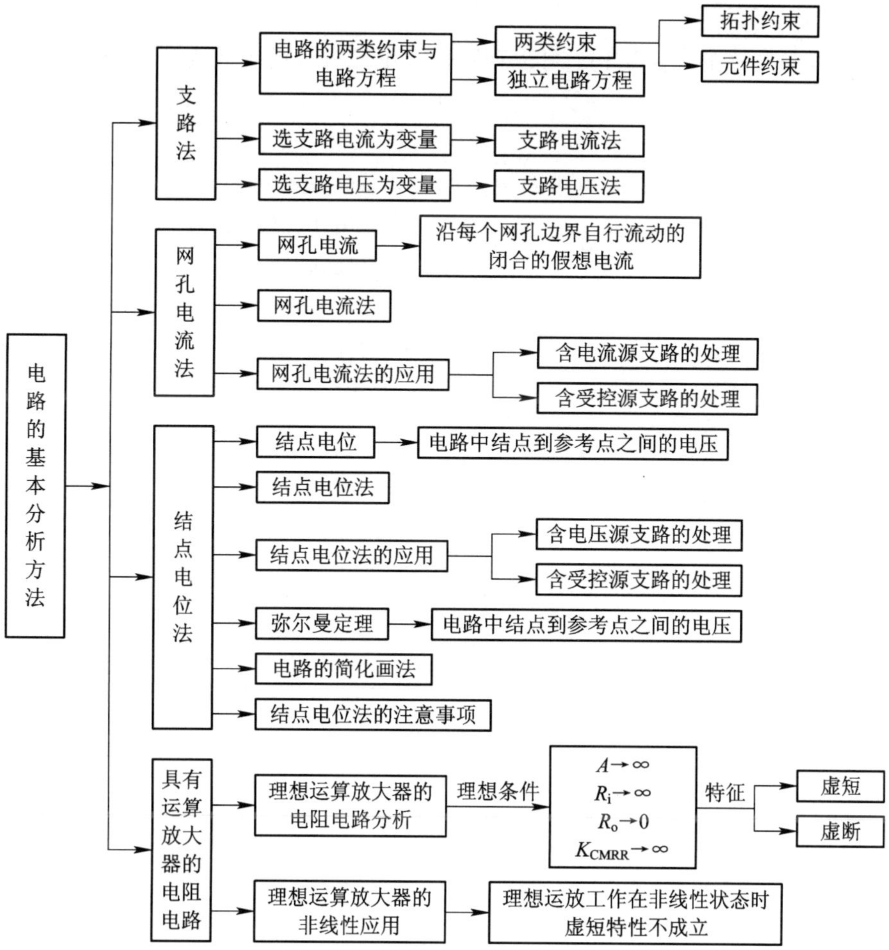

2.4 习题全解

一、选择题

1. 电路中有 4 个结点和 6 条支路，用支路电流法求解支路电流时，可列出的独立 KVL 方程和 KCL 方程数目分别为(　　)。

   A. 2 个和 3 个　　B. 2 个和 4 个　　C. 3 个和 3 个　　D. 4 个和 6 个

   答案：C

2. 用支路电流法求解 1 个具有 n 条支路，m 个结点($n>m$)的复杂电路时，可以列出的独立结点电流方程为(　　)个。

A. n　　　B. m　　　C. $n-1$　　　D. $m-1$

答案：D

3. 4 个结点、8 条支路的电路结构，可以列写结点电压方程的个数为（　　）。

A. 2　　　B. 3　　　C. 4　　　D. 5

答案：B

4. 4 个结点、8 条支路的电路结构，可以列写网孔电流方程的个数为（　　）。

A. 2　　　B. 3　　　C. 4　　　D. 5

答案：D

5. 电流源串联的电阻支路，此时电阻对电路的影响描述正确的是（　　）。

A. 对外部电压有影响　　　B. 对外部电流有影响

C. 对电流源两端的电压有影响　　　D. 均有影响

答案：C

6. 列写结点方程时，$G_1=2$ S，$G_2=3$ S，$G_3=1$ S，$G_4=5$ S，$G_5=3$ S，如图 2-1 所示，电路中 B 点的自导为（　　）S。

A. 9　　　B. 10　　　C. 13　　　D. 8

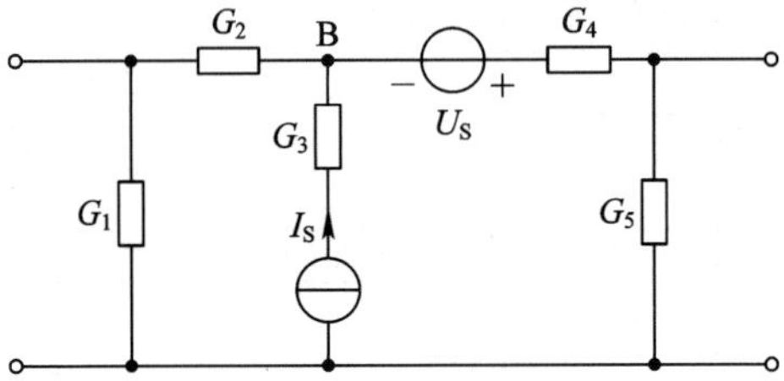

图 2-1

答案：D

二、填空题

1. 对于具有 n 个结点、b 个支路的电路，可列出________个独立的 KCL 方程，________个独立的 KVL 方程。

答案：$n-1$，$b-n+1$

2. 在如图 2-2 所示的电路中，$R_1=2\ \Omega$，$R_2=2\ \Omega$，$R_3=2\ \Omega$，$R_4=1\ \Omega$，$R_5=2\ \Omega$，$I_S=10$ A，支路电流 $I_1=$________ A，$I_2=$________ A，$I_3=$________ A。

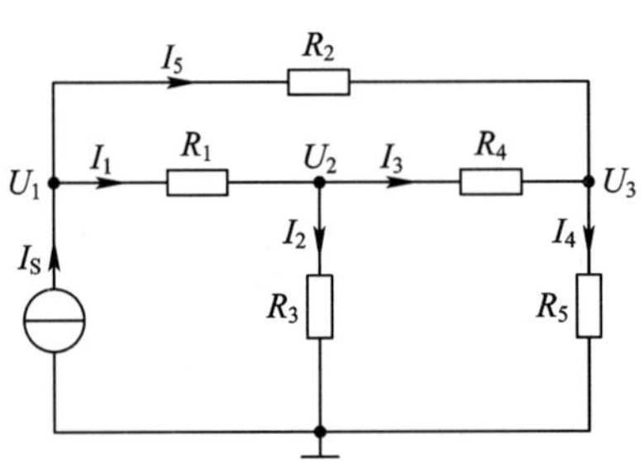

图 2-2

答案：5，5，0

3. 图 2-3 所示电路中的电流 $I=$________ A，其中 $R_1=10\ \Omega$，$R_2=23\ \Omega$，$U_S=6$ V，$I_{S1}=6$ A，$I_{S2}=4A$。

答案：2

4. 在如图 2-4 所示的电路中，$R_1=9\ \Omega$，$R_2=9\ \Omega$，$R_3=9\ \Omega$，$R_4=9\ \Omega$，$R_5=3\ \Omega$，$U_S=21$ V，$U_1=$________ V。

答案：6

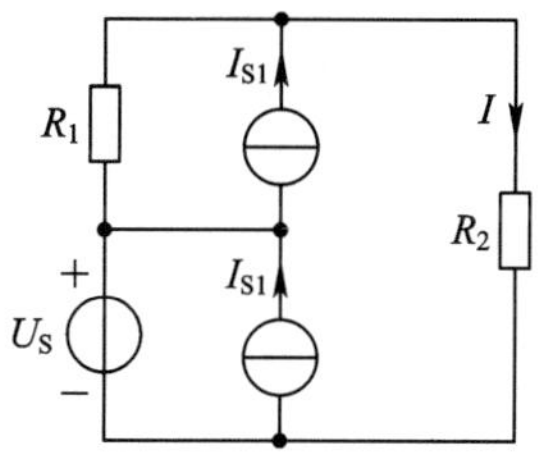

图 2-3

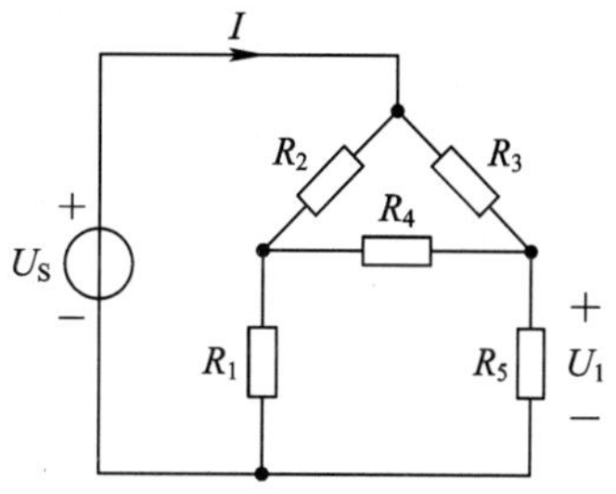

图 2-4

5. 在如图 2-5 所示的电路中，$R_1=5\ \Omega$，$R_2=20\ \Omega$，$R_3=10\ \Omega$，$U_{S1}=20$ V，$U_{S2}=10$ V，各支路电流 $I_1=$________ A，$I_2=$________ A，$I_3=$________ A。

答案：8/7，5/7，3/7

6. 图 2-6 所示电路中的电流 $I_1=$________ A，$I_2=$________ A，$I_3=$________ A，其中 $R_1=3\ \Omega$，$R_2=6\ \Omega$，$U_{S1}=6$ V，$U_{S2}=12$ V。

答案：4/3，5/3，3

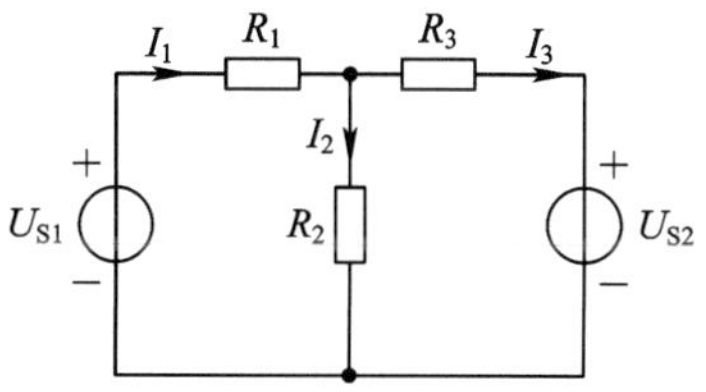

图 2-5

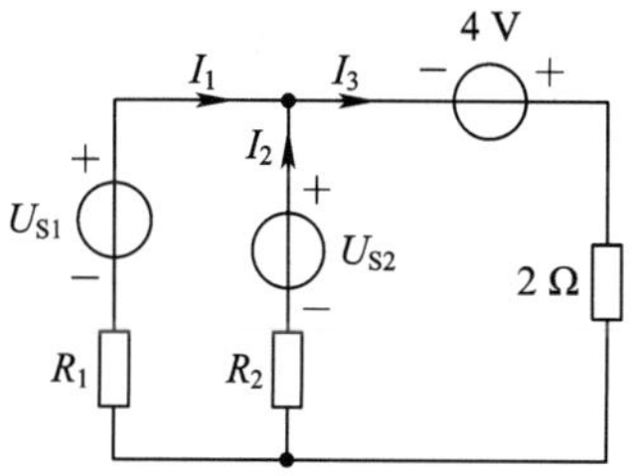

图 2-6

7. 在如图 2-7 所示的电路中，$R_1=R_2=2\ \Omega$，$R_3=8\ \Omega$，$I_S=2$ A，电路中的电流 $i=$________ A。

答案：0.75

8. 在如图 2-8 所示的电路中，2 A 电流源并不影响________的电压和电流，只影响________。

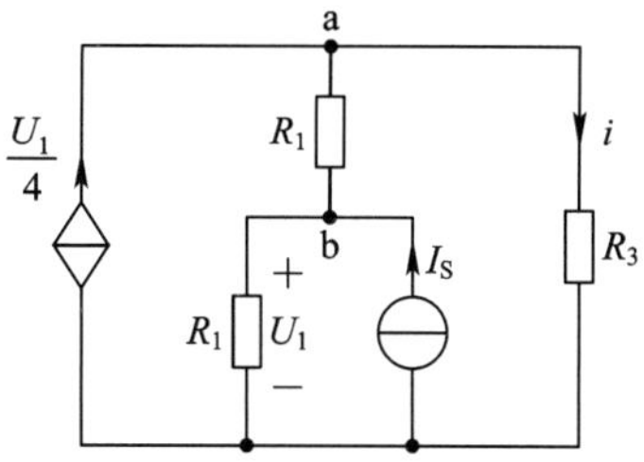

图 2-7

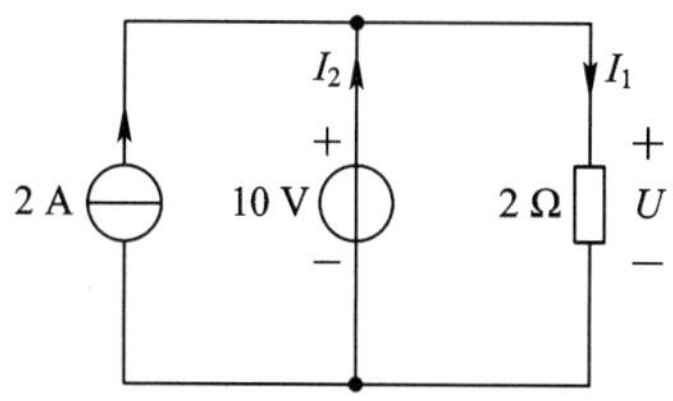

图 2-8

答案：2 Ω 电阻，10 V 电压源的电流

9. 在如图 2-9 所示的电路中，$R_1=20\ \Omega$，$R_2=40\ \Omega$，$R_3=10\ \Omega$，$R_4=20\ \Omega$，$R_5=20\ \Omega$，$R_6=40\ \Omega$，电压 $U_1=$________ V，电流 $I=$________ A。

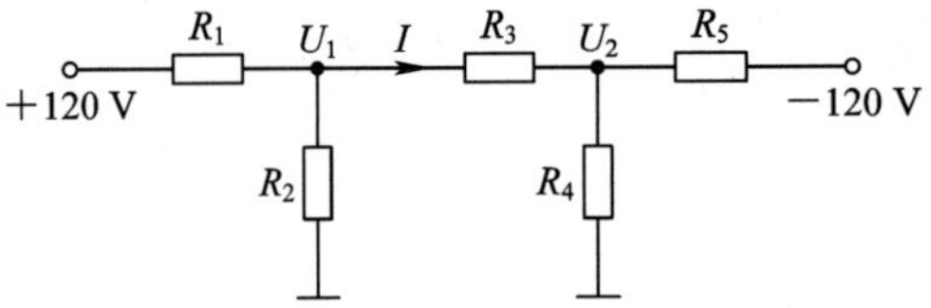

图 2-9

答案：21.8，4.36

10. 在如图 2-10 所示的电路中，当开关 S 断开时，$U_{ab}=$________ V；当开关 S 闭合时，$I_{ab}=$________ A。

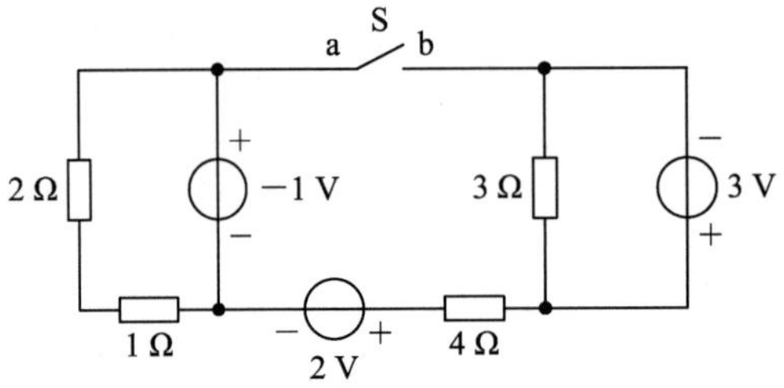

图 2-10

答案：0，0

11. 图 2-11 所示电路中的电压 $U_1=$________ V，$U_2=$________ V。

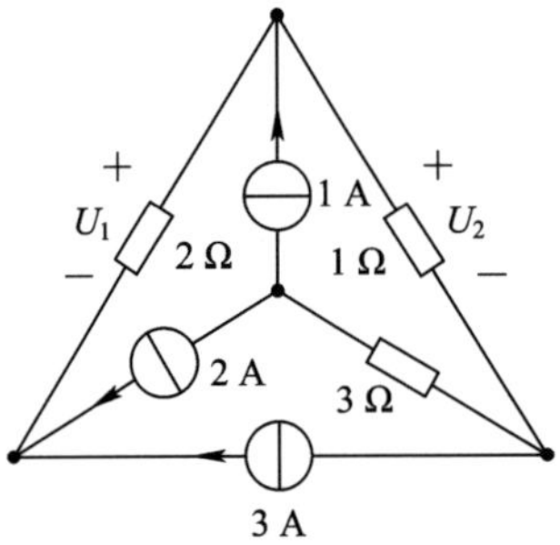

图 2-11

答案：−10，6

三、分析计算题

1. 已知 $U_S=10$ V，$R_1=4\ \Omega$，$R_2=2\ \Omega$，$R_3=1\ \Omega$，试用 KCL、KVL 求解图 2-12 所示电路中的电流 i。

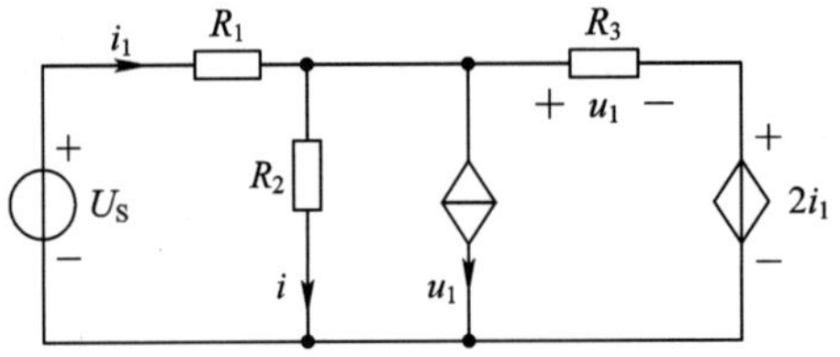

图 2-12

解　电路如图 2-13 所示。列写 KVL 方程：

$$R_1 i_1 + R_2 i = u_S$$

则回路Ⅰ方程为

$$4i_1 + 2i = 10\ \text{V}$$

$$R_1 i_1 + u_1 + 2i_1 = u_S$$

则回路Ⅱ方程为

$$4i_1 + u_1 + 2i_1 = 10\ \text{V}$$

列写 KCL 方程：

$$i_1 = i + u_1 + \frac{u_1}{R_3}$$

联立方程进行求解，可得

$$i = \frac{5}{3}\text{A}$$

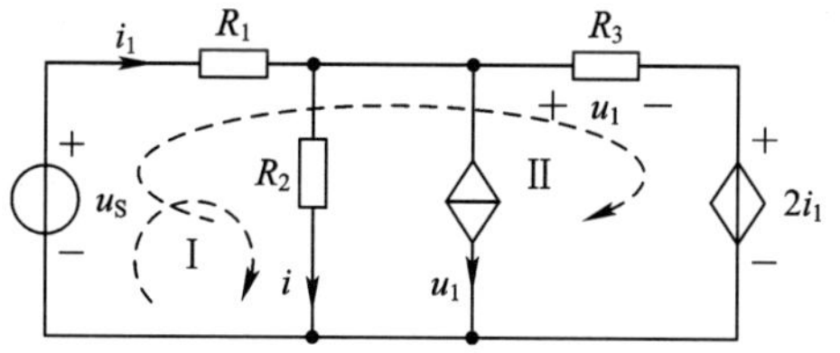

图 2-13

2. 电路如图 2-14 所示，已知 $U=2$ V，$R_1=2$ Ω，$R_2=1$ Ω，$R_3=5$ Ω，$R_4=10$ Ω，$U_S=12$ V，试求电流 I 及电阻 R。

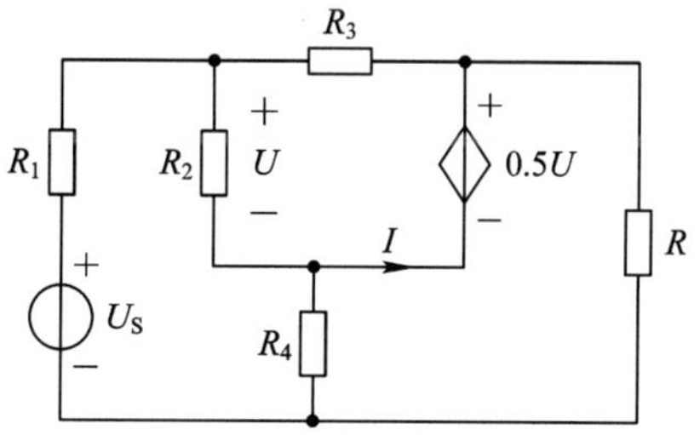

图 2-14

解　各支路电流、电压的参考方向如图 2-15 所示，由该图可知

$$I_1 = \frac{U}{R_1} = \frac{2}{2}\text{A} = 1\ \text{A}$$

应用 KVL，得

$$U_2 = U - 0.5U = 0.5U = 1\ \text{V}$$

所以

$$I_2 = \frac{U_2}{R_2} = \frac{1}{1}\ \text{A} = 1\ \text{A}$$

应用 KCL，得

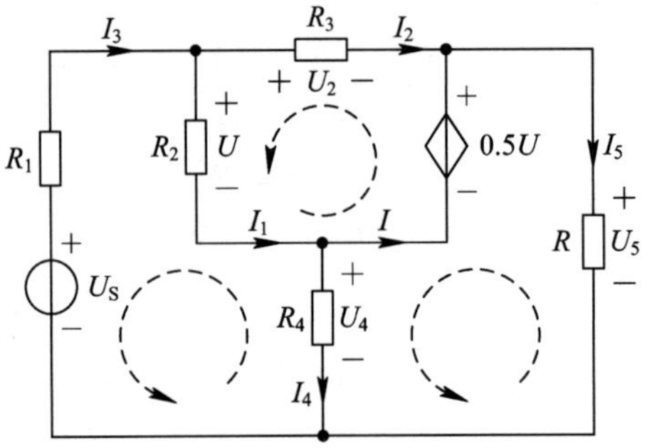

图 2-15

$$I_3=I_1+I_2=2\ \text{A}$$

应用 KVL，得

$$U_4=-U-R_3I_3+U_S=(-2-5\times2+12)\ \text{V}=0\ \text{V}$$

所以

$$I_4=\frac{U_4}{R_4}=0\ \text{A}$$

应用 KCL，得

$$I_5=I_3-I_4=(2-0)\ \text{A}=2\ \text{A}$$

应用 KVL，得

$$U_5=0.5U+U_4=(0.5\times2+0)\text{V}=1\ \text{V}$$

所以

$$R=\frac{U_5}{I_5}=\frac{1}{2}\ \Omega=0.5\ \Omega$$

应用 KCL，得

$$I=I_1-I_4=1\ \text{A}$$

3. 如图 2-16 所示的直流电路，已知 $R_1=4\ \Omega$，$R_2=16\ \Omega$，$R_3=2\ \Omega$，$R_4=10\ \Omega$，$U_S=2\ \text{V}$，$I_S=1\ \text{A}$，试采用网孔电流法计算各独立电源输出的功率。

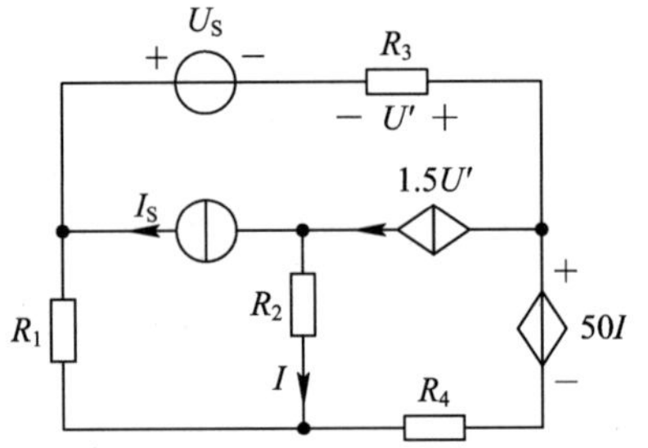

图 2-16

解 由于电路中有两个无伴电流源(其中一个为受控源)，所以可以只让一个回路电流流过无伴电流源，从而减少回路电流方程的数目，而只需列写一个回路电流 KVL 方程即可。回路电流如图 2-17 所示，根据该图列写回路电流方程，得

$$\begin{cases}I_{11}=1\\I_{12}=1.5U'\\-4I_{11}-10I_{12}+(2+4+10)I_{13}=-2-50I\end{cases}$$

写出受控源的补充方程

$$\begin{cases}I=-I_{11}+I_{12}\\U'=-2I_{13}\end{cases}$$

联立方程，可解得

$$U'=1\text{ V},\ I_{13}=-0.5\text{ A},\ I_{12}=1.5U'=1.5\text{ A},\ I=-I_{11}+I_{12}=0.5\text{ A}$$

所以受控电压源两端的电压为

$$U=50I=(50\times0.5)\text{V}=25\text{ V}$$

独立电压源输出的功率为

$$P_1=-U_1I_{13}=[-2\times(-0.5)]\text{W}=1\text{ W}$$

设独立电流源两端的电压为 U_{IS}，如图 2-17 所示，则由 KVL 可得

$$U_{IS}=4(I_{11}-I_{13})-16I=\{4[1-(-0.5)]-16\times0.5\}\text{V}=-2\text{ V}$$

独立电流源输出的功率为

$$P_2=U_{IS}I_{11}=(-2\times1)\text{W}=-2\text{ W}$$

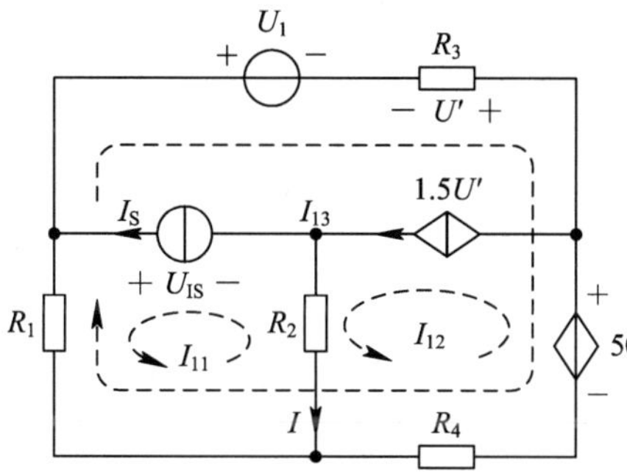

图 2-17

4. 电路如图 2-18 所示，已知 $R_1=5\ \Omega$，$R_2=1\ \Omega$，$R_3=2\ \Omega$，$R_4=4\ \Omega$，$U_{S1}=5$ V，$U_{S2}=6$ V，$I_S=4$ A，试求电流 I_1、I_2 和电压 U。

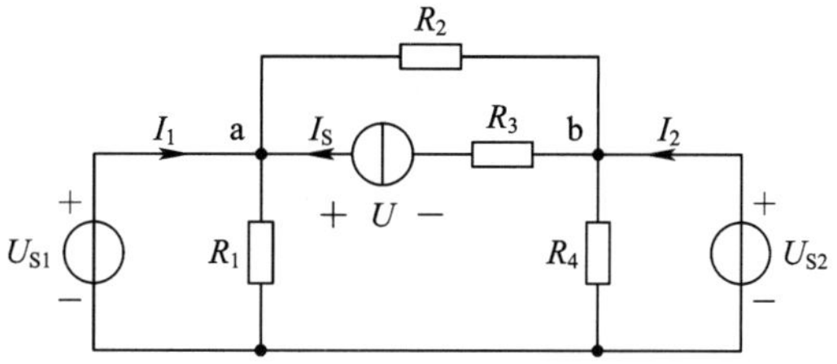

图 2-18

解　各支路电流的参考方向如图 2-19 所示。由该图可知

$$I_3=\frac{5}{5}\text{ A}=1\text{ A},\ I_4=\frac{6}{4}\text{ A}=1.5\text{ A},\ I_5=\frac{5-6}{1}\text{ A}=-1\text{ A}$$

对结点 a 应用 KCL，得

$$-I_1+I_3+I_5-I_S=0$$

所以

$$I_1=I_3+I_5-I_S=-4\ \text{A}$$

对结点 b 应用 KCL，得

$$-I_2+I_4-I_5+I_S=0$$

所以

$$I_2=I_4-I_5+I_S=6.5\ \text{A}$$

由 KVL 方程求 U，得

$$U=U_{S1}-U_{S2}+RI_S=(5-6+2\times4)\ \text{V}=7\ \text{V}$$

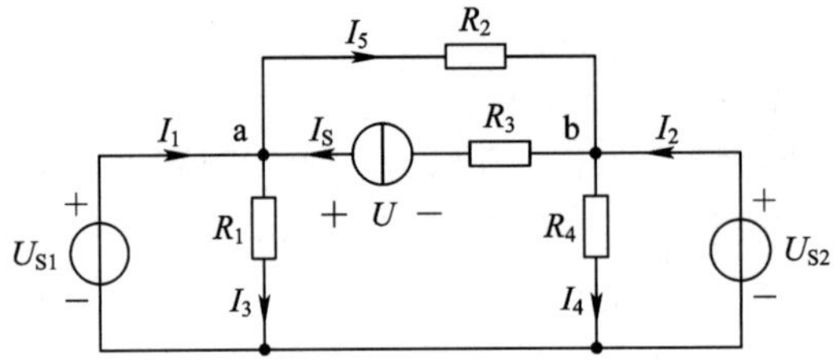

图 2-19

5. 已知 $R_1=6\ \Omega$，$R_2=4\ \Omega$，$R_3=2\ \Omega$，$I_{S1}=9$ A，$I_{S2}=17$ A，用结点电压法计算图 2-20 所示电路中的电流 I。

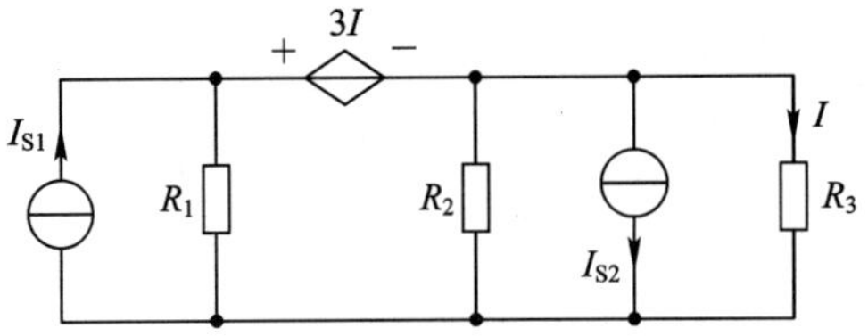

图 2-20

解　由于图 2-20 中只含有一个无伴受控电压源，为减少方程数，所以选择图 2-21 所示的结点。

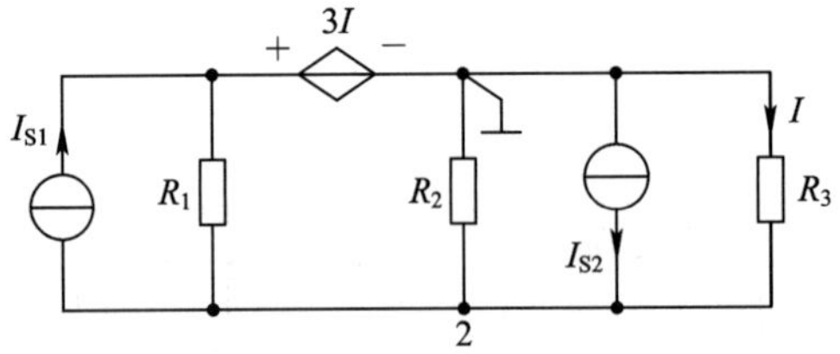

图 2-21

列写结点电压方程为

$$\begin{cases}u_{n1}=3I\\ -\dfrac{1}{6}u_{n1}+\left(\dfrac{1}{6}+\dfrac{1}{4}+\dfrac{1}{2}\right)u_{n2}=-9+17\end{cases}$$

补充方程为

$$I=-\frac{u_{n2}}{2}$$

联立方程解得

$$I=-\frac{24}{7}\ \text{A}$$

6. 已知 $R_1=R_2=5\ \Omega$，$R_3=6\ \Omega$，$R_4=4\ \Omega$，$U_S=20\ \text{V}$，$I_S=2\ \text{A}$，用结点电压法求图 2-22 所示电路中的电压 U_{ab}。

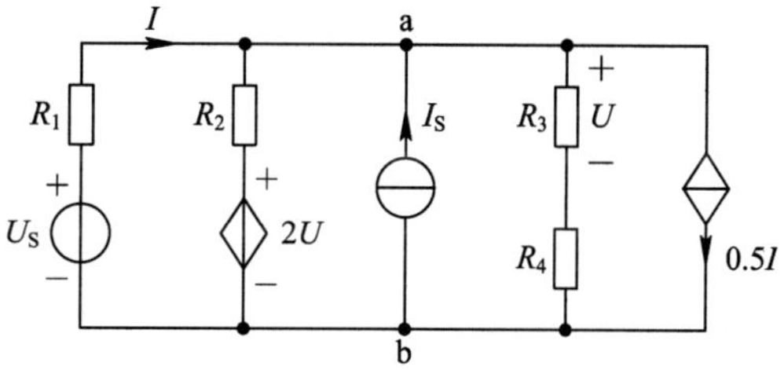

图 2-22

解　电路如图 2-23 所示，选择 b 点作为参考结点，列写结点电压方程，得

$$\left(\frac{1}{5}+\frac{1}{5}+\frac{1}{6+4}\right)u_{ab}=\frac{20}{5}+\frac{2U}{5}+2-0.5I$$

补充方程为

$$\begin{cases}U=\dfrac{6}{6+4}u_{ab}\\ I=\dfrac{20-u_{ab}}{5}\end{cases}$$

联立方程解得

$$u_{ab}=25\ \text{V}$$

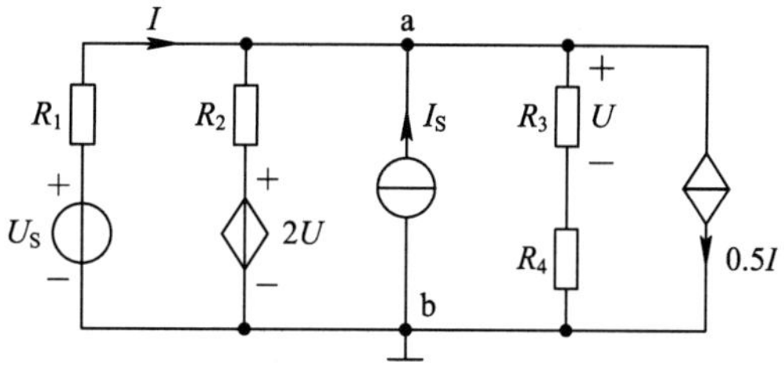

图 2-23

7. 要求用结点法求图 2-24 所示电路中的电压 U_{ab}。其中 $U_S=3\ \text{V}$，$I_{S1}=1\ \text{A}$，$I_{S2}=2\ \text{A}$，$R_1=2\ \Omega$，$R_2=4\ \Omega$，$R_3=5\ \Omega$，$R_4=3\ \Omega$。

解　列结点方程(选 a、b 之外的另一个结点为参考结点)，设各结点对参考点的电压为 U_a、U_b。

注意：与电流源串联的 4 Ω 电阻，不计入自电导与互电导之中。

$$\begin{cases}\left(\dfrac{1}{2}+\dfrac{1}{5}\right)U_a-\dfrac{1}{5}U_b=1\\ -\dfrac{1}{5}U_a+\left(\dfrac{1}{5}+\dfrac{1}{3}\right)U_b=\dfrac{3}{3}-2\end{cases}$$

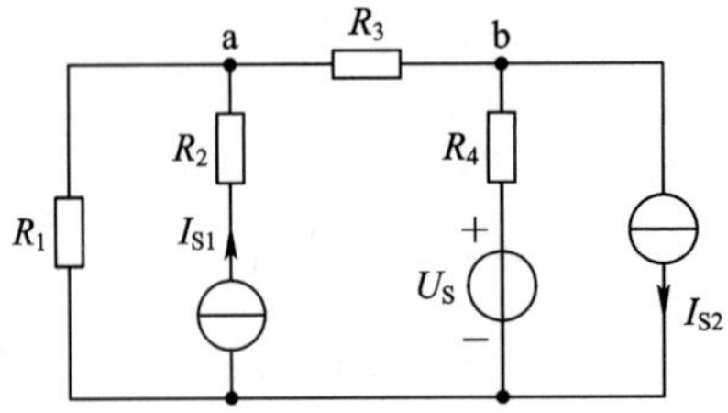

图 2 - 24

解出

$$U_a=1\ \text{V},\ U_b=-1.5\ \text{V}$$

所以

$$U_{ab}=U_a-U_b=2.5\ \text{V}$$

8. 已知 $R_1=3\ \Omega$，$R_2=10\ \Omega$，$R_3=2\ \Omega$，$U_S=12\ \text{V}$，试根据理想运放的特点及 KCL、KVL，求图 2 - 25 所示电路中的 I_O。

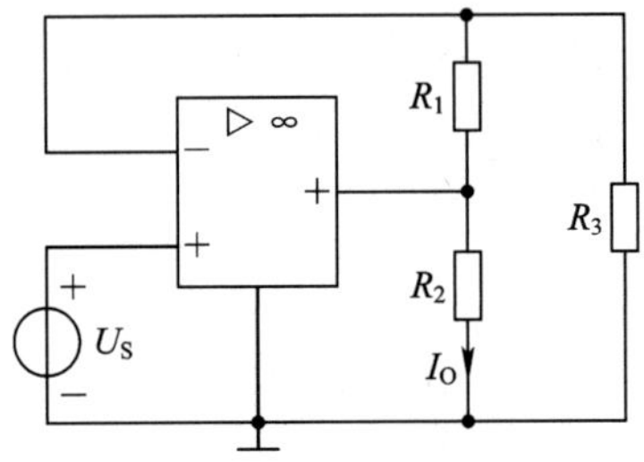

图 2 - 25

解 各支路电流、电压的参考方向如图 2 - 26 所示，由“虚断”规则可知

$$i_+=i_-=0\ \text{A}$$

应用 KCL，得

$$I_1=-I_2$$

而由“虚短”规则可知

$$u_-=u_+=12\ \text{V}$$

即 $U_2=12\ \text{V}$，所以

$$I_2=\frac{U_2}{R_3}=6\ \text{A},\ I_1=-I_2=-6\ \text{A}$$

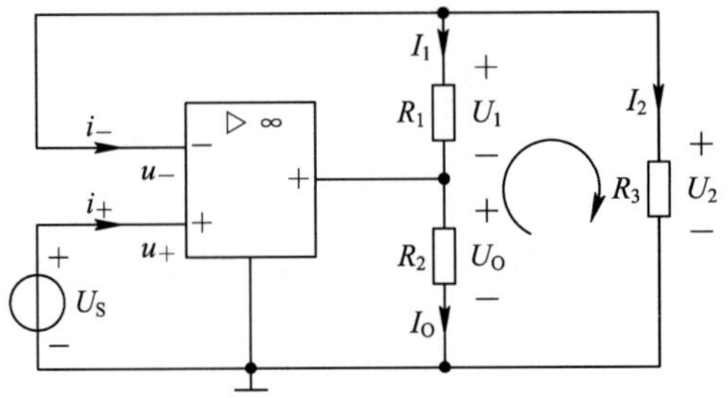

图 2 - 26

进一步可得

$$U_1=I_1R_1=(-6\times 3)\ \text{V}=-18\ \text{V}$$

应用 KVL，得

$$U_O=-U_1+U_2=(18+12)\ \text{V}=30\ \text{V}$$

所以

$$I_O=\frac{U_O}{R_2}=\left(\frac{30}{10}\right)\ \text{A}=3\ \text{A}$$

9. 图 2－27 所示的含有理想运放的电路，试用结点电压法求输出电压 u_o 与输入电压 u_i 的关系。

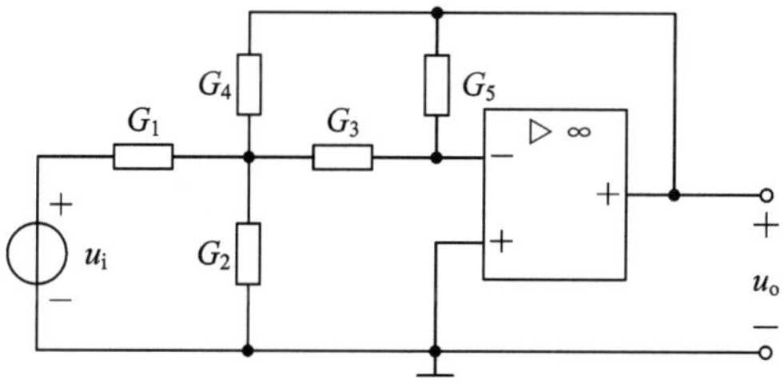

图 2－27

解　结点标注如图 2－28 所示。由理想运放可知：

$$i^-=i^+=0,$$

$$u_{n2}=u^-=u^+=0。$$

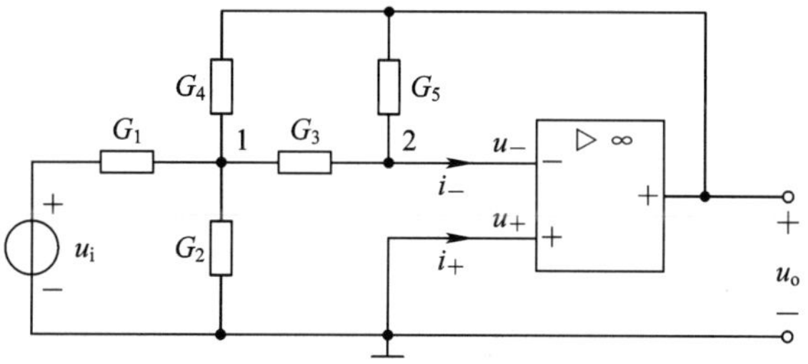

图 2－28

对结点 1、2 列写结点电压方程，得

$$\begin{cases}(G_1+G_2+G_3+G_4)u_{n1}-G_3u_{n2}-G_4u_o=G_1u_i\\-G_3u_{n1}+(G_3+G_4)u_{n2}-G_5u_o=0\end{cases}$$

由于 $u_{n2}=0$，上式简化为

$$\begin{cases}(G_1+G_2+G_3+G_4)u_{n1}-G_4u_o=G_1u_i\\-G_3u_{n1}-G_5u_o=0\end{cases}$$

消去 u_{n1}，可得

$$\frac{u_o}{u_i}=-\frac{G_1G_3}{(G_1+G_2+G_3+G_4)G_5-G_3G_4}$$

10. 图 2－29 所示的含有两个理想运放的电路，已知 $R_5=R_6$，试用结点电压法求输出电压 u_o 与输入电压 u_i 的关系。

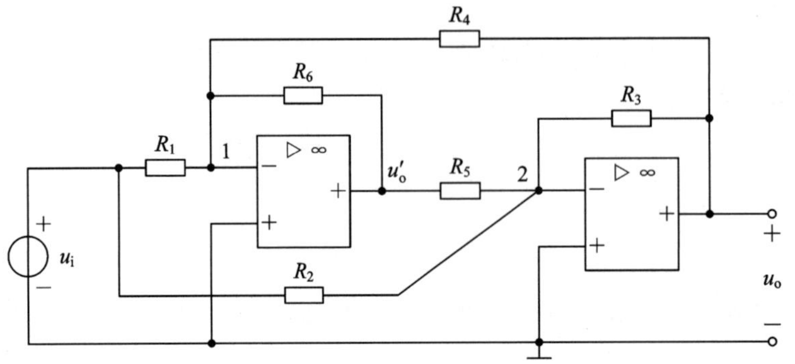

图 2-29

解 电路如图 2-30 所示。由理想运放可知：

$$i^{-}=i^{+}=0,\ i^{-1}=i^{+1}=0$$

$$u_{n1}=0,\ u_{n2}=0$$

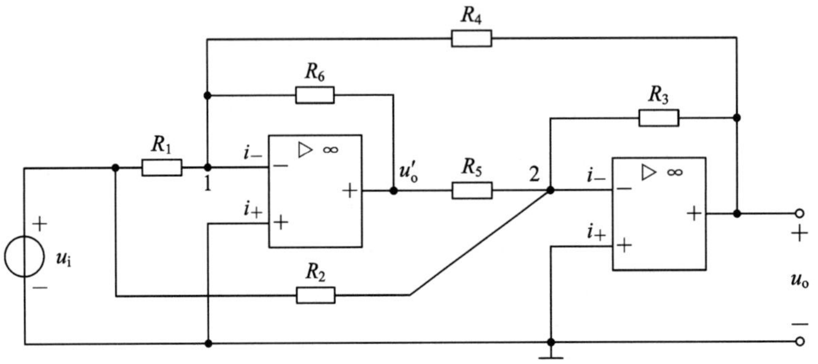

图 2-30

对结点 1、2 列写结点电压方程，得

$$\begin{cases}\left(\dfrac{1}{R_1}+\dfrac{1}{R_4}+\dfrac{1}{R_6}\right)u_{n1}-\dfrac{1}{R_6}u'_o-\dfrac{1}{R_4}u_o=\dfrac{u_i}{R_1}\\ \left(\dfrac{1}{R_2}+\dfrac{1}{R_3}+\dfrac{1}{R_5}\right)u_{n2}-\dfrac{1}{R_5}u'_o-\dfrac{1}{R_3}u_o=\dfrac{u_i}{R_2}\end{cases}$$

由于 $u_{n1}=0$，$u_{n2}=0$，可得

$$\begin{cases}-\dfrac{1}{R_6}u'_o-\dfrac{1}{R_4}u_o=\dfrac{u_i}{R_1}\\ -\dfrac{1}{R_5}u'_o-\dfrac{1}{R_3}u_o=\dfrac{u_i}{R_2}\end{cases}$$

且在 $R_5=R_6$ 的条件下，消去 u'_o，进一步可得

$$\left(\frac{1}{R_3}-\frac{1}{R_4}\right)u_o=\left(\frac{1}{R_1}-\frac{1}{R_2}\right)u_i$$

即

$$\frac{u_o}{u_i}=\frac{R_3R_4(R_2-R_1)}{R_1R_2(R_4-R_3)}$$

2.5　考研真题详解

1. 图 2-31 所示的电路中 N 为纯电阻电路，已知当 U_S 为 5 V 时，电阻 R 上电压 U 为 4 V；则当 U_S 为 7.5 V 时，$U=$________ V。

答案：6

2. 图 2-32 所示的电路中，$R_1=6\ \Omega$，$R_2=6\ \Omega$，$R_3=4\ \Omega$，$R_4=12\ \Omega$，$R_5=3\ \Omega$，$U_S=30$ V，则电流 $I=$________ A。

答案：1

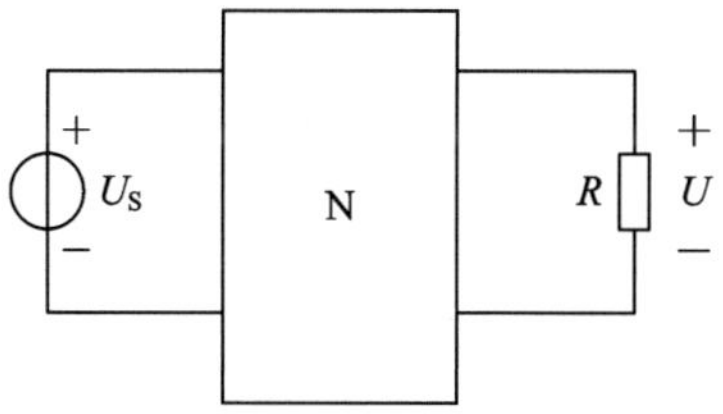

图 2-31

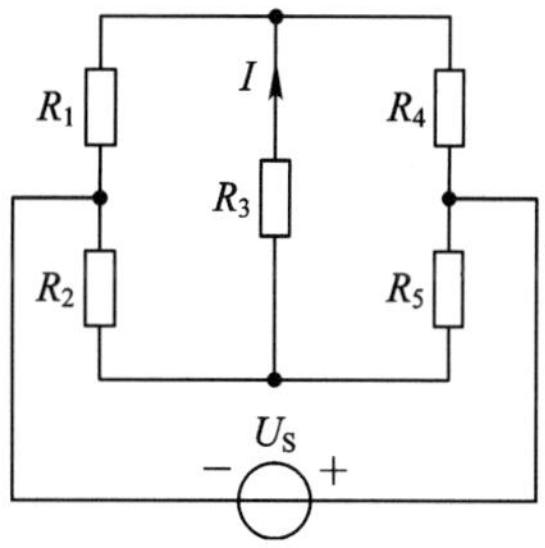

图 2-32

3. 图 2-33 所示的电路中，$U_{S2}=20$ V，$R_1=10\ \Omega$，$R_2=20\ \Omega$，$R_3=R_5=5\ \Omega$，$R_4=15\ \Omega$，已知开关 S 闭合后各个支路的电压与电流均保持不变，电压源 $U_S=$________。

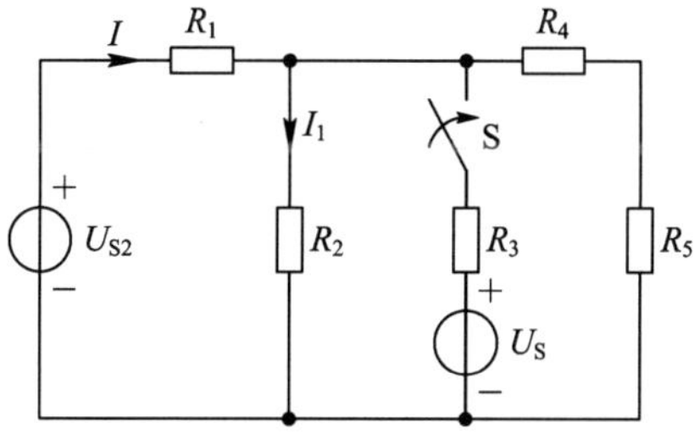

图 2-33

答案：10 V

4. 图 2-34 所示的理想运放电路，a 点电位等于________，$u_o(t)=$________。

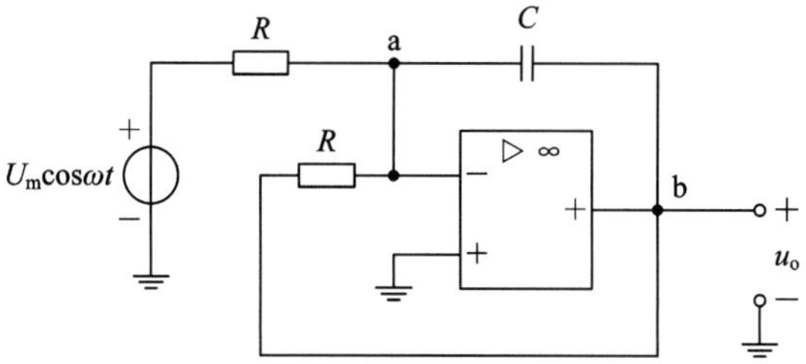

图 2-34

答案：0，$\dfrac{U_m}{\sqrt{1+\omega^2C^2R^2}}\cos(\omega t-\arctan\omega CR)$

5. 电路如图 2-35 所示，$U_S=2$ V，$I_S=1$ A，$R_2=2$ Ω，$R_3=R_4=1$ Ω，若支路电压 $U_{ab}=0$，则电阻 $R=$________Ω。

答案：1

6. 如图 2-36 所示的电路中，若元件 X 分别为电压源 U_S 及电流源 I_S，试列出相应的结点电压方程。

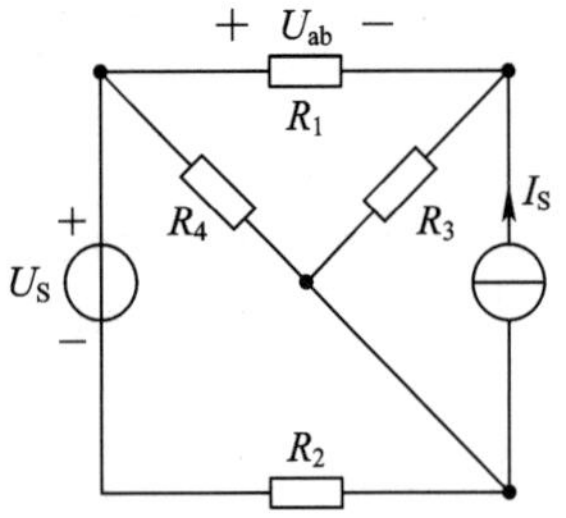

图 2-35

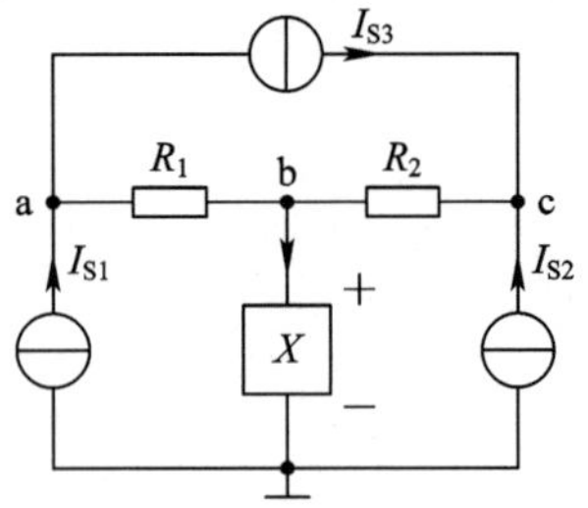

图 2-36

解　当 X 为电流源 U_S 时，结点电压方程为

$$\begin{cases}\dfrac{1}{R_1}U_a-\dfrac{1}{R_1}U_b=I_{S1}-I_{S3}\\ U_b=U_S\\ -\dfrac{1}{R_2}U_b+\dfrac{1}{R_2}U_c=I_{S2}+I_{S3}\end{cases}$$

当 X 为电流源 I_S 时，结点电压方程为

$$\begin{cases}\dfrac{1}{R_1}U_a-\dfrac{1}{R_1}U_b=I_{S1}-I_{S3}\\ -\dfrac{1}{R_1}U_a+\left(\dfrac{1}{R_1}+\dfrac{1}{R_2}\right)U_b-\dfrac{1}{R_2}U_c=-I_S\\ -\dfrac{1}{R_2}U_b+\dfrac{1}{R_2}U_c=I_{S2}+I_{S3}\end{cases}$$

7. 如图 2-37 所示的电路中，$I_S=2$ A，$R_1=R_2=R_3=4$ Ω，$R_4=2$ Ω，试求电路中的电流 I_1。

解　从图 2-37 可知，在该电路中既有独立源又有受控源。对于含受控源的电路，在列写结点方程时可以先将受控源看作独立源来列写结点电压方程，然后再增加联系受控源的控制量和结点电压的补充方程。选取的参考点如图 2-37 所示，则结点 1 和结点 2 的结点电压方程为

$$\begin{cases}\left(\dfrac{1}{4}+\dfrac{1}{4}\right)U_1-\dfrac{1}{4}U_2=2+0.5I_2\\ \left(\dfrac{1}{4}+\dfrac{1}{4}+\dfrac{1}{2}\right)U_2-\dfrac{1}{4}U_1=\dfrac{4I_1}{4}-0.5I_2\end{cases}$$

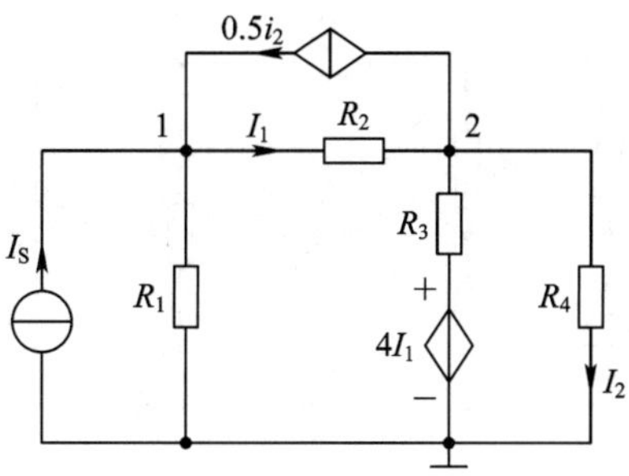

图 2-37

补充方程为

$$I_1=\frac{U_1-U_2}{4},\ I_2=\frac{U_2}{2}$$

联系上面几个方程可以解得 $U_1=4$ V，$U_2=2$ V，故

$$I_1=\frac{U_1-U_2}{4}=0.5\ \text{A}$$

8. 在图 2-38 所示的直流电路中，已知 $U_S=20$ V，$I_S=2$ A，$R_1=R_2=5$ Ω，$R_3=6$ Ω，$R_4=4$ Ω，$\alpha=2$，$\beta=0.5$，求电压 U_{ab}。

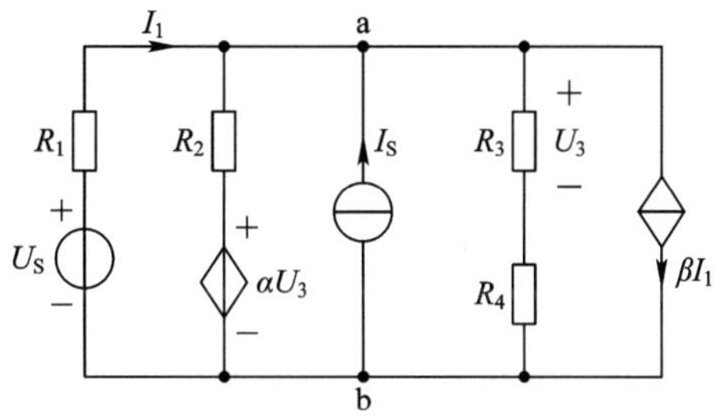

图 2-38

解　列结点方程并补充控制量的方程为

$$\begin{cases}\left(\dfrac{1}{R_1}+\dfrac{1}{R_2}+\dfrac{1}{R_3+R_4}\right)U_{ab}=\dfrac{U_S}{R_1}+\dfrac{\alpha U_3}{R_2}+I_S-\beta I_1\\ I_1=\dfrac{1}{R_1}(U_S-U_{ab})\\ U_3=\dfrac{R_3}{R_3+R_4}U_{ab}\end{cases}$$

代入数值，解出 $U_{ab}=25$ V。

9. 分析图 2-39 所示的电路，其中 $I_{S1}=1$ A，$I_{S2}=5$ A，$R_1=1$ Ω，$R_2=2$ Ω，$R_3=3$ Ω，$R_4=4$ Ω，$R_5=5$ Ω。要求列出结点方程，并求出 5 个结点的电位。

解　对电路结点编号，选参考结点，如图 2-39 所示的 0 点，则 $u_{n0}=0$。先对 3、4 结点列方程，并补充控制量与结点电压的关系式，有

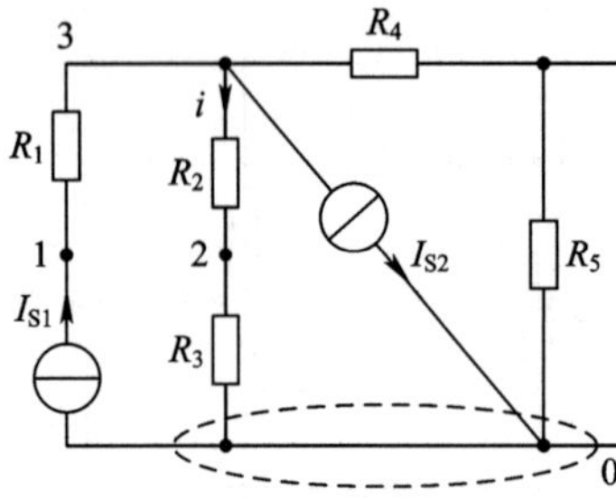

图 2-39

$$\begin{cases}\left(\dfrac{1}{2+3}+\dfrac{1}{4}\right)U_{n3}-\dfrac{1}{4}U_{n4}=1-5\\ U_{n4}=4i\\ i=\dfrac{1}{2+3}U_{n3}\end{cases}$$

解出

$$U_{n3}=-16\ \text{V},\ U_{n4}=-12.8\ \text{V}$$

进一步求 U_{n1}、U_{n2}，得

$$U_{n1}=1\times1+U_{n3}=-15\ \text{V}$$

$$U_{n2}=\frac{3}{3+2}U_{n3}=-9.6\ \text{V}$$

所以五个结点的电位分别为

$$\varphi_{n1}=-15\ \text{V},\ \varphi_{n2}=-9.6\ \text{V},\ \varphi_{n3}=-16\ \text{V},\ \varphi_{n4}=-12.8\ \text{V},\ \varphi_{n0}=0$$

10. 图 2-40 所示的电路中，$U_S=1.5$ V，$I_S=1$ A，$R_1=3\ \Omega$，$R_2=4\ \Omega$，$R_3=1\ \Omega$，$R_4=2\ \Omega$，$R_5=5\ \Omega$。用结点分析法求受控源两端的电压及其吸收的功率。

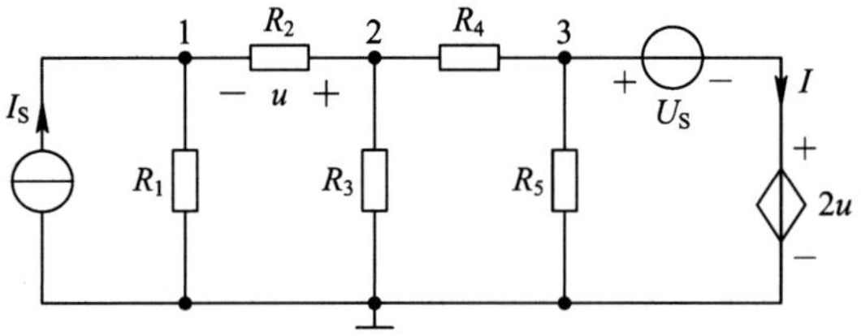

图 2-40

解 对电路结点编号，列结点方程，并补充控制量与结点电压的关系，有

$$\begin{cases}\left(\dfrac{1}{3}+\dfrac{1}{4}\right)U_{n1}-\dfrac{1}{4}U_{n2}=1\\ -\dfrac{1}{4}U_{n1}+\left(\dfrac{1}{4}+\dfrac{1}{1}+\dfrac{1}{2}\right)U_{n2}-\dfrac{1}{2}U_{n3}=0\\ U_{n3}=1.5+2u\\ u=U_{n2}-U_{n1}\end{cases}$$

对以上四个方程联立求解，得

$$U_{n1}=1.5\ \text{V},\ U_{n2}=-0.5\ \text{V},\ U_{n3}=-2.5\ \text{V}$$

计算受控源支路电流，得

$$I=\frac{1}{2}(U_{n2}-U_{n3})-\frac{1}{5}U_{n3}=1.5\ \text{A}$$

受控源两端电压为

$$2u=2(U_{n2}-U_{n1})=-4\ \text{V}$$

受控源功率为

$$P=I(2u)=-6\ \text{W(发出)}$$

11. 图 2-41 所示的电路中，$U_{S1}=9$ V，$U_{S2}=6$ V，$R_1=2\ \Omega$，$R_2=2\ \Omega$，$R_3=6\ \Omega$。试求各受控源产生的功率。

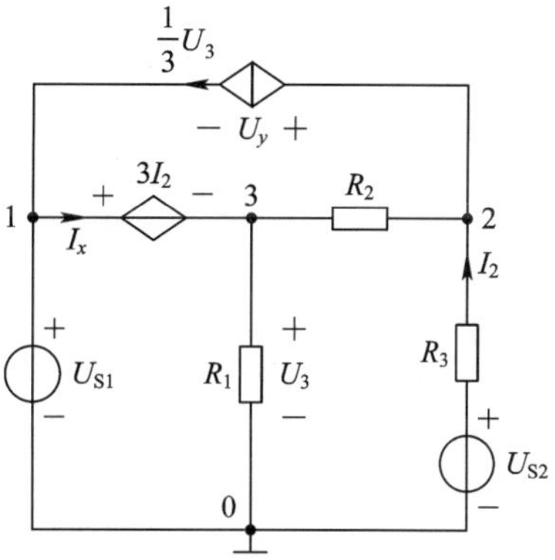

图 2-41

解　用结点法求解。对电路结点编号，列结点方程，并补充控制量与结点电压的关系式，有

$$\begin{cases}U_{n1}=9\ \text{V}\\ -\frac{1}{2}U_{n3}+\left(\frac{1}{2}+\frac{1}{2}\right)U_{n2}=\frac{6}{2}-\frac{1}{3}U_3\\ U_{n3}=-3I_2+U_{n1}\\ U_3=U_{n3}\\ I_2=\frac{1}{2}(6-U_{n2})\end{cases}$$

以上五式联立解出

$$U_{n2}=4\ \text{V},\ U_{n3}=6\ \text{V},\ I_2=1\ \text{A}$$

$$I_x=\frac{1}{2}U_{n3}+\frac{1}{2}(U_{n3}-U_{n2})=4\ \text{A}$$

$$U_y=U_{n2}-U_{n1}=-5\ \text{V}$$

计算功率为

$$\text{CCVS}\quad P=(3I_2)I_x=12\ \text{W(吸收)}$$

$$\text{VCCS}\quad P=U_y\left(\frac{1}{3}U_3\right)=-10\ \text{W(发出)}$$

12. 图 2-42 所示的电路中，$U_{S1}=50$ V，$U_{S2}=30$ V，$I_S=I_2=5$ A，$R_1=10$ Ω，$R_2=20$ Ω，$R_3=10$ Ω，用回路法求解 I_X 以及 CCVS 的功率。

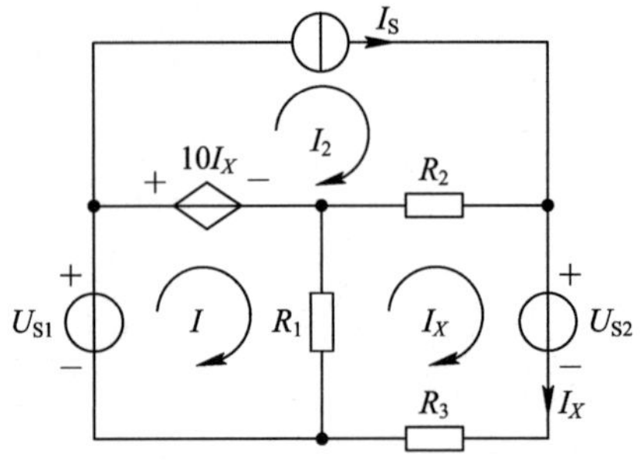

图 2-42

解 三个回路电流分别取为 I、I_X 及 5 A，如图 2-42 所示。对 I、I_X 所在的回路逐段写 KVL 方程，有

$$\begin{cases}-50+10I_X+10(I-I_X)=0\\30+10I_X+10(I_X-I)+20(I_X-5)=0\end{cases}$$

可求得

$$I=5\text{ A},\ I_X=3\text{ A}$$

受控源 CCVS 中的电流

$$I_{CS}=5-I=0$$

故 CCVS 的功率为零。

13. 图 2-43 所示的电路中，$I_S=3.5$ A，$R_1=4$ Ω，$R_2=20$ Ω，$R_3=2$ Ω，$R_4=20$ Ω，$R_5=35$ Ω，用结点电压法求解电流 I。

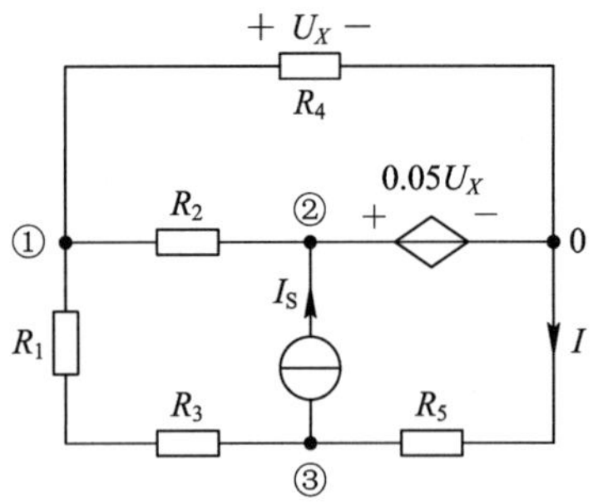

图 2-43

解 图 2-43 所示的电路结点编号时，取无伴受控电压源的一端为参考结点。结点电压方程为

$$\begin{cases}\left(\dfrac{1}{6}+\dfrac{1}{20}+\dfrac{1}{20}\right)U_{n1}-\dfrac{1}{20}U_{n2}-\dfrac{1}{6}U_{n3}=0\\U_{n2}=-0.5U_X\\-\dfrac{1}{6}U_{n1}+\left(\dfrac{1}{6}+\dfrac{1}{35}\right)U_{n3}=-3.5\\U_X=-U_{n1}\end{cases}$$

经整理可得到

$$\begin{cases}17.5U_{n1}-10U_{n3}=0\\-3.5U_{n1}+41U_{n3}=-735\end{cases}$$

解得 $U_{n3}=-35$ V，$I=-\dfrac{U_{n3}}{35}=1$ A。

14. 图 2-44 所示的电路中，$U_{S1}=6$ V，$U_{S2}=6$ V，$R_1=1\ \Omega$，$R_2=2\ \Omega$，$R_3=3\ \Omega$，$R_4=4\ \Omega$。用结点电压法求解各元件的功率并检验功率是否平衡。

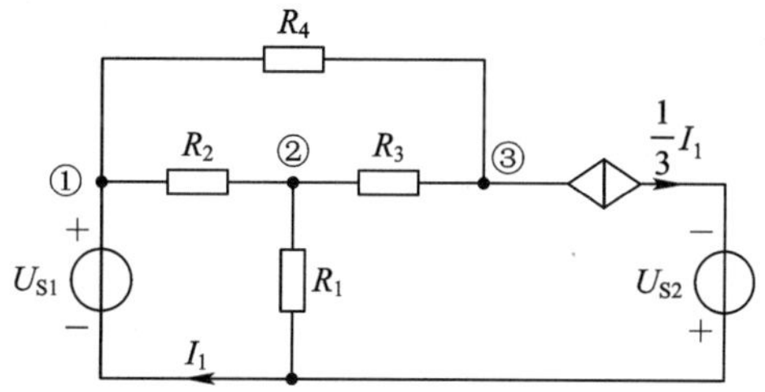

图 2-44

解　选择参考结点在无伴电压源的一端，结点①可不列 KCL 方程。附加方程为 U_{n1} 的约束方程及控制量 I_1 的辅助方程。结点电压方程以及附加方程为

$$\begin{cases}U_{n1}=6\\-\dfrac{1}{2}U_{n1}+\left(\dfrac{1}{2}+1+\dfrac{1}{3}\right)U_{n2}-\dfrac{1}{3}U_{n3}=0\\-\dfrac{1}{4}U_{n1}-\dfrac{1}{3}U_{n2}+\left(\dfrac{1}{3}+\dfrac{1}{4}\right)U_{n3}=-\dfrac{1}{3}I_1\\I_1=\dfrac{U_{n2}}{1}+\dfrac{1}{3}I_1\end{cases}$$

经整理，得到 U_{n2} 与 U_{n3} 的联立方程为

$$\begin{cases}11U_{n2}-2U_{n3}=18\\2U_{n2}+7U_{n3}=18\end{cases}$$

可解得 $U_{n2}=U_{n3}=2$ V，$I_1=\dfrac{3}{2}U_{n2}=3$ A。

元件功率计算如下：

6 V 电压源发出功率 $P_{U_{S1}}=6I_1=6\times3\text{ W}=18\text{ W}$

12 V 电压源发出功率 $P_{U_{S2}}=12\times\dfrac{1}{3}I_1=12\times\dfrac{1}{3}\times3\text{ W}=12\text{ W}$

CCCS 吸收功率 $P_{CS}=(U_{n3}+12)\dfrac{1}{3}I_1=(2+12)\times\dfrac{1}{3}\times3\text{ W}=12\text{ W}$

1 Ω 电阻消耗功率 $P_{R_1}=\dfrac{U_{n2}^2}{1}=4\text{ W}$

2 Ω 电阻消耗功率 $P_{R_2}=\dfrac{(U_{n1}-U_{n2})^2}{2}=\dfrac{(6-2)^2}{2}\text{W}=8\text{ W}$

3 Ω 电阻消耗功率 $P_{R_3}=\dfrac{(U_{n2}-U_{n3})^2}{3}=\dfrac{(2-2)^2}{3}\text{W}=0\ \text{W}$

4 Ω 电阻消耗功率 $P_{R_4}=\dfrac{(U_{n1}-U_{n3})^2}{4}=\dfrac{(6-2)^2}{4}\text{W}=4\ \text{W}$

电路中：

$$P_{吸收}=P_{R_1}+P_{R_2}+P_{R_3}+P_{R_4}+P_{CS}=(4+8+4+14)\text{W}=30\ \text{W}$$

$$P_{发出}=P_{U_{S1}}+P_{U_{S2}}=(18+12)\text{W}=30\ \text{W}$$

因此，$P_{发出}=P_{吸收}$，功率平衡。受控源可消耗功率，也可能发出功率，说明由受控源来实现电路中某种控制关系时，实现此控制的机构必须付出功率转换的代价。

第3章

电路分析中的常用定理

3.1 重点与难点

1. 重点

(1) 理解本章所学的电路定理在各种电路中的应用。

(2) 掌握线性电路具有齐次性和叠加性的特性。

(3) 能熟练应用叠加定理、戴维南定理、诺顿定理和最大功率传输定理进行电路的分析与计算。

2. 难点

综合运用叠加定理、戴维南定理和诺顿定理求解电路等知识点是本章的学习难点。

3.2 基本知识点

1. 叠加定理

叠加定理是线性电路的一个重要定理，在线性电路分析中起着重要的作用，它是分析线性电路的基础。因此，掌握叠加定理并能熟练运用叠加定理求解线性电路是本章的重点内容，应用叠加定理分析求解线性电路是学习中的难点。

叠加定理的内容可表述为：在线性电路中，任一支路的电流(或电压)都可以看成是电路中各独立电源单独作用于电路时，在该支路产生的电流(或电压)的代数和；也可表示为线性电路的任意一个解(电压或电流)都是电路中所有激励的线性组合。

温馨提示：

(1) 叠加定理只适用于线性电路，不适用于非线性电路。这是因为线性电路中的电压和电流都与激励(独立源)呈一次函数关系。

(2) 在各独立电源单独作用于电路时，不作用的电压源置零，原电压源处用短路代替；不作用的电流源置零，原电流源处用开路代替。

(3) 功率不能用叠加定理计算。因为功率为电压和电流的乘积，不是独立电源的一次函数。

(4) 应用叠加定理求电压和电流是代数量的叠加，要特别注意各代数量的符号，即注意在各电源单独作用时计算的电压、电流参考方向是否一致。若一致则相加，反之相减。

(5) 含受控源(线性)的电路在使用叠加定理时，受控源不要单独作用，而应把受控源作为一般元件始终保留在电路中。这是因为受控源不是独立源，受控电压源的电压和受控电流源的电流受电路的结构和各元件的参数所约束。

(6) 叠加的方式是任意的，一次可以是一个独立源单独作用，也可以是几个独立源同时作用。叠加方式的选择取决于分析问题的方便。

齐性定理的内容可表述为：在线性电路中，若所有激励(独立源)都增大(或减小)同样的倍数，则电路中响应(电压或电流)也增大(或减小)同样的倍数。当只有一个激励源作用时，响应与激励成正比。

2. 置换定理

置换定理又称为替代定理，内容可表述为：对于任意给定的一个电路，若某一支路的电压为 u_k、电流为 i_k，那么这条支路就可以用一个电压等于 u_k 的独立电压源，或者用一个电流等于 i_k 的独立电流源，或者用 $R=\frac{u_k}{i_k}$ 的电阻来替代，替代后的电路中全部电压和电流均保持原有值(解答唯一)。

温馨提示：

(1) 当第 k 条支路的电压或电流为网络 N 中受控源的控制量，而替代后该电压或电流不复存在时，则该支路不能被替代。

(2) 替代定理不仅适用于线性电路，也可推广到非线性电路。

3. 戴维南定理和诺顿定理

在电路分析中戴维南定理和诺顿定理的应用非常广泛。应用戴维南定理和诺顿定理可将复杂的含源一端口化简为一个电压源与电阻的串联组合或一个电流源与电导的并联组合，从而使电路分析和计算简化。因此，掌握戴维南定理和诺顿定理并能熟练运用戴维南定理和诺顿定理简化电路的分析和计算是本章的重点内容。其中，戴维南等效电路和诺顿等效电路的求解是学习中的难点。

戴维南定理的内容可表述为：任何一个线性含源一端口网络，对外电路来说，总可以用一个电压源和电阻的串联组合来等效替代；此电压源的电压等于该一端口的开路电压，而电阻等于该一端口全部独立电源置零后的输入电阻。

诺顿定理的内容可表述为：任何一个线性含源一端口网络，对外电路来说，总可以用一个电流源和电导的并联组合来等效替代；此电流源的电流等于该一端口的短路电流，而电导等于把该一端口全部独立电源置零后的输入电导。

温馨提示：

(1) 戴维南定理和诺顿定理适用于求解电路中某一支路的电压、电流和功率问题。求解时，进行戴维南等效变换或诺顿等效变换的含源一端口必须是线性含源一端口，待求电路是线性或非线性、含源或无源都可。

(2) 应用戴维南定理和诺顿定理必须注意，在移去待求支路，即对电路进行分割时，受控源和控制量应划分在同一网络中。

4. 最大功率传输定理

如果含源一端口网络外接一可调电阻 R_L，当 $R_L=R_{eq}$ 时，则电阻 R_L 可以从一端口网络获得最大功率，该最大功率为 $P_{max}=\frac{u_{oc}^2}{4R_{eq}}$。

温馨提示：

应用最大功率传输定理时，通常要先应用戴维南定理确定负载的等效电路。

(1) 从负载端口向里看进去的等效电阻 R_L，并令 $R_L=R_{eq}$。

(2) 求端口开路电压 U_{OC}，则 $P_{max}=\frac{u_{oc}^2}{4R_{eq}}$。

最大功率传输定理中，固定不变的是电源内阻 R_{eq}，可调节的是负载电阻 R_L，当 R_L 调到与 R_{eq} 相等时，负载获得最大功率。而当固定不变的是负载电阻 R_L 时，此时调节电源内阻 $R_{eq}=0$，可使电源发出最大功率。注意区分这两个不同的概念。

5. 互易定理和电路的对偶性

1) 互易定理

对于一个仅含线性电阻的二端口网络，在只有一个激励源的情况下，当激励与响应位置互换时，同一激励产生的响应相同。

2) 电路的对偶性

电路中的许多变量、元件、结构及定律等都是成对出现的，它们存在明显的一一对应关系，这种对应关系就称为电路的对偶特性。利用对偶特性可以帮助我们简化分析电路。

温馨提示：

(1) 互易定理只适用于线性电阻网络在单一电源激励下，两个支路的电压电流关系。

(2) 互易前后应保持网络的拓扑结构不变，仅理想电源搬移。

(3) 互易前后端口处的激励和响应的极性须保持一致(要么都关联，要么都非关联)。

(4) 含有受控源的网络，互易定理一般不成立。

工程案例 4

3.3 思维导图

- 电路分析中的常用定理
  - 叠加定理和齐次定理
    - 叠加定理 → 将多个独立源作用分解为各独立源单独作用
      - 电流、电压可叠加
      - 功率不可叠加
    - 齐次定理 → 在线性电路中，当只有一个激励源作用时，其响应与激励成正比
  - 置换定理 → 在电路的分析过程中，可以用适当的理想电源或电阻去替换电路中某条支路的电压源、电流源、电阻，而不改变电路中其他任何支路的电流或电压
  - 戴维南定理和诺顿定理
    - 戴维南定理 → 一个含有独立源、线性受控源、线性电阻的有源二端网络 →（对其外部来说等效为）一个理想电压源和一个电阻串联
    - 诺顿定理 → 一个含有独立源、线性受控源、线性电阻的有源二端网络 →（对其外部来说等效为）一个理想电流源和一个电导并联
    - 求解等效电阻的方法 → ① 电阻串、并联等效法；② 外加电压法；③ 外加电流法；④ 开路短路法
    - 等效电源定理的应用
  - 最大功率传输定理
    - 电压、功率与电流之间的变化规律
    - 最大功率传输定理 →（当 $R_L=R_o$ 时）负载获得最大功率：$P_L=P_{max}$
    - 功率传输效率 → $\eta=\dfrac{P_L}{P_S}\times 100\%$
  - 互易定理和电路的对偶性
    - 互易定理 → 对于一个仅含线性电阻的二端口网络，在只有一个激励源的情况下，当激励与响应位置互换时，同一激励产生的响应相同
    - 电路的对偶性 → 可简化电路分析
  - 知识拓展与应用
    - 电路设计与故障判断
      - 电路设计
      - 复杂电路的故障判断
    - 计算机辅助分析
    - 运用Multisim进行分析

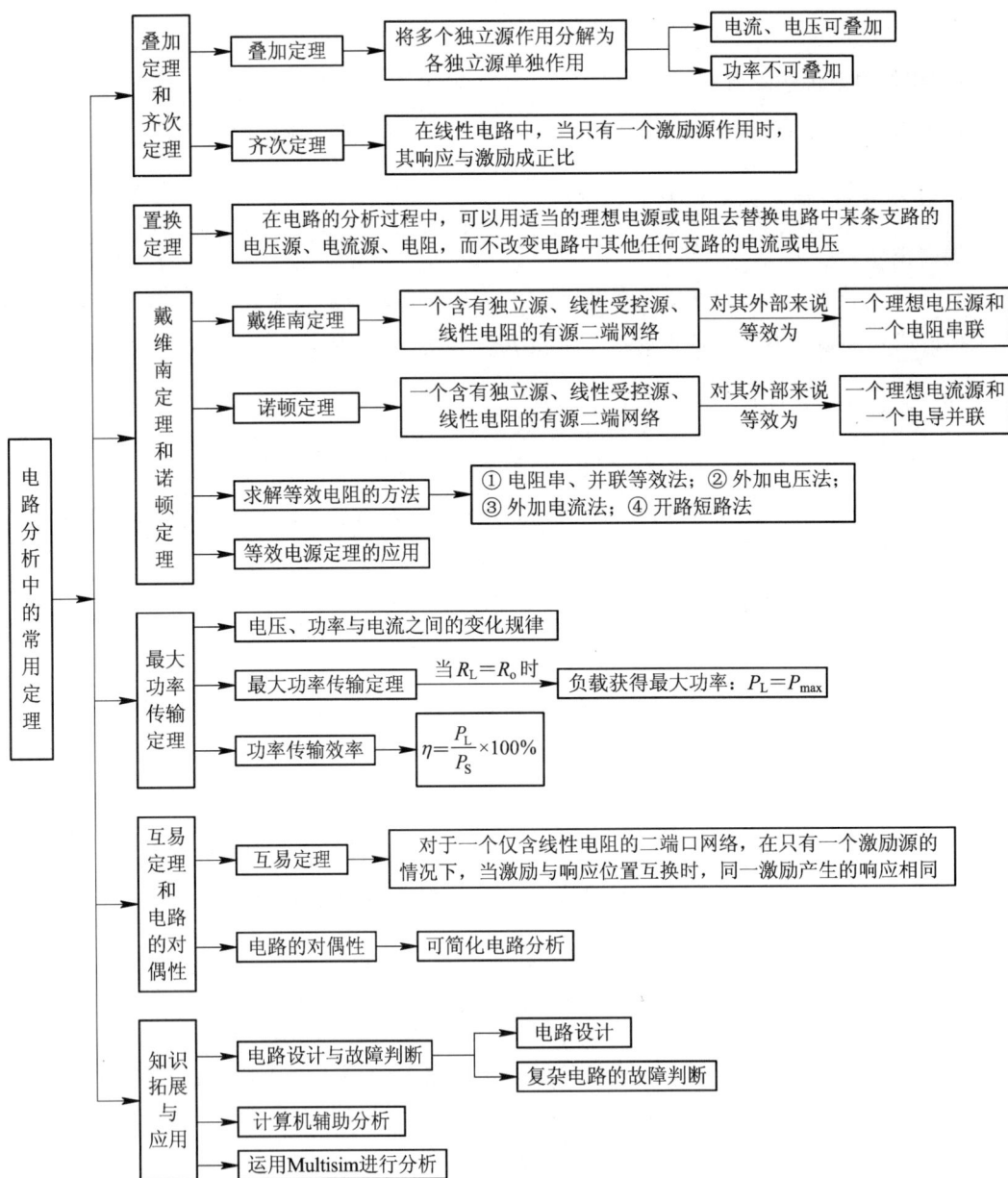

3.4 习题全解

一、选择题

1. 叠加定理用于计算(　　)。

A. 线性电路中的电压、电流和功率　　B. 线性电路中的电压和电流

C. 非线性电路中的电压、电流和功率　　D. 非线性电路中的电压和电流

答案：B

2. 叠加定理是(　　)电路的基本定理。

A. 直流　　B. 正弦交流

C. 集中参数　　D. 线性

答案：D

3. 叠加定理的应用中，关于各独立源处理方法，正确的是(________)。

A. 不作用的电压源开路，不作用的电流源开路

B. 不作用的电压源短路，不作用的电流源开路

C. 不作用的电压源短路，不作用的电流源短路

D. 不作用的电压源开路，不作用的电流源短路

答案：B

4. 叠加原理求解过程中，不作用的电压源作(　　)处理，不作用的电流源作(　　)处理。

A. 开路，开路　　B. 开路，短路

C. 短路，开路　　D. 短路，短路

答案：C

5. 如图 3-1 所示，当 $U_S=0$ V，$I_S=4$ A 时，$I=2$ A；当 $U_S=2$ V，$I_S=0$ A 时，$I=1$ A；当 $U_S=1$ V，$I_S=8$ A 时，$I=$(　　)。

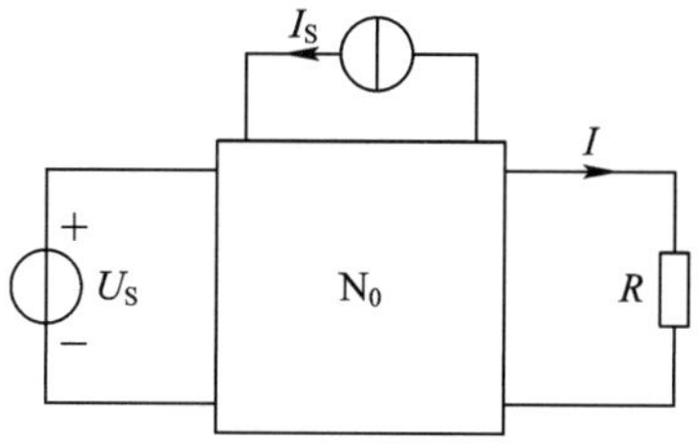

图 3-1

A. 2 A　　B. 3 A

C. 2.5 A　　D. 4.5 A

答案：D

6. 对“戴维南定理”描述正确的是(　　)。

A. 线性无源一端口可以等效变换成一个电阻

B. 线性含源一端口可以等效变换成一个理想电压源与电阻的并联组合

C. 线性含源一端口可以等效变换成一个理想电压源与电阻的串联组合

D. 线性含源一端口可以等效变换成一个理想电流源与电阻的并联组合

答案：C

7. 对“诺顿定理”描述正确的是(　　)。

A. 线性无源一端口可以等效变换成一个电阻

B. 线性含源一端口可以等效变换成一个理想电压源与电阻的并联组合

C. 线性含源一端口可以等效变换成一个理想电压源与电阻的串联组合

D. 线性含源一端口可以等效变换成一个理想电流源与电阻的并联组合

答案：D

8. 根据戴维南定理，任一线性有源二端网络可以等效成一个(　　)和一个电阻(　　)的形式。

A. 电流源，串联　　B. 电压源，串联

C. 电流源，并联　　D. 电压源，并联

答案：B

9. 根据诺顿定理，任一线性有源二端网络可以等效成一个(　　)和一个电阻(　　)的形式。

A. 电流源，串联　　B. 电压源，串联

C. 电流源，并联　　D. 电压源，并联

答案：C

10. 描述线性电路中多个独立源共同作用时所产生的响应的规律的定理是(　　)。

A. 戴维南定理　　B. 诺顿定理

C. 叠加定理　　D. 互易定理

答案：C

11. 图 3-2 所示的二端网络的电压、电流关系为(　　)。

A. $u=10-5i$　　B. $u=10+5i$

C. $u=5i-10$　　D. $u=-5i-10$

答案：B

12. 图 3-3 所示二端网络的开路电压 U_{OC} 等于(　　)。

A. 15 V　　B. 16 V　　C. 18 V　　D. 22 V

答案：C

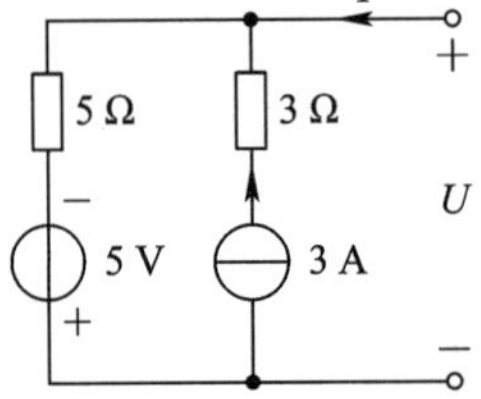

图 3-2

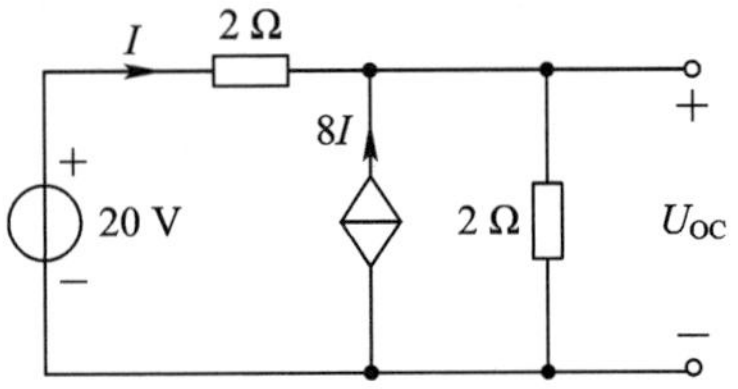

图 3-3

13. 已知有源二端网络的开路电压为 10 V，短路电流为 5 A，把一个 2 Ω 电阻接到该网络，则 R 上的电压为(　　)。

A. 8 V　　B. 6 V　　C. 5 V　　D. 4 V

答案：C

14. 一个有源线性电阻网络，其端口开路电压为 30 V，当把安培表接在其端口时，测得电流为 3 A，若把 10 Ω 的电阻接在该端口时，则 10 Ω 元件两端电压为(　　) V。

A. −15　　B. 30

C. −30　　D. 15

答案：D

二、填空题

1. 叠加定理可用来计算________电路的电压和电流，而不能用来直接计算________。

答案：线性，功率

2. 图 3-4 所示电路中，$I_S=3$ A，$U_S=9$ V，$R_1=24$ Ω，$R_2=18$ Ω，$R_3=9$ Ω，电流 I 为________ A。

答案：1

3. 图 3-5 所示的电路中，$R=5$ Ω，电压源电压恒定不变，电流源电流 I_S 可调节。当调到 $I_S=0$ A，测得 $I_x=1$ A。现将 I_S 调到 2 A，则 $I_x=$________。

答案：2.33 A

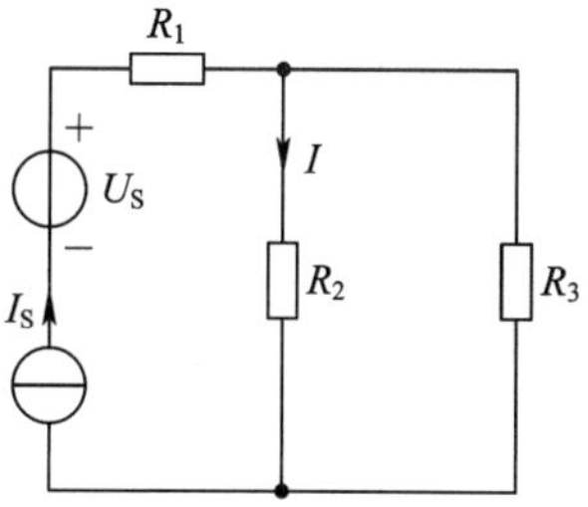

图 3-4

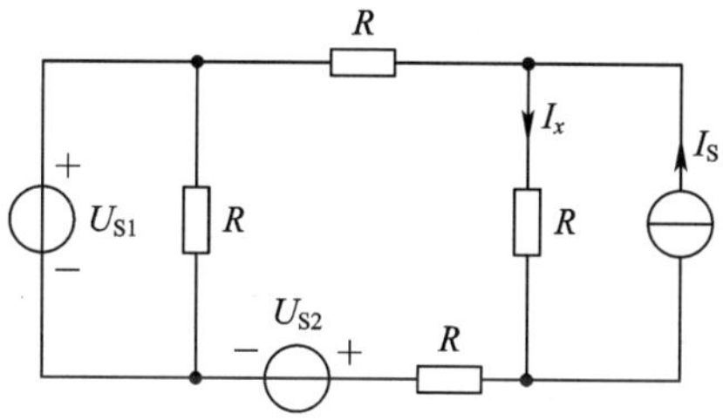

图 3-5

4. 某直流电源开路时的端电压 $U_{OC}=9$ V，短路时的电流 $I_{SC}=3$ A，若外接负载是一只阻值为 6 Ω 的电阻时，则回路电流为________ A，负载的端电压为________ V。

答案：1，6

5. 图 3-6(a)所示的有源电阻网络，其伏安特性如图 3-6(b)所示，则其开路电压、输入电阻、短路电流分别应为 $U_{oc}=$________ V，$R_o=$________ Ω，$I_{SC}=$________ A。

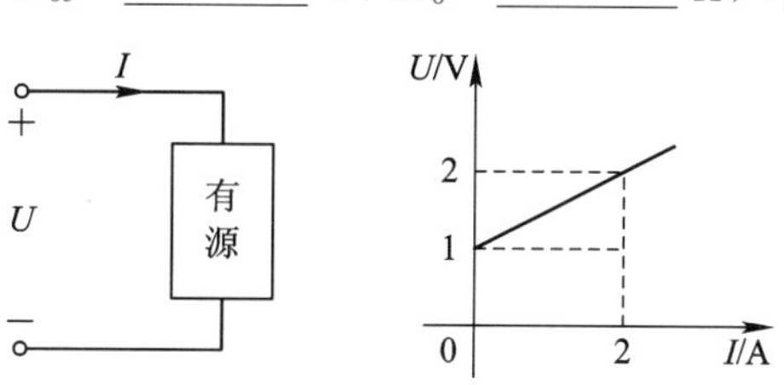

(a)　　(b)

图 3-6

答案：1，0.5，−2

6. 图 3-7 所示的电路中，N_0 为不含独立源的线性网络。当 $U_S=0$ V，$I_S=1$ A 时，$I=0.5$ A；当 $U_S=2$ V，$I_S=1$ A 时，I=1 A。若已知 $I_S=2$ A，$I=3$ A，则 $U_S=$________ V。

答案：8

7. 图 3-8 所示的电路中，网络 N 的内部结构不详。电流 $I_1=$________ A，$I_2=$________ A。

答案：3，$\frac{1}{3}$

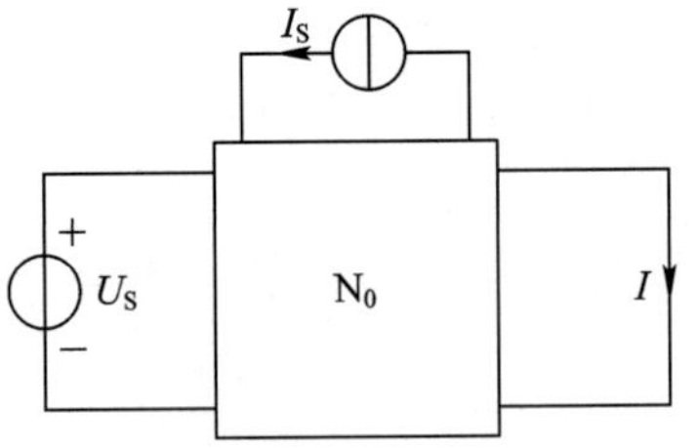

图 3-7

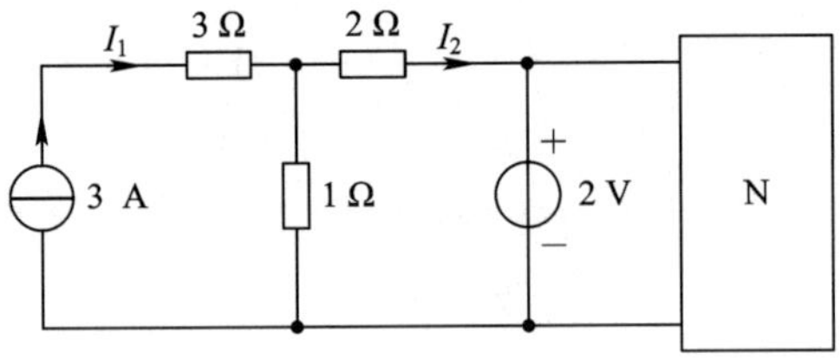

图 3-8

8. 如图 3-9 所示的电路中，P 为无源线性电阻电路。当 $u_1=5$ V 和 $u_2=3$ V 时，$i_1=2$ A；当 $u_1=20$ V 和 $u_2=15$ V 时，$i_1=6$ A；当 $u_1=20$ V，$i_1=-4$ A 时，u_2 应为________ V。

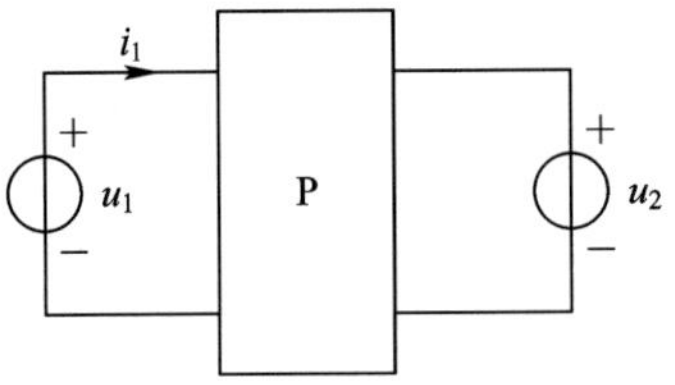

图 3-9

答案：30

三、分析计算题

1. 如图 3-10 所示的电路中，$R_1=4$ Ω，$R_2=2$ Ω，$R_3=2$ Ω，$U_S=16$ V，$I_{S1}=4$ A，$I_{S2}=8$ A，求 U_0。

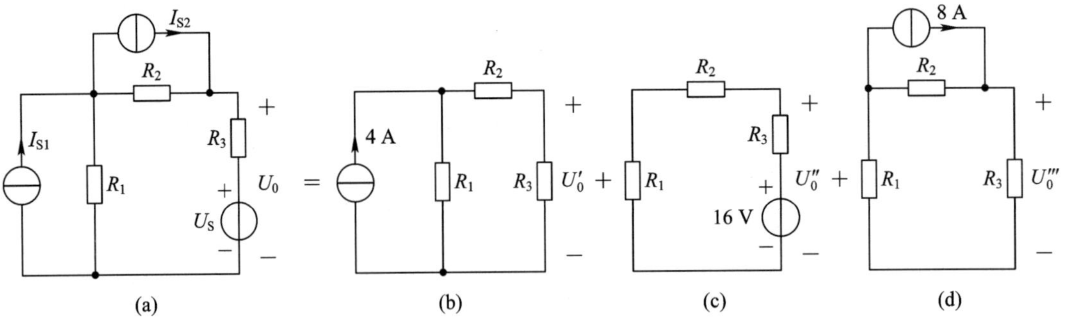

图 3-10

解　要用叠加定理求解，首先将图 3-10(a)电路分解为每个独立源单独作用时的电路图，考虑到电源不作用时应置零，所以得到图 3-10(b)、(c)、(d)三个简单的电路。

由图 3-10(b)可得

$$U_0'=\frac{4}{4+2+2}\times4\times2\ \text{V}=4\ \text{V}$$

由图 3-10(c)可得

$$U_0''=\frac{6}{4+2+2}\times16\ \text{V}=12\ \text{V}$$

由图 3-10(d)可得

$$U_0'''=\frac{2}{4+2+2}\times8\times2\ \text{V}=4\ \text{V}$$

所以

$$U_0=U_0'+U_0''+U_0'''=(4+12+4)\ \text{V}=20\ \text{V}$$

2. 如图 3-11 所示的电路中，$R_1=5\ \Omega$，$R_2=18\ \Omega$，$R_3=4\ \Omega$，$R_4=6\ \Omega$，$R_5=12\ \Omega$，$U_S=165\ \text{V}$，求电流 I 的值。

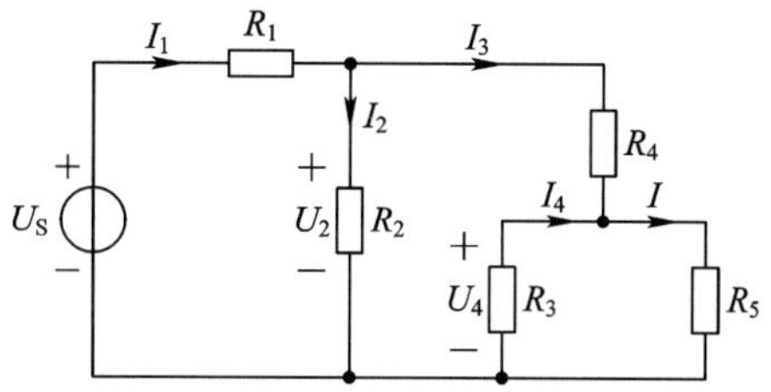

图 3-11

解　为了求得电流 I，先假设电路中的各电流、电压的方向如图 3-11 所示。应用齐次定理，设电流 $I=1$ A。

在该假设下可推得

$$U_4=12I=12\ \text{V}$$

$$I_4=\frac{U_4}{4}=\frac{12}{4}\ \text{A}=3\ \text{A}$$

$$I_3=I_4+I=(3+1)\ \text{A}=4\ \text{A}$$

$$U_2=6I_3+U_4=(6\times4+12)\ \text{V}=36\ \text{V}$$

$$I_2=\frac{U_2}{18}=\frac{36}{18}\ \text{A}=2\ \text{A}$$

$$I=I_2+I_3=(2+4)\ \text{A}=6\ \text{A}$$

所以

$$U_S=5I_1+U_2=(5\times6+36)\text{V}=66\ \text{V}$$

若 $U_S=66$ V，则 $I=1$ A；可实际上 $U_S=165$ V，则有

$$\frac{165}{66}=\frac{I}{1}$$

可解得

$$I=\frac{165}{66}\ \text{A}=2.5\ \text{A}$$

3. 如图 3-12 所示的电路中，N 是含独立源的线性电阻电路，已知：

当 $U_S=6$ V，$I_S=0$ 时，开路电压 $U_k=4$ V；

当 $U_S=0$，$I_S=4$ A 时，开路电压 $U_k=0$；

当 $U_S=-3$V，$I_S=-2$ A 时，开路电压 $U_k=2$ V。

当 $U_S=3$ V，$I_S=3$ A 时，开路电压 U_k 等于多少？

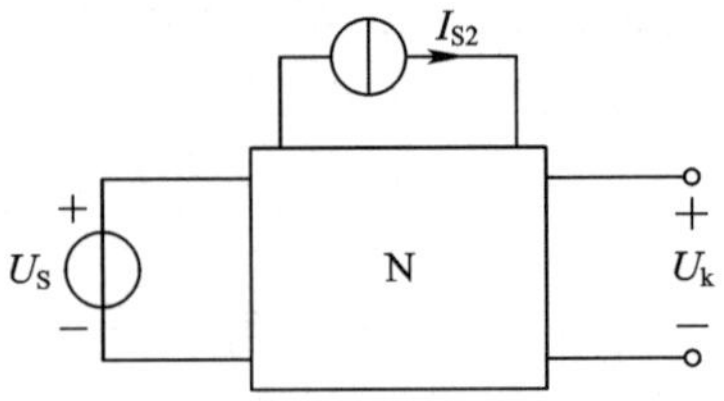

图 3-12

解 按线性电路的性质，可将电源的作用分为三组：电压源 U_S、电流源 I_S、有源网络 N 中的所有独立源。

设电压源 U_S 单独作用时 $U'_k=a_1U_S$，电流源 I_S 单独作用时 $U''_k=a_2I_S$，有源网络 N 中的所有独立源单独作用时 $U'''_k=A$。

U_k 的一般公式为

$$U_k=U'_k+U''_k+U'''_k=a_1U_S+a_2I_S+A$$

结合已知，可得

$$\begin{cases}4=6a_1+A\\0=4a_2+A\\2=-3a_1+(-2a_2)+A\end{cases}$$

解得

$$a_1=\frac{1}{3},\ a_2=-\frac{1}{2},\ A=2$$

所以当 $U_S=3$ V，$I_S=3$ A 时，有

$$U_k=3a_1+3a_2+A=\left[3\times\frac{1}{3}+3\times\left(-\frac{1}{2}\right)+2\right]\text{V}=1.5\text{ V}$$

4. 试求图 3-13 所示电路的戴维南等效电路，电路中 $R_1=2\ \Omega$，$R_2=1\ \Omega$，$R_3=3\ \Omega$，$R_4=1\ \Omega$，$I_S=3$ A。

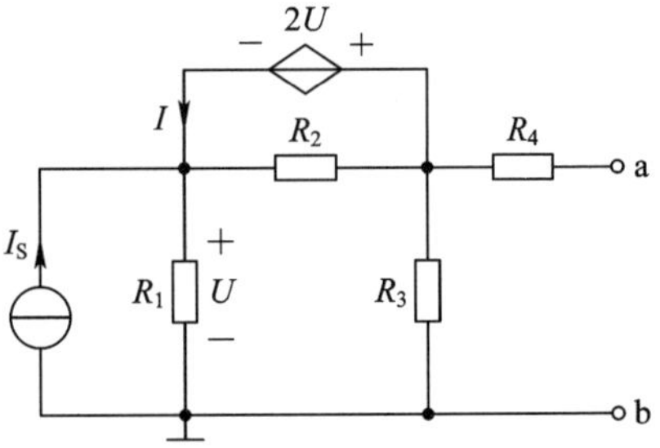

图 3-13

解 本例中含有一个受控源。首先求出 a、b 两端的开路电压，此时端口上的电流为 0。为此取参考结点如图 3-14(a)所示，该电路的结点电压方程为

$$\begin{cases}\left(1+\frac{1}{2}\right)U_1-U_2=3+I\\\left(1+\frac{1}{3}\right)U_2-U_1=-I\\U_1+2U=U_2\\U=U_1\end{cases}$$

解方程得 $U_1=2$ V，$U_2=6$ V，所以 $U_{OC}=U_2=6$ V。

再来求等效电阻。对于含受控源的单口网络在求等效电路时只能采用外加激励法或开路-短路法，而不同的方法对于网络内部的独立源的处理也不同。

(1) 外加激励法。将单口网络内部的独立源置零(电流源开路)，但受控源要保留。在端

口上加上一个大小为U'的电压源，流经端口的电流为I'，如图 3－14(b)所示。设各网口电流的方向为顺时针方向，则可得网孔电流方程为

$$\begin{cases} I_1-I_2=2U \\ (1+2+3)I_2-I_1-3I_3=0 \\ (1+3)I_3-3I_2=-U' \\ U=-2I_2 \end{cases}$$

解方程可得 $I_3=-\frac{1}{3}U'$，则等效电阻为

$$R_O=\frac{U_{OC}}{I_{OC}}=3\ \Omega$$

(2) 开路-短路法：首先需要求出原电路的短路电流 I_{SC}。当端口短路时，单口网络内部的独立电流源应该保留，如图 3－14(c)所示，可得其结点电压方程为

$$\begin{cases} \left(1+\frac{1}{2}\right)U_1-U_2=3+I \\ \left(1+\frac{1}{3}+1\right)U_2-U_1=-I \\ U_1+2U=U_2 \\ U=U_1 \end{cases}$$

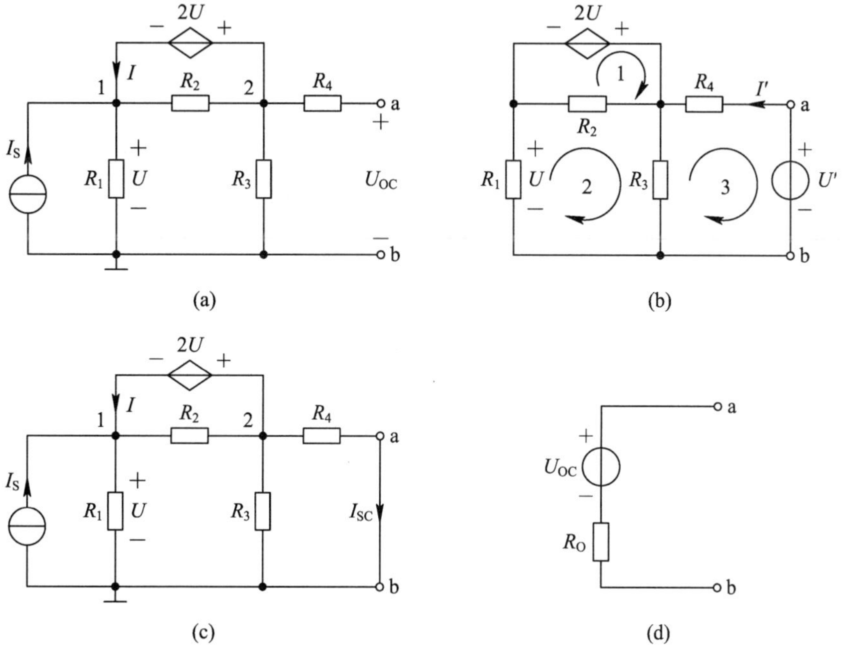

图 3－14

解方程得 $U_1=\frac{2}{3}$ V，$U_2=2$ V，则短路电流为

$$I_{SC}=\frac{U_2}{2}=2\ \text{A}$$

因此，等效电阻为

$$R_O=\frac{U_{OC}}{I_{OC}}=3\ \Omega$$

由此可得原电路的戴维南等效电路，如图 3-14(d)所示。

对于含受控源的电路，在求其戴维南等效电阻时所得的电阻值也可能为负值。

5. 如图 3-15 所示的电路中，$R_1=2\ \Omega$，$R_2=1\ \Omega$，求二端网络的戴维南等效电阻。

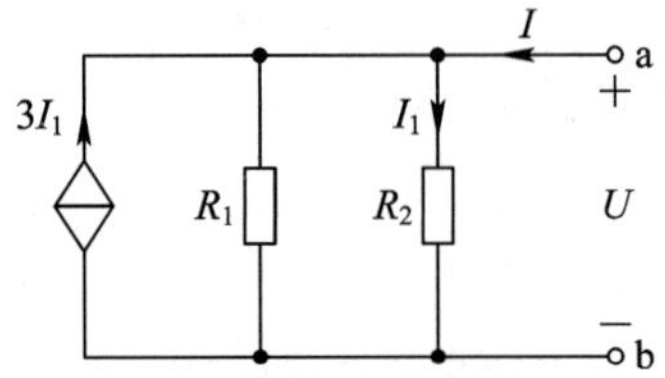

图 3-15

解　根据 KCL 可得

$$I=\frac{U}{1}+\frac{U}{2}-3I_1$$

而 $I_1=\frac{U}{1}$，将它代入 KCL 方程并简化可得

$$I=-\frac{3U}{2}$$

因此等效电阻

$$R_O=\frac{U}{I}=-\frac{2}{3}\ \Omega$$

可见，对于含受控源的电路，在求其戴维南等效电阻时所得的电阻值也可能为负值。在实际电路中常利用受控源来模拟负阻，向电路提供能量。

6. 如图 3-16 所示的电路中，$R_1=R_2=1\ \Omega$，$U_{S1}=5\ V$，$U_{S2}=1\ V$，求戴维南等效电路。

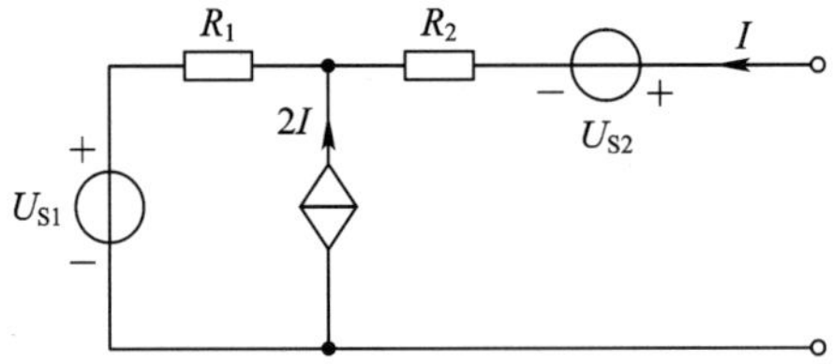

图 3-16

解　先求短路电流。将电路的端口短路如图 3-17(a)所示，采用结点电压法，可得结点 1 的结点电压方程为

$$(1+1)U_1-\frac{5}{1}+\frac{1}{1}=2I$$

辅助方程为

$$I=\frac{-U_1-1}{1}$$

将辅助方程代入结点 1 的结点电压方程，可以解得 $U_1=\dfrac{1}{2}$ V，则短路电流为

$$I_{SC}=-I=\frac{U_1+1}{1}=\frac{3}{2}\ \text{A}$$

再求开路电压。当端口开路时 $I=0$，受控电流源相当于开路，如图 3－17(b)所示，因此开路电压的值为

$$U_{OC}=1+5=6\ \text{V}$$

等效电阻的值为

$$R_O=\frac{U_{OC}}{I_{OC}}=4\ \Omega$$

则原电路的戴维南等效电路如图 3－17(c)所示。

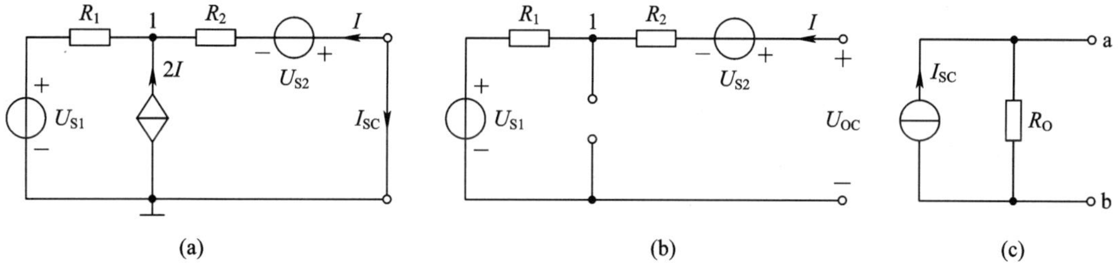

图 3－17

对于线性含源单口网络，只要求出其开路电压 U_{OC}、短路电流 I_{SC} 及等效电阻 R_O 中的任意两个，那么第三个量也就可以随之求出，进而可以得到其戴维南等效电路。在实际求解中，可以视求解问题的需要选择两种等效电路中的任一种。

7. 如图 3－18 所示的电路中，$R_1=3\ \Omega$，$R_2=6\ \Omega$，$R_3=4\ \Omega$，U_S、I_S 均未知，已知当 $R_L=4\ \Omega$ 时电流 $I_L=2$ A。R_L 为何值时可获得最大功率？计算最大功率 P_{Lmax}。

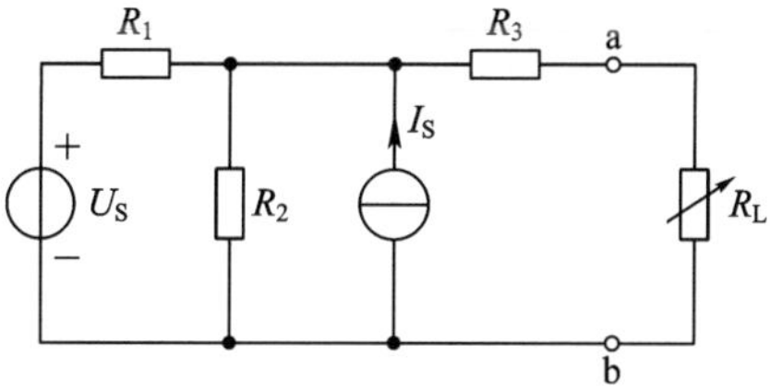

图 3－18

解　先求出从 R_L 两端看进去的戴维南等效电路。

(1) 开路电压 U_{OC}。由于 U_S、I_S 均未知，故假设开路电压为 U_{OC}。

(2) 戴维南等效电阻 R_{eq}。电路如图 3－19(a)所示，将原电路中的独立源置零后，用电阻等效变换法求解等效电阻 R_{eq}，有

$$R_{eq}=\left(4+\frac{3\times6}{3+6}\right)\ \Omega=(4+2)\ \Omega=6\ \Omega$$

电路如图 3－19(b)所示，将可变电阻 R_L 接入原电路的戴维南等效电路中，有

$$I_L=\frac{U_{OC}}{R_L+R_{eq}}$$

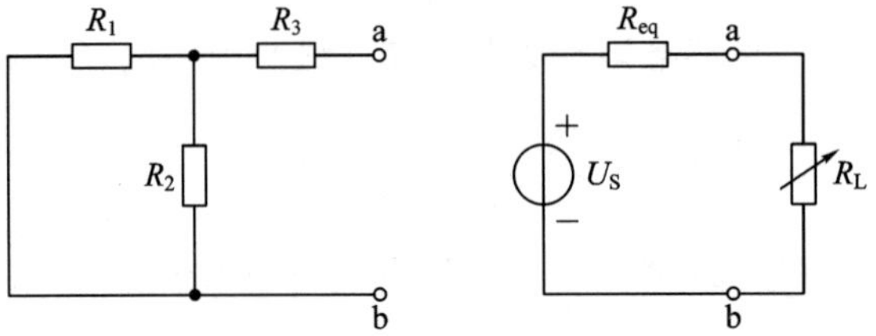

(a)　　　　(b)

图 3-19

由题意知，当 $R_L=4\ \Omega$ 时电流 $I_L=2$ A，有

$$U_{OC}=20\ \text{V}$$

由最大功率传输定理可知：当 $R_L=R_{eq}=6\ \Omega$ 时，R_L 上可获得最大功率为

$$P_{L\max}=\frac{U_{OC}^2}{4R_{eq}}=\frac{20^2}{4\times 6}\ \text{W}=\frac{50}{3}\ \text{W}$$

8. 已知 $R_1=6\ \Omega$，$R_2=2\ \Omega$，$I_S=4$ A，电路如图 3-20 所示，问 R_L 为何值时获得最大功率，并求该最大功率的值。

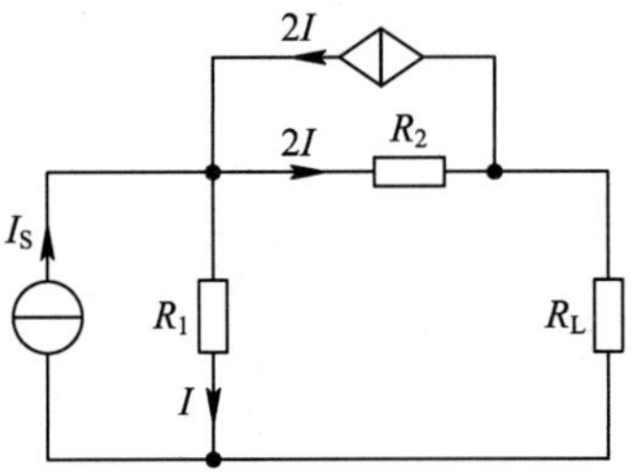

图 3-20

解　先求出从 R_L 两端看进去的戴维南等效电路。

(1) 开路电压 U_{OC}。将原电路中的电阻 R_L 两端断开，电路如图 3-21(a)所示，由 KCL 可知：

$$I=4\ \text{A}$$

由 KVL 可知：

$$U_{OC}=-2\times 2I+6I=2I=(2\times 4)\ \text{V}=8\ \text{V}$$

(2) 戴维南等效电阻 R_{eq}。将原电路中的 4 A 电流源设为零，即将 4 A 电流源开路处理，并在端口处加电流源 I_S，求端口电压 U_S，电路如图 3-21(b)所示。利用加流求压法求

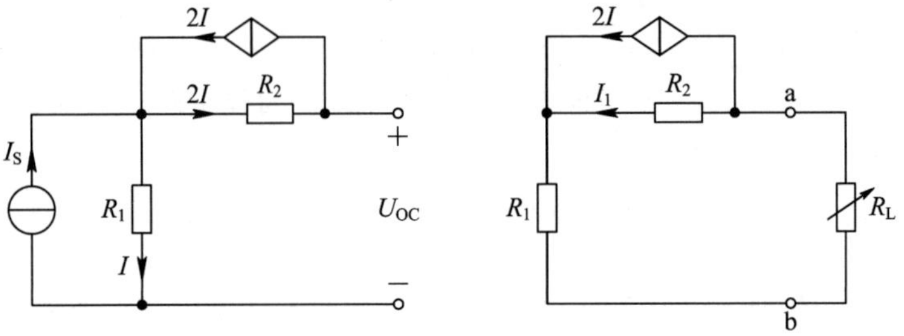

(a)　　　　(b)

图 3-21

解等效电阻 R_{eq}。

由 KCL 得

$$I_1+2I=I_S \text{且} I=I_S$$

则有

$$I_1=-I_S$$

由 KVL 得

$$U_S=2I_1+6I=-2I_S+6I_S=4I_S$$

则有

$$R_{eq}=\frac{U_S}{I_S}=\frac{4I_S}{I_S}=4\ \Omega$$

由最大功率传输定理可知：

当 $R_L=R_{eq}=4\ \Omega$ 时，R_L 上可获得最大功率 $P_{Lmax}=\frac{U_{OC}^2}{4R_{eq}}=\frac{8^2}{4\times4}\ \text{W}=4\ \text{W}$。

9. 如图 3－22(a)所示的电路，当 1-1′端的电流源 $I_{S1}=2$ A 时，测得 1-1′端的电压 $U_1=10$ V，2-2′端的开路电压 $U_2=5$ V。若将电流源 I_{S1} 接于 2-2′端，同时 1-1′端跨接一个 5 Ω 的电阻，则电路如图 3－22(b)所示，求通过 5 Ω 电阻的电流 I。

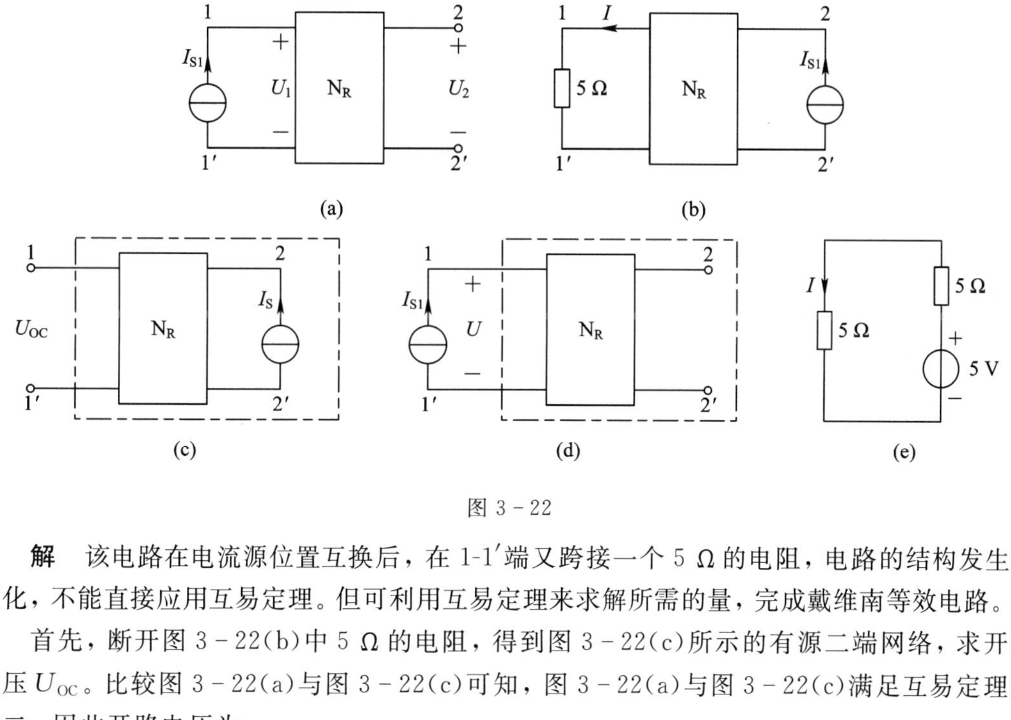

图 3－22

解　该电路在电流源位置互换后，在 1-1′端又跨接一个 5 Ω 的电阻，电路的结构发生了变化，不能直接应用互易定理。但可利用互易定理来求解所需的量，完成戴维南等效电路。

首先，断开图 3－22(b)中 5 Ω 的电阻，得到图 3－22(c)所示的有源二端网络，求开路电压 U_{OC}。比较图 3－22(a)与图 3－22(c)可知，图 3－22(a)与图 3－22(c)满足互易定理形式二，因此开路电压为

$$U_{OC}=5\ \text{V}$$

图 3－22(b)所示的有源二端网络只有一个电流源，将其开路可得无源网络，由于不可能知道电阻网络 N_R 中电阻的联法，因此采用外加电流法求等效电阻，外加电流后的电路如图 3－22(d)所示。由外加电流法可知，外加的电流是任意的，其两端的电压是外加电流的函数，外加的电流与其两端的电压一一对应。比较图 3－22(d)与图 3－22(a)可知，其电

路形式完全一样，所以，当电流为 2 A 时，其两端的电压为 10 V，可得等效电阻为

$$R_0=\frac{U}{I}=\frac{U_1}{I_{S1}}=\frac{10}{2}\ \Omega=5\ \Omega$$

由此，可得等效电路如图 3-22(e)所示。由图 3-22(e)可得

$$I=\frac{5}{5+5}\ \text{A}=0.5\ \text{A}$$

3.5 考研真题详解

1. 如图 3-23 所示的电路中，$R_1=8\ \Omega$，$R_2=5\ \Omega$，$R_3=2\ \Omega$，$I_{S1}=5$ A，$I_{S2}=2$ A，则电路的戴维南等效电路参数 U_{OC} 应为________ V，等效电阻是________ Ω。

答案：15，7

2. 如图 3-24 所示的电路中，$U_S=24$ V，$R_1=2\ \Omega$，$R_2=4\ \Omega$，$R_3=2\ \Omega$，$R_4=1\ \Omega$，则电路的戴维南等效电路参数 U_{OC} 为________ V。

答案：8 V

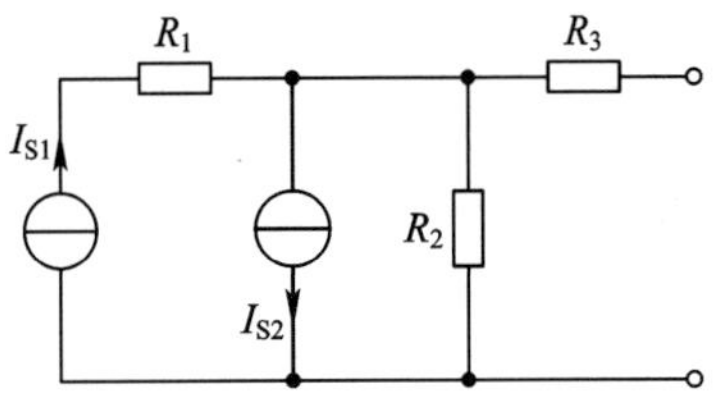

图 3-23

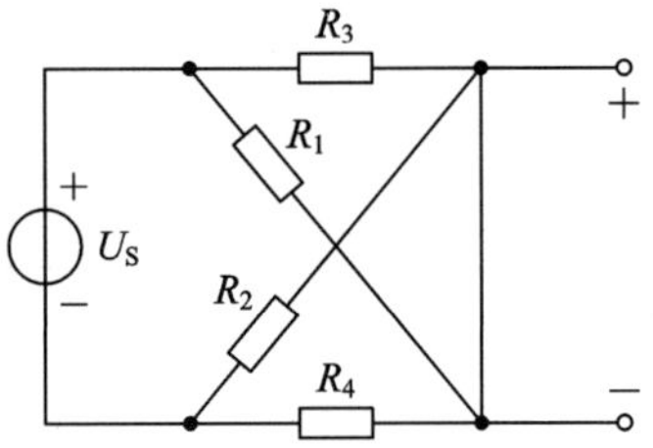

图 3-24

3. 电路如图 3-25 所示，$R_1=1\ \Omega$，$R_2=3\ \Omega$，$R_3=2\ \Omega$，试用戴维南定理求当 R_x 开路时，电路的等效电阻 $R_{eq}=$________ Ω。

答案：6

4. 如图 3-26 所示的电路中，N 为含源线性电阻网络，U_S 为直流电压源，$R=1\ \Omega$。当 $U_S=0$ 时，R 消耗的功率为 4 W；当 $U_S=2$ V 时，R 消耗的功率为 9 W。则 U_S 为任意值时，R 消耗的功率的表达式 P 为________。

答案：$\left(2+\frac{U_S}{2}\right)^2$

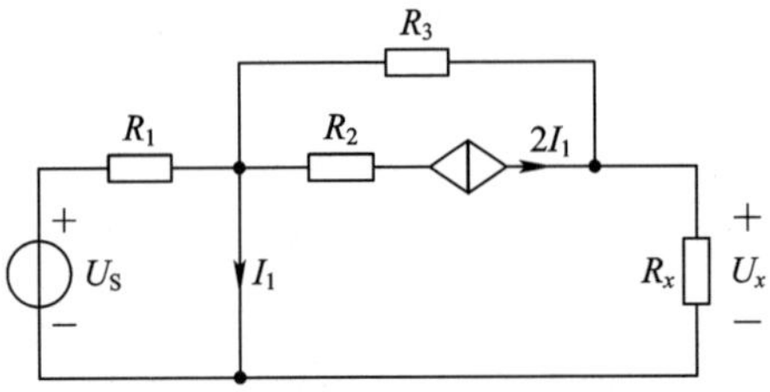

图 3-25

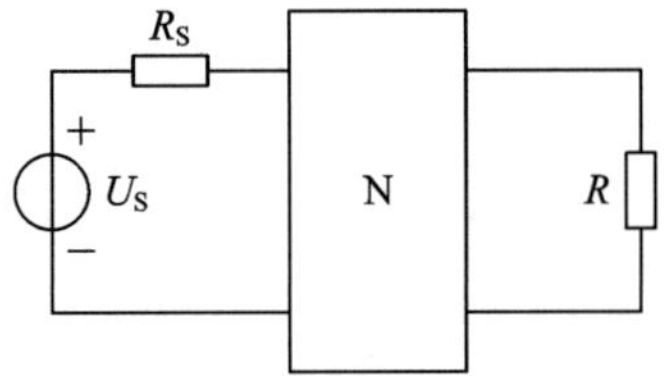

图 3-26

5. 电路如图 3－27 所示，N 为含源电阻网络，当 $I_S=0$ 时，$U=4$ V；当 $I_S=4$ A 时，$U=-6$ V；欲使 $U=-11$ V，$I_S=$________。

答案：6 A

6. 电路如图 3－28 所示，$I_S=3$ A，$R_1=3$ Ω，$R_2=2$ Ω，求当电阻 $R=$________ Ω 时获得最大功率 $P_{max}=$________ W。

答案：2，18

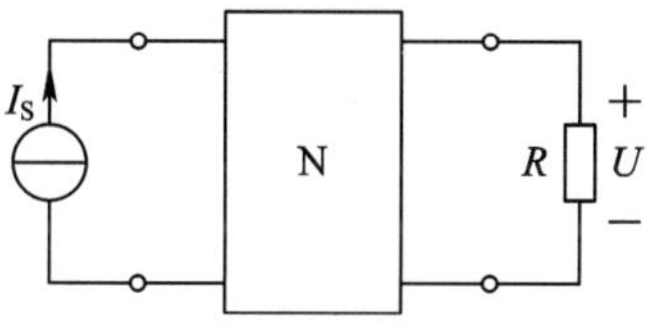

图 3－27

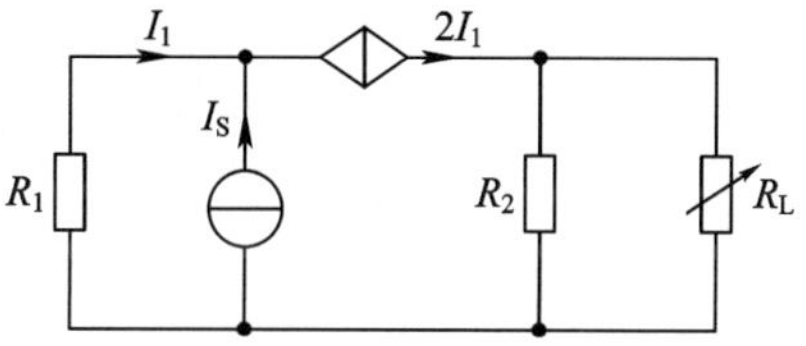

图 3－28

7. 电路如图 3－29 所示，当改变电阻 R 的值时，电路中各处电压和电流都将随之改变，已知当 $I=2$ A 时，$U=40$ V；当 $I=4$ A 时，$U=60$ V。当 $I=3$ A 时，电压 U 为多少？

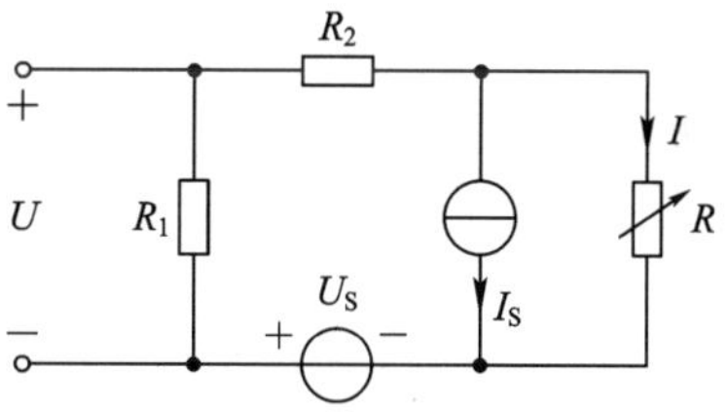

图 3－29

解　电路如图 3－29 所示。已知可变电阻 R 处的电流为 I，由替代定理可知，用一电流为 I 的电流源代替可变电阻 R，则响应 U 可分解为两部分，$U=U^{(1)}+U^{(2)}$。其中，$U^{(1)}$ 是由 U_S 和 I_S 共同作用产生的响应；$U^{(2)}$ 是由电流源 I 产生的响应。设 $U^{(2)}=kI$，可得

$$U=U^{(1)}+kI$$

由题意可得

$$40=U^{(1)}+k\times 2,\quad 60=U^{(2)}+k\times 4$$

解得

$$U^{(1)}=20,\quad k=10$$

$$U=20+10I$$

因此，当 $I=3$A 时，电压为

$$U=20+10I=(20+10\times 3)\text{ V}=50\text{ V}$$

8. 电路如图 3－30 所示，$R_1=R_2=3$ Ω，$R_3=2$ Ω，$U_S=6$ V，问 R_L 为何值时可获得最大功率，并计算最大功率 P_{Lmax}。

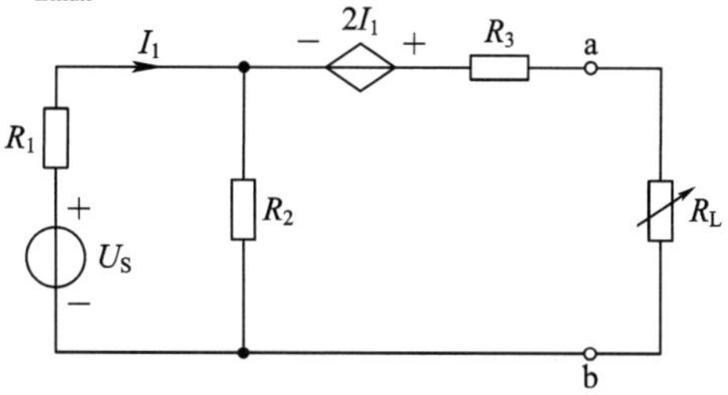

图 3－30

解 先求出从 R_L 两端看进去的戴维南等效电路。

(1) 开路电压 U_{OC}。电路如图 3-31(a)所示，由 KVL 可知：

$$3I_1-6+3I_1=0$$

可得 $$I_1=1\ \text{A},\ U_{OC}=2I_1+3I_1=5I_1=5\ \text{V}$$

(2) 戴维南等效电阻 R_{eq}。电路如图 3-31(b)所示，用开路电压短路电流法求等效电阻 R_{eq}，先求出短路电流 I_{SC}。

由 KVL 可知：

$$3(I_1-I_{SC})-6+3I_1=0$$

$$-2I_1+2I_{SC}-3(I_1-I_{SC})=0$$

可得

$$I_1=I_{SC}=2\ \text{A},\ R_{eq}=\frac{U_{OC}}{I_{SC}}=\frac{5}{2}\ \Omega=2.5\ \Omega$$

由最大功率传输定理可知：当 $R_L=R_{eq}=2.5\ \Omega$ 时，R_L 上可获得最大功率 $P_{Lmax}=\frac{U_{OC}^2}{4R_{eq}}=\frac{5^2}{4\times2.5}\ \text{W}=2.5\ \text{W}$

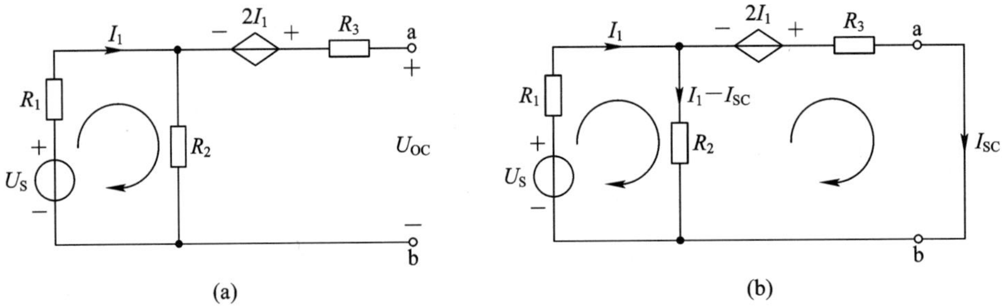

图 3-31

9. 如图 3-32 所示电路中，$R_1=1\ \Omega$，$R_2=R_3=2\ \Omega$，$R_4=3\ \Omega$，$I_S=2\ \text{A}$，$U_S=4\ \text{V}$，电阻 R_L 在什么条件下能够获得最大功率？求此最大功率的值。

解 首先求出原电路中除 R_L 外其他部分的戴维南等效电路。将负载断开，当端口开路时如图 3-33(a)所示，根据叠加定理可得

$$U_{OC}=\frac{2}{2+2}\times2\times2+\frac{2}{2+2}\times4=4\ \text{V}$$

将单口网络内部的独立源置零，如图 3-33(b)所示，则戴维南等效电阻为

$$R_O=2/\!/2=1\ \Omega$$

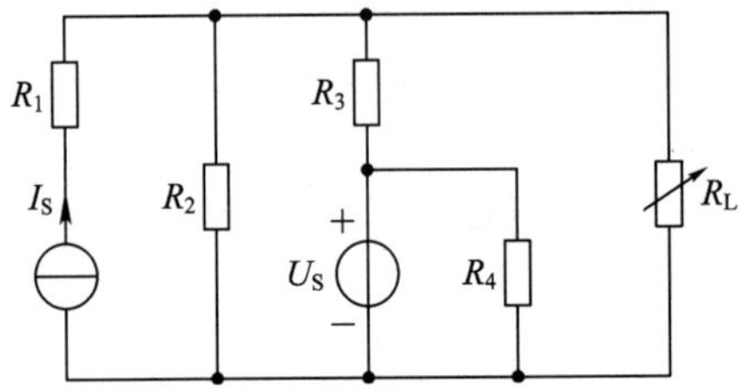

图 3-32

画出原电路的戴维南等效电路如图 3－33(c)所示，根据最大功率传输定理可知，当 $R_L = R_O = 1\ \Omega$ 时可获得最大功率，此最大功率的值为

$$P_{\text{Lmax}} = \frac{U_{\text{OC}}^2}{4R_O} = \frac{4^2}{4\times 1} = 4\ \text{W}$$

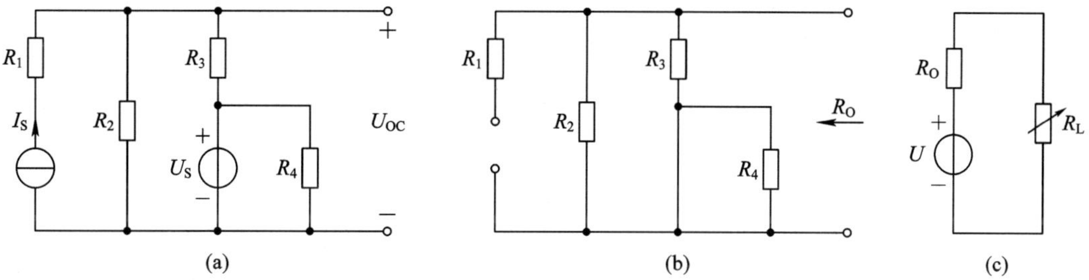

(a)　(b)　(c)

图 3－33

10. 图 3－34 所示的电路中，$U_S = 1$ V，$R_1 = 1\ \Omega$，$R_2 = 3\ \Omega$，$R_3 = 8\ \Omega$，$R_4 = 2\ \Omega$。求由 a、b 端向右看的电路化为最简单的等效电路。

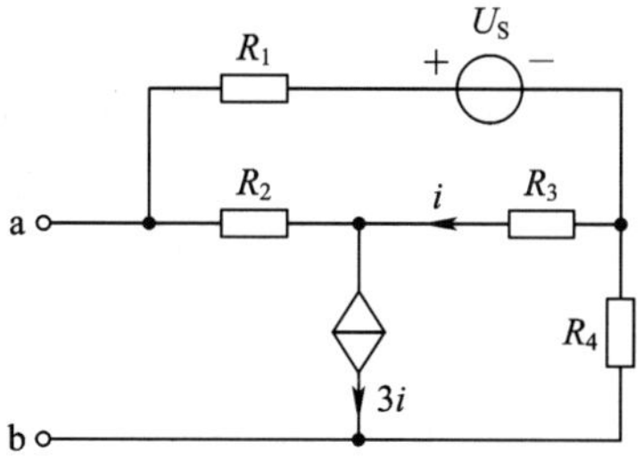

图 3－34

解　求开路电压 u_{ab}，根据图 3－34 列 KVL 方程：

$$u_{ab} = 3(3i - i) - 8i - 2\times 3i \tag{1}$$

$$3(3i - i) - 8i + (3i - i) = 1 \tag{2}$$

由式(2)得 $0\times i = 1$，所以 $i \to \infty$，$u_{ab} \to \infty$。

因此，本电路无戴维南等效电路。是否存在诺顿等效电路？可通过求短路电流来判断。

求短路电流 i_{SC}。作出求 i_{SC} 的电路如图 3－35(a)所示。

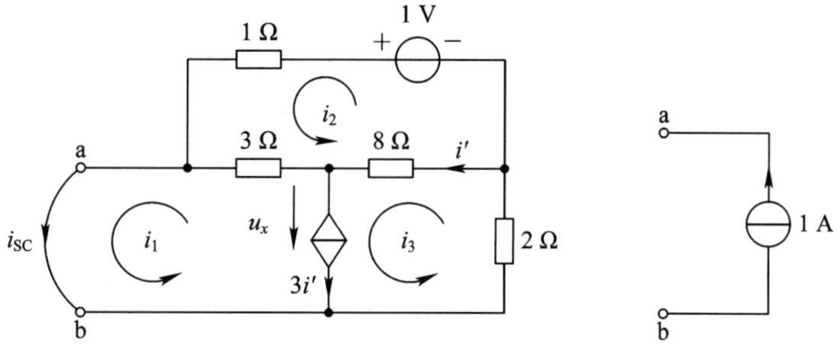

(a)　(b)

图 3－35

列网孔方程，并补充网孔电流与控制量关系，有

$$\begin{cases}3i_1-i_2=u_x\\-3i_1+(1+3+8)i_2-8i_3=1\\-8i_2+(8+2)i_3=-u_x\\i_3-i_1=3i'\\i'=i_3-i_2\end{cases}$$

解出 $i_1=1$ A，所以 $i_{SC}=i_1=1$ A。因此

$$R_{eq}=\frac{u_{ab}}{i_{SC}}\to\infty$$

本电路的最简等效电路是一个电流源(诺顿等效电路)，如图 3-35(b)所示。

11. 如图 3-36 所示的电路中，$U_S=10$ V，$R_1=2\ \Omega$，$R_2=2\ \Omega$，$R_3=10\ \Omega$，$R_4=10\ \Omega$。受控源为压控电压源，当 R 为多大值时可获得最大功率，此最大功率是多少？

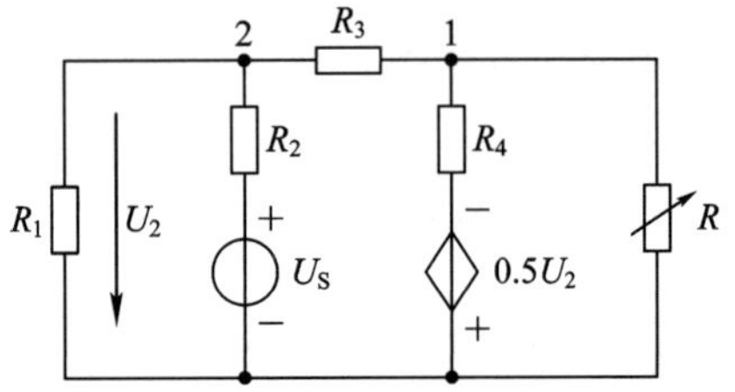

图 3-36

解 去掉 R，求余下的有源一端口电路的戴维南等效电路。可通过直接求出端口伏安关系来获得。根据图 3-37(a)列结点电压方程，得

$$\begin{cases}(0.5+0.5+0.1)U_2-0.1U_1=\dfrac{10}{2}\\[2ex]-0.1U_2+(0.1+0.1)U_1=I_1+\dfrac{(-0.5U_2)}{10}\end{cases}$$

解出

$$U_1=5.116I_1+1.1628$$

即等效电源电压和等效电阻分别为

$$U_{OC}=1.1628\ \text{V},\ R_{eq}=5.116\ \Omega$$

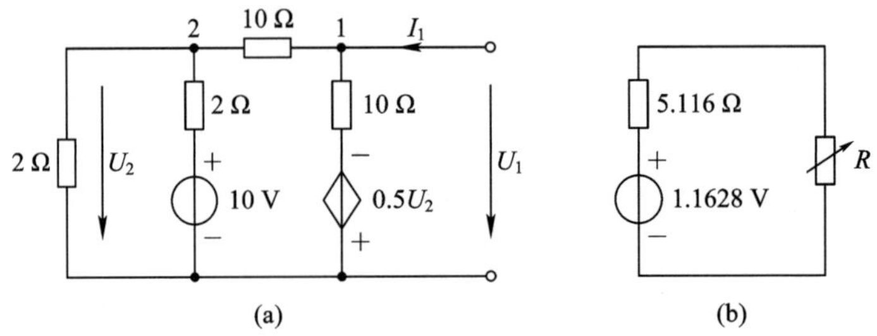

图 3-37

作出等效电路如图 3-37(b)所示，可见当 $R=5.116\ \Omega$ 时可获得最大功率 P_{max}，其值为

$$P_{max}=\frac{U_{OC}^2}{4R}=\frac{1.1628^2}{4\times 5.116}=0.066\ \text{W}$$

12. 如图 3-38 所示电路中，$I_S=2$ A，$R_1=1\ \Omega$，$R_2=0.5\ \Omega$，$R_3=2\ \Omega$，求电阻 R_L 所获得的最大功率。

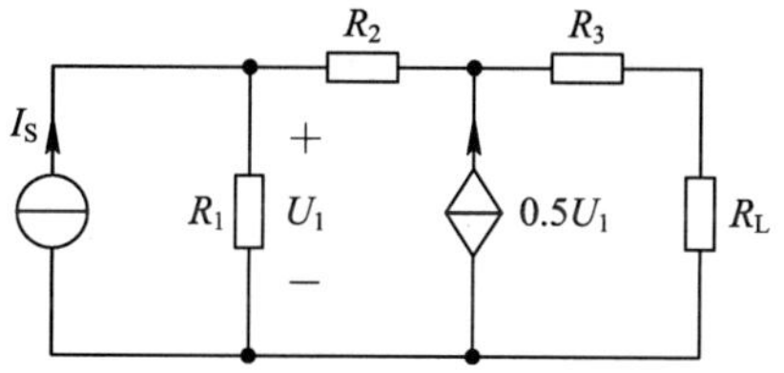

图 3-38

解　断开 R_L，求余下的有源一端口网络的戴维南等效电路。根据图 3-39(a)求 U_{OC}（假设 R_L 断开）。

列 KVL 方程：

$$U_{OC}=0.5\times(0.5U_1)+U_1$$
$$U_1=1\times(2+0.5U_1)$$

解出 $U_{OC}=5$ V。

求出 R_{eq}。作出求 R_{eq} 的电路如图 3-39(a)所示，其中除去了独立源，列 KVL 方程，得

$$\begin{cases}U=2I+(1+0.5)(I+0.5U_1)\\ U_1=1\times(I+0.5U_1)\end{cases}$$

解出 $U=5I$，$R_{eq}=\dfrac{U}{I}=5\ \Omega$。

作出戴维南等效电路，接上 R_L，如图 3-39(b)所示，当 $R_L=5\ \Omega$ 时获得最大功率

$$P_{max}=\frac{U_{OC}}{4R_L}=\frac{5^2}{4\times 5}=1.25\ \text{W}$$

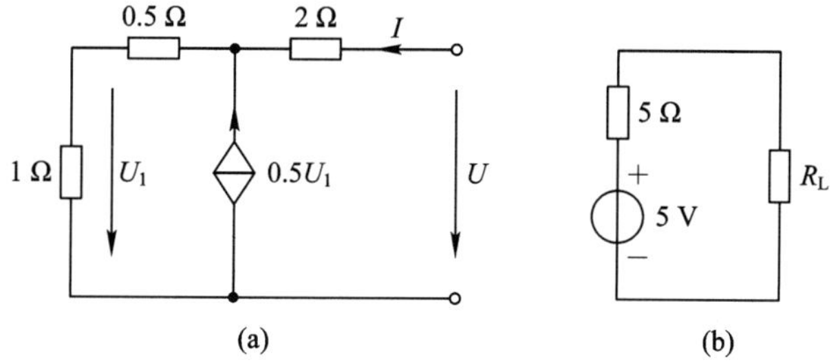

图 3-39

13. 电路如图 3-40 所示，其中 $U_S=20$ V，$I_S=2$ A，$R_1=20\ \Omega$，$R_2=4\ \Omega$，$R_3=8\ \Omega$。试用叠加定理求解电路中的电压 u。

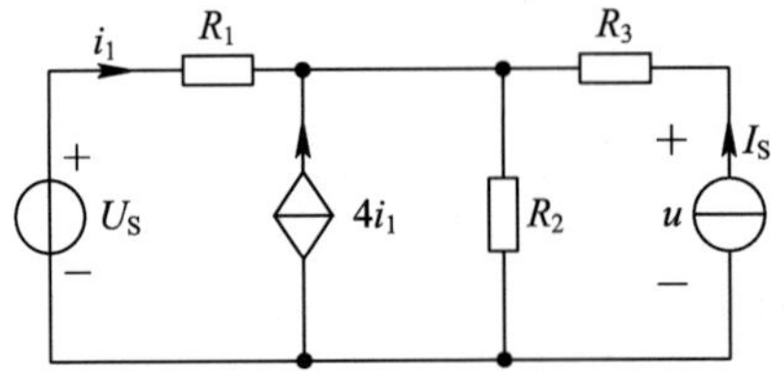

图 3-40

解　20 V 电压源单独作用时的分电路如图 3-41(a)所示，对图标回路列写 KVL 方程，有

$$20i_1^{(1)}+4(i_1^{(1)}+4i_1^{(1)})=20$$

求解得到 $i_1^{(1)}=0.5$ A，故

$$u^{(1)}=4\times5i_1^{(1)}=10 \text{ V}$$

2 A 电流源单独作用时的分电路如图 3-41(b)所示，对结点①列写 KCL 方程，有

$$i_1^{(2)}+4i_1^{(2)}+2+\frac{20i_1^{(2)}}{4}=0$$

求解得到 $i_1^{(2)}=-0.2$ A，故

$$u^{(2)}=8\times2-20i_1^{(2)}=20 \text{ V}$$

最后根据叠加定理得到

$$u=u^{(1)}+u^{(2)}=30 \text{ V}$$

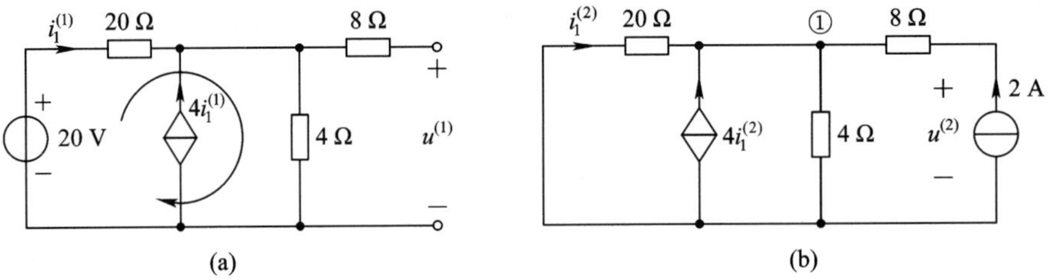

图 3-41

14. 电路如图 3-42 所示，其中 $U_S=8$ V，$I_S=5$ A，$R_1=6$ Ω，$R_2=4$ Ω。求 R_L 为何值时 R_L 能获得最大功率，并求此最大功率 P_{max}。

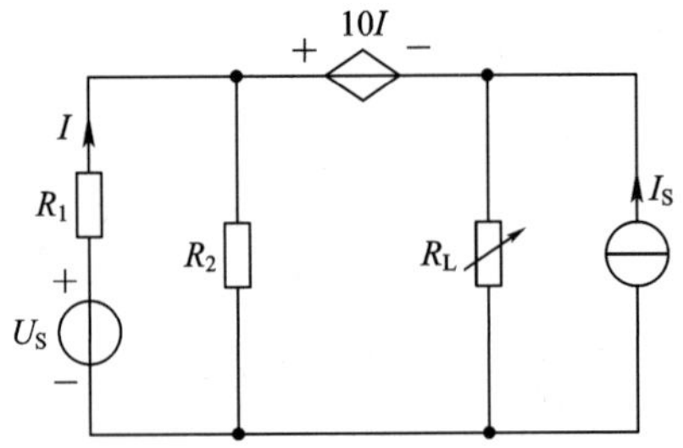

图 3-42

解　对图 3-43(a)所示的电路求开路电压。对图示回路列写 KVL 方程，有

$$6I+4(I+5)=8$$

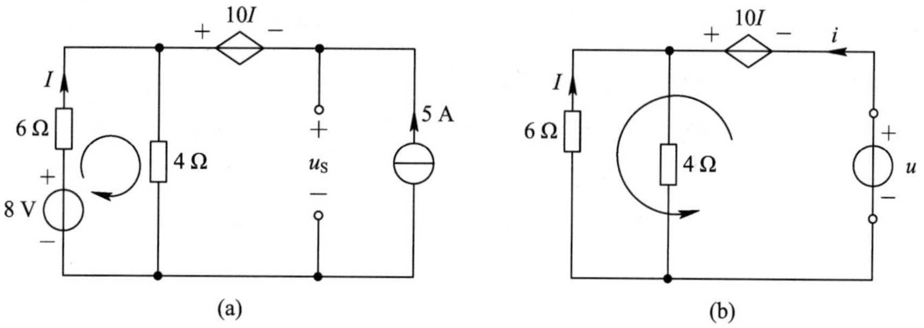

图 3 - 43

解得 $I=-1.2$ A。故

$$u_{OC}=-10I-6I+8=27.2\ \text{V}$$

对图 3 - 43(b)所示的电路用附加电压源法求无源一端口的输入电阻。

对图示回路列写 KVL 方程，有

$$u=-10I-6I=-16I$$

而

$$i=-I-\frac{6I}{4}=-2.5I$$

故

$$R_{eq}=\frac{u}{i}=\frac{-16I}{-2.5I}=6.4\ \Omega$$

根据最大功率传输定理，当 $R_L=R_{eq}=6.4\ \Omega$ 时，它能在电路中获得最大功率，且最大功率为

$$P_{max}=\frac{u_{OC}^2}{4R_{eq}}=28.9\ \text{W}$$

15. 电路如图 3 - 44 所示，已知 $I_{S1}=2$ A，$I_{S2}=3$ A，当 I_{S2} 不作用时，I_{S1} 输出 28 W 功率，$u_2=8$ V；当 I_{S1} 不作用时，I_{S2} 输出 54 W 功率，$u_2=12$ V。

(1) 当两个电源同时作用时，每个电源的输出功率是多少？

(2) 如果 I_{S1} 换成 5 Ω 的电阻，保存 I_{S2}，求 5 Ω 电阻中流过的电流。

图 3 - 44

解　(1) 当 I_{S1} 单独作用时，有

$$u_1^{(1)}=\frac{28}{2}\text{V}=14\ \text{V},\ u_2^{(1)}=8\ \text{V}$$

当 I_{S2} 单独作用时，有

$$u_1^{(2)}=12\ \text{V},\ u_2^{(2)}=\frac{54}{3}\ \text{V}=18\ \text{V}$$

所以根据叠加定理，当两个电源共同作用时，有

$$P_{I_{S1}}=u_1 i_{S1}=(14+12)\times 2\ \text{W}=52\ \text{W}$$

$$P_{I_{S2}}=u_2 i_{S2}=(8+18)\times 3\ \text{W}=78\ \text{W}$$

（2）如果把 I_{S1} 换成 5 Ω 的电阻，保留 I_{S2}，则原电路可等效为图 3－45。

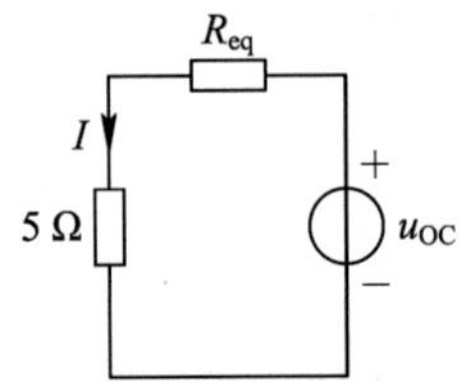

图 3－45

其中

$$u_{OC}=u_1^{(2)}=12\ \text{V},\ R_{eq}=\frac{u_1^{(1)}}{I_{S1}}=7\ \Omega$$

故流过电阻上电流 $I=\frac{12}{12}\ \text{A}=1\ \text{A}$。

16. 如图 3－46 所示的电路中，当电流源 i_{S1} 和电压源 u_{S1} 反向时（u_{S2} 不变），电压 u_{ab} 是原来的 0.5 倍；当 i_{S1} 和 u_{S2} 反向时（u_{S1} 不变），电压 u_{ab} 是原来的 0.3 倍。当 i_{S1} 反向（u_{S1}、u_{S2} 均不变）时，电压 u_{ab} 应为原来的几倍？

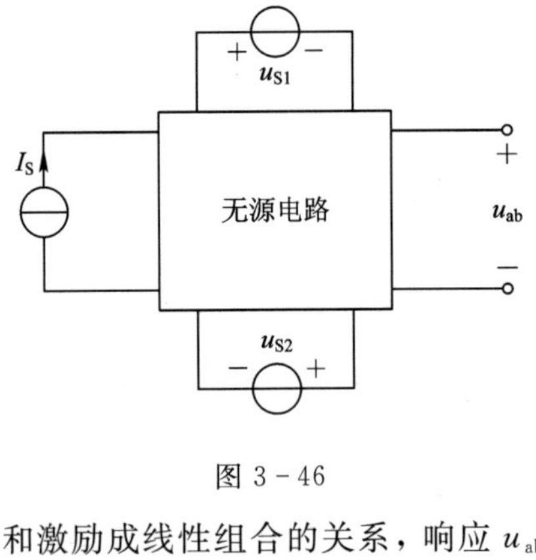

图 3－46

解 根据线性电路响应和激励成线性组合的关系，响应 u_{ab} 可以写为

$$u_{ab}=K_1 i_{S1}+K_2 u_{S1}+K_3 u_{S2} \tag{1}$$

式中，K_1、K_2、K_3 为待求常数。

可根据给定条件写出

$$0.5u_{ab}=-K_1 i_{S1}-K_2 u_{S1}+K_3 u_{S2} \tag{2}$$

$$0.3u_{ab}=-K_1 i_{S1}+K_2 u_{S1}-K_3 u_{S2} \tag{3}$$

若仅将 i_S 反向时，响应为 u_{abx}，则有

$$u_{abx}=-K_1 i_{S1}+K_2 u_{S1}+K_3 u_{S2}$$

与式(1)、(2)、(3)之和，即 $1.8u_{ab}=-K_1 i_{S1}+K_2 u_{S1}+K_3 u_{S2}$ 相比较，可得

$$u_{abx}=1.8u_{ab}$$

即表明 u_{abx} 是 u_{ab} 的 1.8 倍。

17. 已知 $U_{S1}=6$ V，$U_{S2}=8$ V，电路如图 3-47 所示，当开关 S 合在位置 1 时的电流表读数为 2 A，当开关 S 合在位置 2 时的电流表读数为 -4 A，试求当 S 合在位置 3 时的电流表读数。

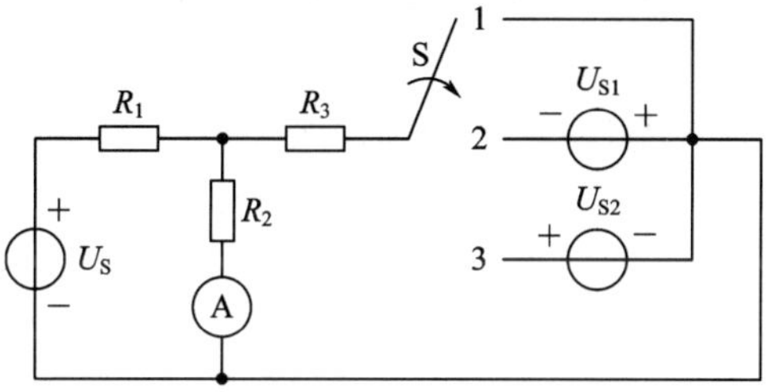

图 3-47

解　当开关 S 合在位置 1 时，经过电流表的电流 I 为电压源 U_S 单独作用产生，设 $I_1=k_1U_S=2$ A。

当开关 S 合在位置 2 时，经过电流表的电流 I 为电压源 U_S 和 6 V 电压源共同作用产生，设 $I_2=k_1U_S+k_2U_{S2}=2+k_2\times6=-4$ A。

因此 $k_2=-1$，则

$$I_N=2+k_2U_{SN}=2-U_{SN}$$

当开关 S 合在位置 3 时，经过电流表的电流 I 为电压源 U_S 和 -8 V 电压源共同作用产生，设

$$I_3=2-U_{S3}=[2-(-8)]\ \text{A}=10\ \text{A}$$

因此，当开关 S 合在位置 3 时，电流表的读数为 10 A。

18. 如图 3-48(a)所示的含源一端口的外特性曲线画于图 3-48(b)中，求其等效电源。

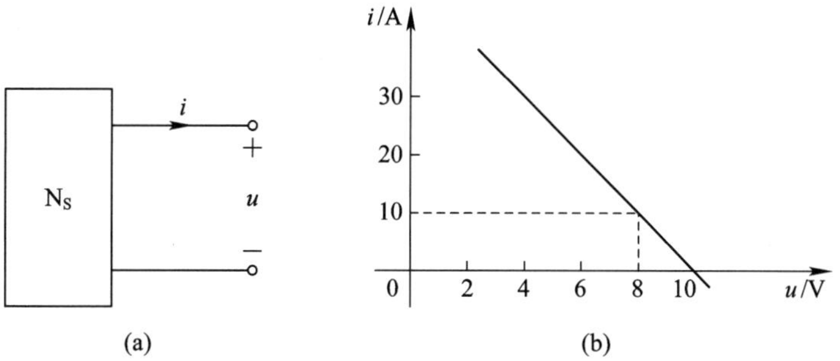

图 3-48

解　根据戴维南定理，含源一端口电路对外的伏安特性可写为

$$u=u_{OC}-R_{eq}i$$

注意此处 u、i 的参考方向对含源一端口为非关联。从给定的外特性曲线图 3-48(b)可看出，直线在 u 轴上的截距为 10 V，而对 i 轴的斜率可求得

$$k=-\frac{10-8}{10-0}$$
$$=-0.2$$

该伏安特性的方程为

$$u=10-0.2i$$

比较可得 $u_{OC}=10$ V，$R_{eq}=0.2$ Ω。因此，戴维南等效电路如图 3-49 所示。

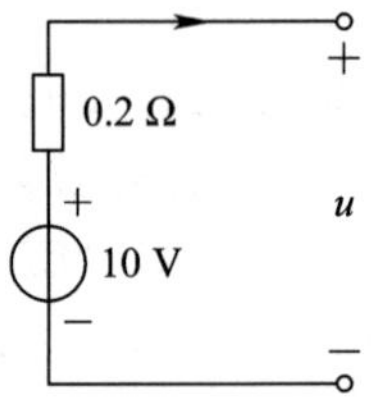

图 3-49

19. 如图 3-50 所示的电路中，$R_1=10$ Ω，$R_2=5$ Ω，$R_3=10$ Ω，$R_4=10$ Ω，$U_{S1}=6$ V，$U_{S2}=5$ V，$I_{S1}=2$ A，$I_{S2}=1$ A，求等效戴维南电路或诺顿电路。

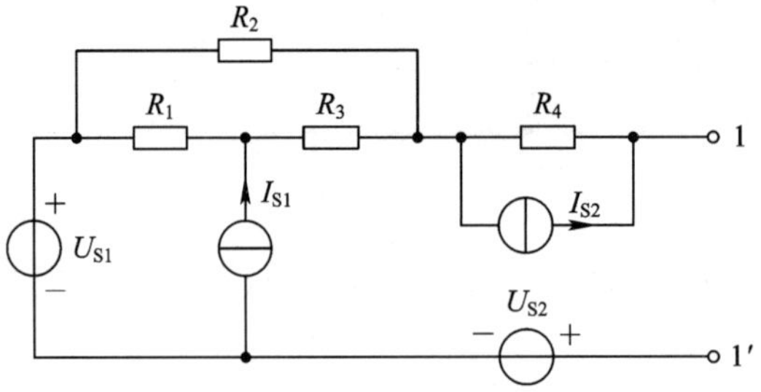

图 3-50

解 如图 3-50 所示的电路，由于 1、1′端开路，2 A 电流源按 10 Ω 电阻及与之并联的 (10−5) Ω 电阻分流，电流分布如图 3-51(a)所示。可求得 1、1′端的开路电压为

$$u_{OC}=(10\times1+0.8\times5+6-5)\ \text{V}=15\ \text{V}$$

求 R_{eq} 时，电压源视为短路，电流源视为开路，1、1′端的等效电阻如图 3-51(b)所示。

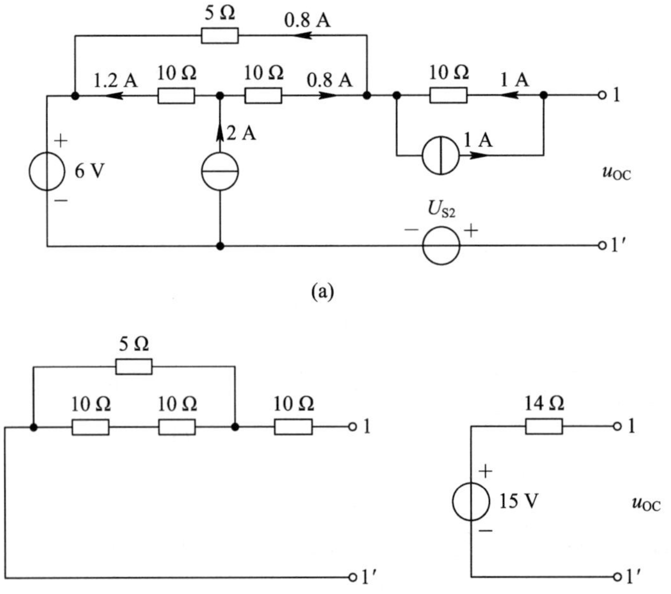

(b) (c)

图 3-51

$$R_{eq}=\left(10+\frac{20\times5}{20+5}\right)\ \Omega=(10+4)\ \Omega=14\ \Omega$$

等效电路如图 3－51(c)所示。

20. 如图 3－52 所示的电路中，$R_1=8\ \Omega$，$R_2=2\ \Omega$，$R_3=5\ \Omega$，$\beta=2$，$U_S=9$ V，求等效戴维南电路或诺顿电路。

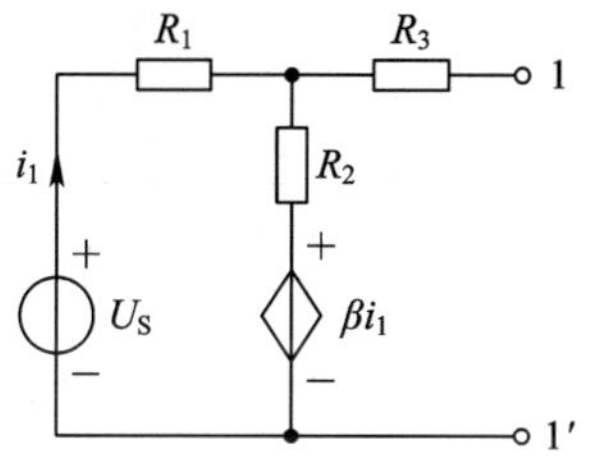

图 3－52

解　如图 3－52 所示的电路，当 1、1′端开路时，在 i_1 构成的回路中可根据 KVL 求得

$$i_1=\frac{4+2i_1}{8+2}$$

解得 $i_1=0.5$ A，从而求得 1、1′端的开路电压为

$$u_{OC}=-8i_1+4=0$$

求 R_{eq} 时，分两步进行。

第一步先求出 8 Ω 与 2 Ω 电阻的连接点 1″与 1′端口向左电路电源置零后的等效电阻 R'_{eq}，如图 3－53(a)所示。应用外加电源法，在端口加上电压源 $u=8$ V，此时 $i_1=\frac{8}{8}\text{A}=1$ A，而流进端口 1′、1″的电流为

$$i=i_1+\frac{u-2i}{2}=\left(1+\frac{8-2\times1}{2}\right)\ \text{A}=(1+3)\ \text{A}=4\ \text{A}$$

从而得到

$$R'_{eq}=\frac{u}{i}=\frac{8}{4}\ \Omega=2\ \Omega$$

第二步再求 R_{eq}。

$$R_{eq}=R'_{eq}+5=(2+5)\ \Omega=7\ \Omega$$

等效电路如图 3－53(b)所示。

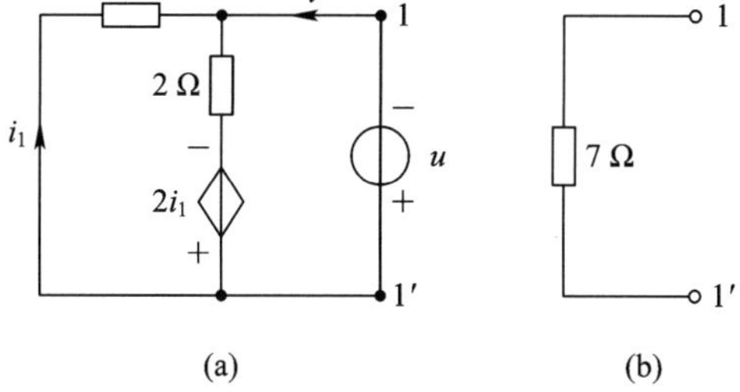

图 3－53

21. 如图 3-54 所示，$u_{S1}=10$ V，$R_1=4$ Ω，$R_2=2$ Ω，$R_3=6$ Ω，求一端口的戴维南或诺顿等效电路，并解释所得结果。

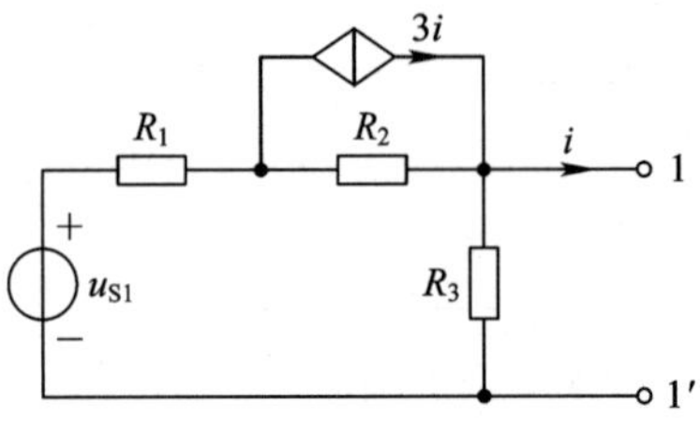

图 3-54

解 先求图 3-55(a)的开路电压 u_{OC}。当 1、1′端开路时，控制量 $i=0$，因此 CCVS 中 $3i=0$，成为开路线。此时

$$u_{OC}=\frac{6}{4+2+6}\times 10\ \text{V}=5\ \text{V}$$

求等效内阻时，10 V 独立源置零视为短路，受控源仍保留在电路中，将电路作电源变换如图 3-55(b)、3-55(c)所示。从图 3-55(c)中可以看出，根据 KCL，不管 i 为何值，两个 6 Ω 电阻中均无电流，因此根据欧姆定律可知，1、1′端之间的电压为零。

端口电流任意，而端口电压为零，这是短路线的特点，于是 $R_{eq}=0$。

本题中，如果求短路电流 i_{SC}，则会发现 $i_{SC}\to\infty$。图 3-54 的戴维南等效电路如图 3-55(d)所示。这是一个无内阻的电压源，不存在诺顿等效电路。

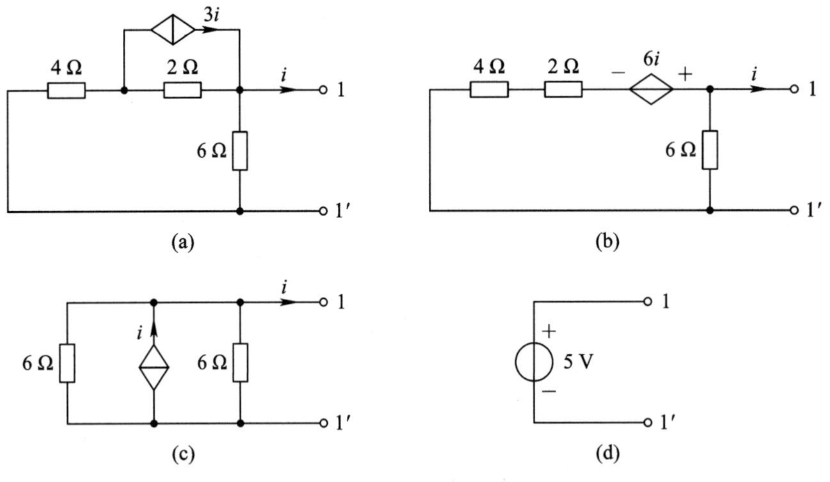

图 3-55

22. 如图 3-56 所示，$u_{S2}=15$ V，$R_1=6$ Ω，$R_2=12$ Ω，$R_3=8$ Ω，$R_4=4$ Ω，求一端口的戴维南或诺顿等效电路，并解释所得结果。

解 先求图 3-56 中 1、1′端的开路电压 u_{OC}。列出结点电压 u_2 的结点电压方程为

$$\left(\frac{1}{6}+\frac{1}{12}+\frac{1}{12}\right)u_2=\frac{15}{6}+\frac{4u_2}{12}$$

从方程可得到 $\left(\frac{1}{3}-\frac{1}{3}\right)u_2=\frac{15}{6}$，说明 $u_2\to\infty$。由于 $u_{OC}=u_2$，故该电路的 $u_{OC}\to\infty$。

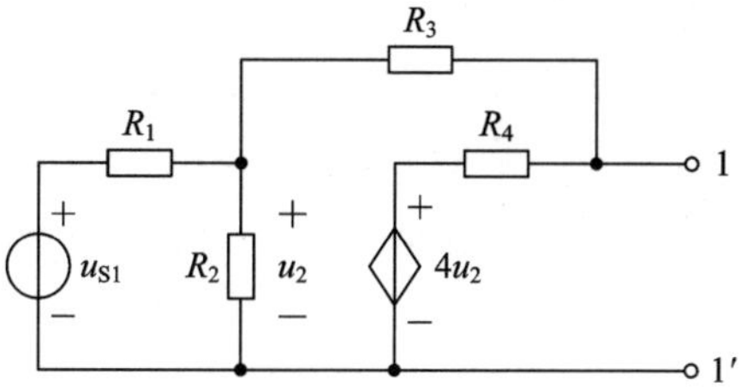

图 3－56

再求 1、1′端的短路电流 R，从图 3－57(a)中可以看出

$$u_2=\frac{15}{6+\frac{12\times 8}{12+8}}\times\frac{12\times 8}{12+8}\ \text{V}=\frac{20}{3}\ \text{V}$$

而短路电流为

$$i_{SC}=i_1+i_2=\frac{u_2}{8}+\frac{4u_2}{4}=\frac{9}{8}u_2=\frac{9}{8}\times\frac{20}{3}\ \text{A}$$

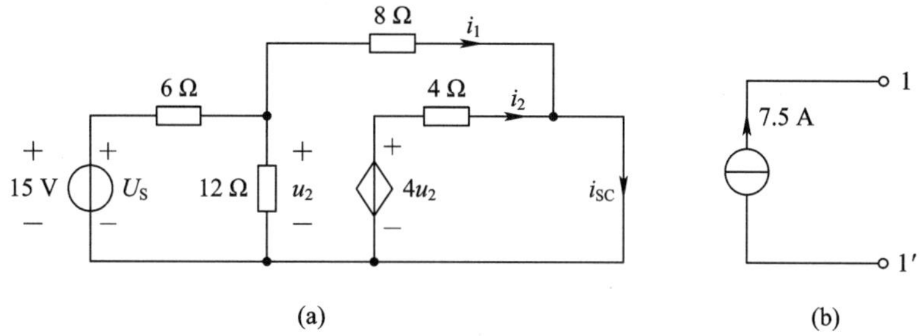

图 3－57

由关系式 $R_{eq}=\frac{u_{OC}}{i_{SC}}$可知，$i_{SC}$ 为有限值，而 $u_{OC}\to\infty$，因此等效内阻 $R_{eq}\to\infty$。该电路的诺顿等效电路如图 3－57(b)所示，它是一个无并联电阻的电流源，不存在戴维南等效电路。

23. 如图 3－58 所示的电路中，$U_{S1}=U_{S2}=50\ \text{V}$，$R_1=R_2=R_3=R_4=R_5=20\ \Omega$。

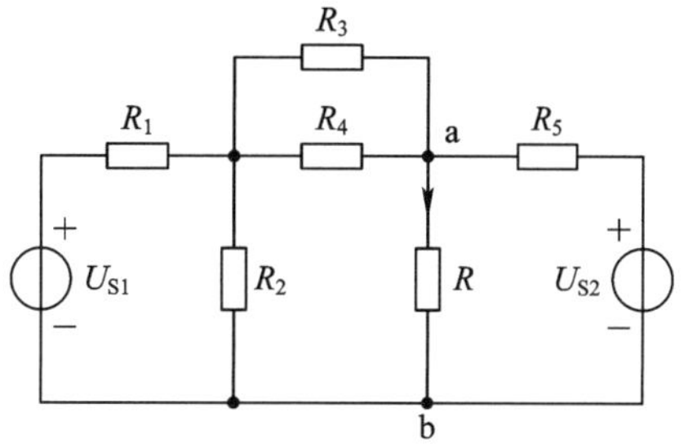

图 3－58

(1) R 为多大时，它吸收的功率最大？求此最大功率。

(2) 当 R 取得最大功率时，两个 50 V 电压源发出的功率共为多少？

(3) 若 $R=80\ \Omega$，欲使 R 中的电流为零，则 a、b 间应并接什么元件？其参数为多少？画出电路图。

解 (1) 先将 R 所在的支路从电路中拉出，如图 3-59(a)所示，求 a、b 端口的戴维南等效电路。用结点电压法求 a、b 端口的开路电压 u_{OC}，结点电压 u'_{SC} 的方程为

$$\left(\frac{1}{20}+\frac{1}{20}+\frac{1}{\frac{20\times 20}{20+20}+20}\right)u_{cb}=\frac{50}{50}+\frac{50}{\frac{20\times 20}{20+20}+20}$$

从中解得 $u_{cb}=\frac{250}{8}\text{ V}=31.25\text{ V}$，据此可求得

$$u_{OC}=\frac{u_{cb}-50}{30}\times 20+50=37.5\text{ V}$$

当电压源置零后，a、b 端的等效电阻

$$R_{eq}=\frac{20\times(10+10)}{20+(10+10)}\ \Omega=10\ \Omega$$

等效电路如图 3-59(b)所示。

当 $R=R_{eq}=10\ \Omega$ 时，可得最大功率，最大功率为

$$P_{Lmax}=\frac{u_{OC}^2}{4R_{eq}}=\frac{37.5^2}{4\times 10}W=35.16\text{ W}$$

(2) 当 $R=10\ \Omega$ 时，获得最大功率，这时 R 中的电流为

$$i_R=\frac{u_{OC}}{2R}=\frac{37.5}{20}\text{ A}=1.875\text{ A}$$

将 i_R 用电流源替代，应用叠加定理得到流出左方 50 V 电压源的电流为

$$i_1=1.406\text{ A},\ P_1=50\times 1.406\text{ W}=70.3\text{ W}$$

应用叠加定理得到流出右方 50 V 电压源的电流为

$$i_2=1.563\text{ A},\ P_2=50\times 1.563\text{ W}=78.15\text{ W}$$

两个 50 V 的电压源发出的功率共为

$$P=P_1+P_2=(70.3+78.15)\text{ W}=148.45\text{ W}$$

(3) 欲使 a、b 端口接上电阻后其中无电流，则在 a、b 间所要并接的元件应使此端口的开路电压 u'_{OC} 或短路电流 i'_{SC} 为零。从图 3-59(c)中可以看出，a、b 间并接以反向的短路电流值的电流源，即一个流向自 a 至 b 的 3.75 A 的电流源，这样 a、b 端口中的 R 无电流。

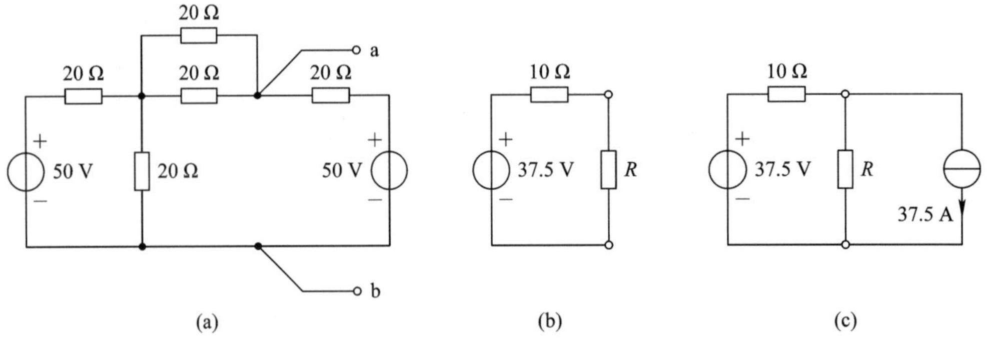

图 3-59

第4章

正弦交流电路分析

4.1 重点与难点

1. 重点

(1) 正确理解正弦量和相量之间一一对应的关系，注意正弦量虽然可以用相量表示，但相量不等于正弦量，两者之间只是时域和复频域之间的数学变换。一般来说，在正弦交流电路的计算中多采用有效值相量。

(2) 掌握阻抗和导纳的基本概念及电路性质。

(3) 掌握电路相量模型的转换、电路定理、定律的相量形式，以及正弦稳态电路的相量分析法(支路法、节点法、网孔法等)。

(4) 能灵活借助相量图进行计算。

(5) 熟练掌握正弦稳态电路的功率计算，深刻理解功率三角形的含义，掌握功率因数和功率角的概念、定义及相应的工程意义，并掌握功率因数提高的方法和计算方法。

(6) 掌握最大功率传输定理的表达和求解方法、阻抗匹配和模匹配的概念。

2. 难点

采用相量法分析正弦稳态电路、灵活借助相量图进行辅助运算、利用复功率计算含有多个负载电路的功率等知识点是本章的学习难点。

4.2 基本知识点

1. 正弦量和相量

对任一线性电路，当电路的固有频率为负实数或实部为负值的复数时，在正弦激励下电路存在稳态，稳态响应为与激励同频率的正弦函数。由无源电阻、电感和电容组成的电路一定存在稳态。

相量可认为是对正弦量的一种变换，但二者并不相等。相量与正弦量是一一对应的，通过正弦量与相量的对应关系，正弦量所满足的时域常微分方程可转换成相量所满足的复系数代数方程。代数方程的求解显然比常微分方程的求解更容易。

1）正弦量的三要素

正弦量的三要素包括振幅、初相和角频率(或频率，或周期)。

2）有效值与相位差

(1) 周期量的有效值：与周期电流(或电压)的做功能力等效的直流电流(或电压)的值，就称为周期电流(或电压)的有效值。

(2) 相位差：反映两个物理量变化进程的差异。同频正弦量的相位差等于二者初相之差，而与时间无关，即 $\varphi_{12}=(\omega t+\theta_1)-(\omega t+\theta_2)=\theta_1-\theta_2$。

3）同频正弦量的计算

同频的两个正弦量之和仍然是一个正弦量，且频率与原正弦量的频率相同。因此求同频正弦量之和，只需求出该和的两个要素(振幅或有效值、初相)。

4）正弦稳态响应

如果正弦动态电路的稳态响应分量也是正弦量，则称这种响应为正弦稳态响应。

5）正弦量的复数运算法

正弦量的相量表示具有唯一性、线性性质、微分性质和积分性质，利用这些性质可以将正弦函数的和、差运算转换为复数的代数运算或几何运算，将正弦稳态电路的微分、积分、微积方程转换为复数的代数方程。正弦量的复数运算法可大大简化复杂正弦稳态电路的分析计算过程。

温馨提示：

按正弦规律变化的电压、电流称为正弦电压、正弦电流，统称为正弦量。

(1) 通常只对同频率的两个正弦量作相位比较。

(2) 求相位差时，要将两个正弦量用相同的 cos 函数或 sin 函数表示。

(3) 求相位差时，两个正弦量表达式前均带正号。

2. 正弦稳态电路的相量模型

(1) 电阻元件的相量表示法：

$$\dot{U}_{\mathrm{m}}=R\dot{I}_{\mathrm{m}} \quad 或 \quad \dot{U}=R\dot{I}$$

(2) 电容元件的相量表示法：

$$\dot{I}_{\mathrm{m}}=\mathrm{j}\omega C\dot{U}_{\mathrm{m}} \quad 或 \quad \dot{I}=\mathrm{j}\omega C\dot{U}$$

(3) 电感元件的相量表示法：

$$\dot{U}_{\mathrm{m}}=\mathrm{j}\omega L\dot{I}_{\mathrm{m}} \quad 或 \quad \dot{U}=\mathrm{j}\omega L\dot{I}$$

(4) 基尔霍夫定律的相量形式：

$$\sum_k \dot{I}_{k\mathrm{m}}=0 \quad 或 \quad \sum_k \dot{I}_k=0$$

$$\sum_k \dot{U}_{km} = 0 \quad 或 \quad \sum_k \dot{U}_k = 0$$

(5) 欧姆定律的相量形式。

对正弦稳态电路中的任一无源支路，有

$$\dot{U} = Z\dot{I} \quad 或 \quad \dot{I} = Y\dot{U}$$

式中，Z 为支路阻抗；Y 为支路导纳。

3. 阻抗、导纳和相量图

阻抗与导纳可对任一不含独立源的复合支路定义，它类似于直流电阻电路的电阻和电导。在电路计算中，阻抗的串联可用等效阻抗表示。

相量图有助于各量幅值和相位的比较，有时能起到简化电路计算的作用。

温馨提示：

绘制电路相量图时要注意以下几点：

(1) 绘制出所有必要的电压、电流相量。

(2) 相量图应由一些多边形(或扭曲的多边形)组成，每个多边形均反映电路的 KCL 或 KVL。

(3) 参考相量要视电路的结构选取：串联电路一般取电流为参考相量；并联电路一般取电压为参考相量。参考相量在相量图中画在水平位置，方向朝右。

(4) 掌握初相、超前、滞后在相量图中的表示，以及 R、X 串并联电路的电压三角形、电流三角形、阻抗三角形、导纳三角形及功率三角形的特点和关系。

4. 正弦稳态电路的分析

由于用相量法分析正弦稳态电路，其 KCL、KVL 与电阻电路中的 KCL、KVL 在形式上是相似的，因此只要将直流电阻电路中的电流和电压转换成相量形式即可；同时，由于阻抗和导纳类似于直流电阻电路中的电阻和电导，因此，直流电阻电路中的分析方法如结点电压法、回路电流法、网孔法、叠加定理、戴维南定理和诺顿定理、特勒根定理等均可用于正弦稳态电路的相量法分析中。分析时，只需将正弦电流和电压转换成相应的电流和电压相量，将电阻或电导转换成相应的阻抗或导纳。值得注意的是，电容和电感是包含在阻抗和导纳的定义中的，因此，电容和电感是按阻抗和导纳来处理的。

用相量法对电路进行正弦稳态分析时，由于电路方程为复数形式，因此分析比较灵活。对某一相量或阻抗，题目已知条件可能只是模值、辐角、实部或虚部，求解时要视具体情况进行分析。

相量法是分析“线性”电路在“正弦”形式激励下的“稳态”响应的有效方法，此时，线性电路的稳态响应是与激励“同频率”的正弦量。相量法的适用范围可用“同频”“正弦”“线性”和“稳态”八个字概括。

1) 简单正弦稳态电路的相量分析

简单正弦稳态电路的相量分析分 3 步：

第 1 步，将时域模型变换为相量模型。

第 2 步，用相量模型计算所求正弦量的相量。

第 3 步，根据所得相量结果写出所求的正弦量。

2）复杂正弦稳态电路的分析

复杂正弦稳态电路的分析方法如下：

(1) 应用网孔电流法分析正弦交流电路。

(2) 应用结点电压法分析正弦交流电路。

(3) 利用戴维南定理分析正弦交流电路。

5. 正弦稳态电路的功率

1）瞬时功率

正弦稳态电路的瞬时功率 $p=ui$。由于 u，i 都是时变的，因此 p 也必然是时变的，称 p 为 N 所吸收的瞬时功率。

2）有功功率、无功功率和视在功率

(1) 交流电的瞬时功率不是一个恒定值。功率在一个周期内的平均值叫作有功功率，计算公式为

$$P=S\cos\varphi=UI\cos\varphi$$

(2) 与电源交换能量的振幅值叫作无功功率（并没有真正消耗能量），计算公式为

$$Q=S\sin\varphi=UI\sin\varphi$$

(3) 在具有电阻和电抗的电路内，电压与电流的乘积叫作视在功率，计算公式为

$$S=\sqrt{P^2+Q^2}$$

3）复功率

复功率定义为 $\dot{U}$ 与 $\dot{I}$ 的共轭复数 $\dot{I}^*$ 之积，即 $\overline{S}=\dot{U}\dot{I}^*$。

温馨提示：

(1) 当端口电压、电流取关联参考方向时，若 $P>0$，则表示二端网络吸收有功功率；若 $P<0$，则表示二端网络提供有功功率。

(2) 当端口电压、电流取关联参考方向时，电感元件的 $Q_L\geqslant0$，电容元件的 $Q_C\leqslant0$。对于任意无源二端网络，当 $Q>0$ 时，称为感性无功，网络对外呈现电感性，称该网络为电感性网络；当 $Q<0$ 时，称为容性无功，网络对外呈现电容性，称该网络为电容性网络。

(3) 功率因数 $\cos\varphi$ 是正弦稳态电路功率计算中的一个重要参量。对无源二端网络而言，功率因数角 φ 就是端口电压、电流的相位差，其值又等于二端网络的输入阻抗角 φ_z 或输入导纳角 φ_y 的负值。同时，$\cos\varphi$ 是个偶函数，其大小无法反映 φ 的正负，即无法反映网络的性质。通常在给出 $\cos\varphi$ 值的同时，其后应再附加说明网络的性质。例如，$\cos\varphi=0.866$（滞后）或（感性），表示端口电流滞后端口电压 φ，网络对外呈电感性，即 $\varphi>0$。若不加说明，则一般认为 φ 可正可负，网络具有两种可能性。

(4) 复功率 $\bar{S}$ 是一个计算量，它运用电压相量和电流相量同时计算电路的有功功率和无功功率。复功率 $\bar{S}$ 虽然是一个复数，但并不代表一个正弦量。

6. 功率因数的提高

1) 提高功率因数的意义

提高功率因数的意义有以下两点：

(1) 使电源设备的容量得到充分利用。

(2) 减少了线路和发电机绕组的功率损耗。

2) 提高功率因数的方法

在感性负载两侧并联合适的电容，可以提高整个电路的功率因数。若将电路的功率因数从 $\cos\varphi$ 提高到 $\cos\varphi_1$，则需要并联的电容值为

$$C=\frac{P}{\omega U^2}(\tan\varphi-\tan\varphi_1)$$

3) 最大功率传输定理

若负载阻抗 $Z_L=R_L+jX_L$ 可以任意调节，则当 $Z_L=R_S-jX_S=Z_S^*$ 时，负载可获得最大功率。最大功率指的是平均功率。正弦稳态电路的最大功率传输问题的分析类似于电阻电路，往往需要借助于戴维南定理或诺顿定理。

7. 交流电路中的谐振

电路发生谐振时的感抗和容抗在数值上相等，即 $\omega L=\frac{1}{\omega C}$。

1) RLC 串联谐振电路

RLC 串联谐振电路的特点如下：

(1) 阻抗模为最小值，电感与电容串联电路的阻抗为零，相当于短路。

(2) 电感与电容串联电路两端的电压为零，电阻两端的电压等于电源电压。

(3) 电路的无功功率为零，有功功率与视在功率相等。

2) GLC 并联谐振电路

GLC 并联谐振电路的特点如下：

(1) 导纳模为最小值，电感与电容并联电路的导纳为零，相当于开路。

(2) 电感与电容并联电路的总电流为零，电阻电流等于电源电流。

(3) 电路的无功功率为零，有功功率与视在功率相等。

工程案例 5　　工程案例 6

4.3 思维导图

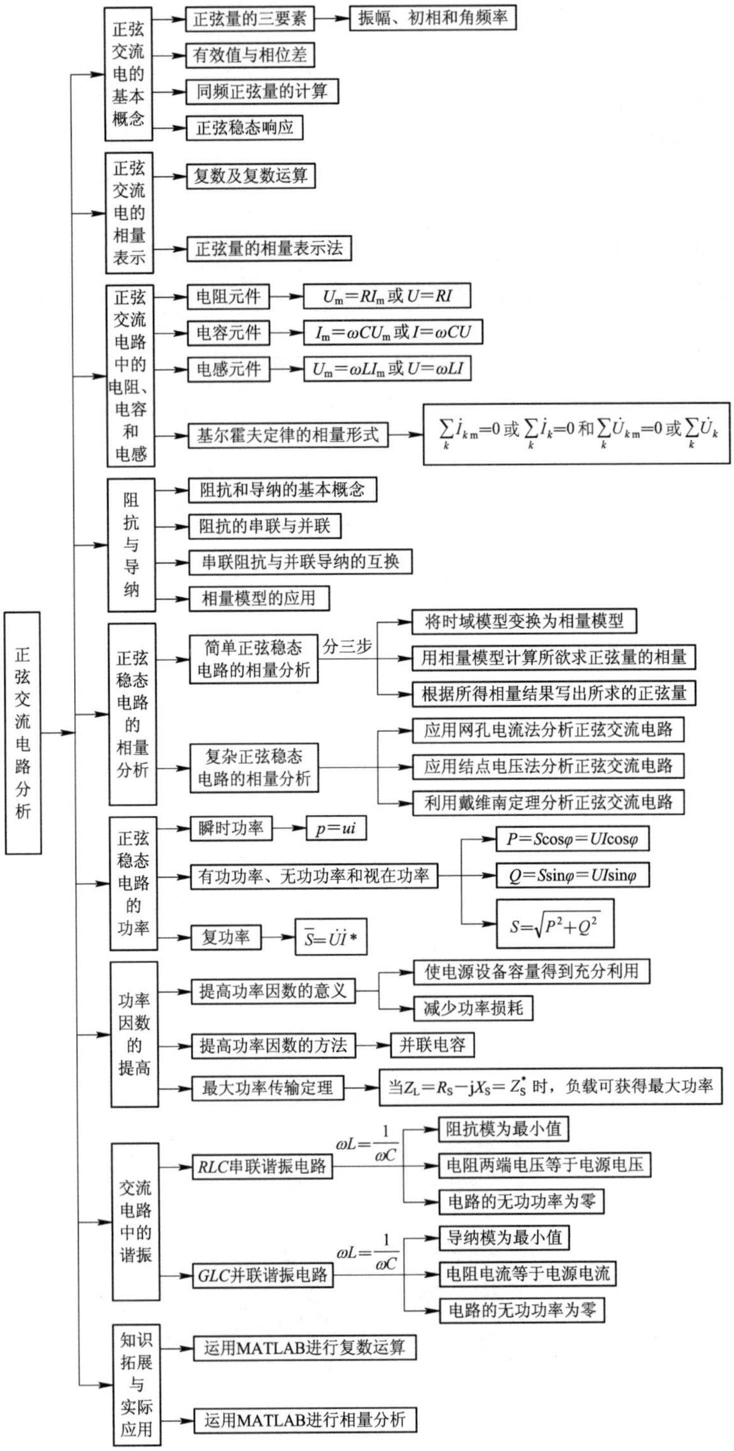

正弦交流电路分析
正弦交流电的基本概念
正弦量的三要素
振幅、初相和角频率
有效值与相位差
同频正弦量的计算
正弦稳态响应
正弦交流电的相量表示
复数及复数运算
正弦量的相量表示法
正弦交流电路中的电阻、电容和电感
电阻元件
$U_m=RI_m$ 或 $U=RI$
电容元件
$I_m=\omega CU_m$ 或 $I=\omega CU$
电感元件
$U_m=\omega LI_m$ 或 $U=\omega LI$
基尔霍夫定律的相量形式
$\sum_k \dot{I}_{km}=0$ 或 $\sum_k \dot{I}_k=0$ 和 $\sum_k \dot{U}_{km}=0$ 或 $\sum_k \dot{U}_k$
阻抗与导纳
阻抗和导纳的基本概念
阻抗的串联与并联
串联阻抗与并联导纳的互换
相量模型的应用
正弦稳态电路的相量分析
简单正弦稳态电路的相量分析
分三步
将时域模型变换为相量模型
用相量模型计算所欲求正弦量的相量
根据所得相量结果写出所求的正弦量
复杂正弦稳态电路的相量分析
应用网孔电流法分析正弦交流电路
应用结点电压法分析正弦交流电路
利用戴维南定理分析正弦交流电路
正弦稳态电路的功率
瞬时功率
$p=ui$
有功功率、无功功率和视在功率
$P=S\cos\varphi=UI\cos\varphi$
$Q=S\sin\varphi=UI\sin\varphi$
$S=\sqrt{P^2+Q^2}$
复功率
$\bar{S}=\dot{U}\dot{I}^*$
功率因数的提高
提高功率因数的意义
使电源设备容量得到充分利用
减少功率损耗
提高功率因数的方法
并联电容
最大功率传输定理
当$Z_L=R_S-jX_S=Z_S^*$时，负载可获得最大功率
交流电路中的谐振
RLC串联谐振电路
$\omega L=\frac{1}{\omega C}$
阻抗模为最小值
电阻两端电压等于电源电压
电路的无功功率为零
GLC并联谐振电路
$\omega L=\frac{1}{\omega C}$
导纳模为最小值
电阻电流等于电源电流
电路的无功功率为零
知识拓展与实际应用
运用MATLAB进行复数运算
运用MATLAB进行相量分析

4.4 习题全解

一、选择题

1. 两个正弦量分别为 $i_1=10\sin\left(100\pi t+\frac{3\pi}{4}\right)$ A，$i_2=10\sin\left(100\pi t-\frac{\pi}{2}\right)$ A，则它们的相位差为(　　)。

A. $\frac{3\pi}{4}$　　B. $\frac{5\pi}{4}$　　C. $\frac{\pi}{2}$　　D. $-\frac{\pi}{2}$

答案：A

2. 下列选项(　　)是正弦表达式 $i=I_m\sin(\omega t-\theta_i)$ A 的有效值相量表示形式。

A. $\frac{I_m}{\sqrt{2}}\angle\theta_i$　　B. $-\frac{I_m}{\sqrt{2}}\angle\theta_i$　　C. $I_m\angle\theta_i$　　D. $-I_m\angle\theta_i$

答案：A

3. 某正弦电压的有效值为 380 V，频率为 50 Hz，计时始数值等于 380 V，其瞬时值表达式为(　　)。

A. $u=380\sin314t$ V　　B. $u=537\sin(314t+45°)$ V

C. $u=380\sin(314t-90°)$ V　　D. 以上都不对

答案：B

4. 交流电压表、电流表的测量数据为(　　)，交流设备铭牌标注的电压、电流均为(　　)。

A. 幅值，幅值　　B. 幅值，有效值　　C. 有效值，有效值　　D. 不确定

答案：C

5. 已知 $i_1=10\sin(314t+90°)$ A，$i_2=10\sin(628t+30°)$ A，则(　　)。

A. i_1 超前 i_2 60°　　B. i_1 滞后 i_2 60°

C. 相位差无法判断　　D. i_1 滞后 i_2 30°

答案：C

6. 图 4-1 中，若 $u=10\sqrt{2}\sin(\omega t+45°)$ V，$i=5\sqrt{2}\sin(\omega t+15°)$ A，则 Z 为(　　)。

A. $2\angle0°\ \Omega$　　B. $2\sqrt{2}\angle0°\ \Omega$　　C. $2\angle30°\ \Omega$　　D. $2\sqrt{2}\angle30°\ \Omega$

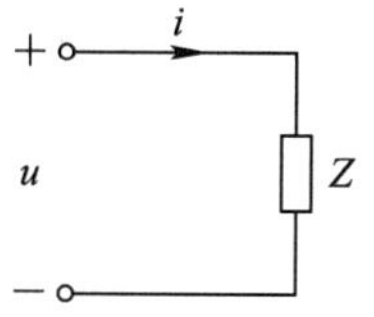

图 4-1

答案：C

7. 相量(　　)。

A. 等于正弦量　　B. 是正弦量的一种有对应关系的表示法

C. 是直流信号的一种表示法　　D. 是周期信号

答案：B

8. 正弦量有效值的定义所依据的是正弦量与直流量的(　　)。

A. 平均效应等效　　B. 能量等价效应等效

C. 平均值等效　　D. 时间上等效

答案：B

9. 正弦量经过积分后相位会发生变化，对应的相量的辐角较之原来(　　)。

A. 超前 90°　　B. 滞后 90°　　C. 超前 180°　　D. 不变

答案：B

10. 已知一个 20 Ω 的电容上流过电流 $i=0.2\cos(\omega t+45°)$ A，则其电压为(　　)。

A. $4\cos(\omega t+45°)$　　B. $4\cos(\omega t-45°)$

C. $4\cos(\omega t-135°)$　　D. $4\cos(\omega t+135°)$

答案：B

11. 在 RLC 串联电路中，调节电容值时，(　　)。

A. 电容调大，电路的电容性增强　　B. 电容调小，电路的电感性增强

C. 无法确定　　D. 电容调小，电路的电容性增强

答案：C

12. 电阻与电感元件并联，它们的电流有效值分别为 3 A 和 4 A，则它们总的电流有效值为(　　)。

A. 7 A　　B. 6 A　　C. 4 A　　D. 5 A

答案：D

13. 在 RL 串联电路中，$U_R=16$ V，$U_L=12$ V，则总电压为(　　)。

A. 28 V　　B. 20 V　　C. 2 V　　D. 4 V

答案：B

14. 下列说法中不正确的是(　　)。

A. 一端口的阻抗角等于其电压和电流的相位差

B. 功率因数等于阻抗角的余弦

C. 阻抗模等于电压的有效值除以电流的有效值

D. 阻抗等于电压的相量除以电流的相量

E. 以上说法不全对

答案：E

15. 已知 $\dot{I}=10\angle 30°$ A，则 $\mathrm{j}\dot{I}$ 对应的时间函数为(　　)。

A. $10\sin(\omega t+30°)$ $10\sin(\omega t+30°)$ A　　B. $10\sin(\omega t+120°)$ A

C. $14.14\sin(\omega t-60°)$ A　　D. $14.14\sin(\omega t+120°)$ A

答案：D

16. 图 4-2 所示为某正弦电流电路的一部分，已知电流表$\textcircled{A}_1$、$\textcircled{A}_2$、$\textcircled{A}_3$的读数均为 10 A，则电流表Ⓐ的读数为(　　)。

A. 30 A　　B. $10\sqrt{5}$ A　　C. 0　　D. 10 A

答案：D

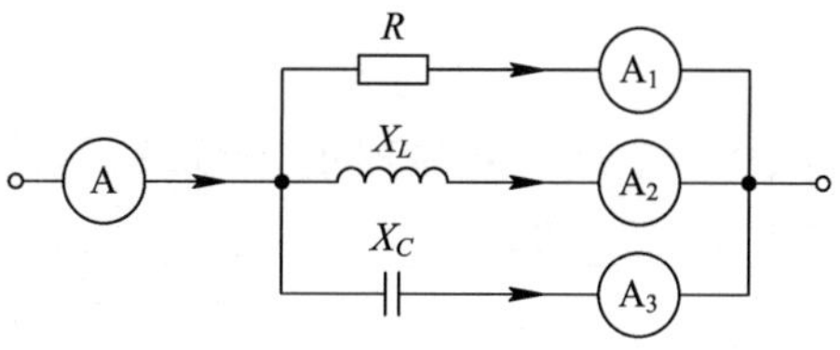

图 4 - 2

17. 在 RLC 并联的正弦电路中，若 $G=10$ S，$B_L=10$ S，$B_C=15$ S，则该电路是(　　)电路。

A. 电阻性　　B. 电感性　　C. 电容性　　D. 以上说法都不正确

答案：C

18. 复阻抗为 $Z=12-16\mathrm{j}$ 的电路的端口电压与电流的有效值之比是(　　)。

A. 4　　B. 16　　C. 12　　D. 20

答案：D

19. 已知电路复阻抗 $Z=(3-\mathrm{j}4)\ \Omega$，则该电路一定呈(　　)。

A. 感性　　B. 容性　　C. 阻性　　D. 容性或感性

答案：B

20. RLC 串联电路中，电路的性质取决于(　　)。

A. 电路的外加电压的大小　　B. 电路的电流大小

C. 电路各元件参数和电源频率　　D. 电路的功率因数

答案：C

21. RLC 串联电路在 f_0 时发生谐振，当频率增加到 $2f_0$ 时，电路的性质呈(　　)。

A. 电阻性　　B. 电感性　　C. 电容性　　D. 无法判断

答案：B

22. 在 RLC 串联谐振电路中，增大电阻 R 时，将使(　　)。

A. 谐振频率降低　　B. 电流谐振曲线变尖锐

C. 谐振频率升高　　D. 电流谐振曲线变平坦

答案：D

二、填空题

1. 已知 $i=14.14\sin(\omega t+\pi/3)$ A，其电流有效值为________ A，初相位为________。

答案：10、$\pi/3$

2. 两个同频率的正弦电流 $i_1(t)$ 和 $i_2(t)$ 的初相角分别为 $\varphi_1=150°$，$\varphi_2=-100°$，这两个电流的相位关系是________超前________，超前的角度为________。

答案：$i_2(t)$，$i_1(t)$，110°

3. 已知正弦电流的初相角为 30°，在 $t=0$ 的瞬时值为 17.32 A，经过 $\dfrac{1}{120}$ s 后电流第一次下降为 0，则其频率为________ Hz。

答案：50

4. 已知正弦电流的初相角为 30°，在 $t=0$ 的瞬时值为 5 A，经过 $\dfrac{1}{300}$ s 后电流第一次下降为 0，其振幅 I_m 为________A。

答案：10

5. 已知正弦电流的初相角为 90°，在 $t=0$ 的瞬时值为 17.32 A，经过 0.5×10^{-3} s 后电流第一次下降为 0，则其频率为________Hz。

A. 500　　B. 1000π　　C. 50π　　D. 1000

答案：500

6. 某直流电动机的端电压为 220 V 时，吸收功率为 4.4 kW，则电流为________A，1 h 消耗的电能为________kW·h。

答案：20，4.4

7. 已知单相交流电路中某负载的视在功率为 5 kV·A，有功功率为 4 kW，则其无功功率 Q 为________var。

答案：3 k

8. 如图 4－3 所示，已知无源二端网络的电压 $u=100\sqrt{2}\sin(100t+30°)$ V，电流 $i=-20\sqrt{2}\sin(100t-90°)$ A，则其阻抗模 $|Z|=$________Ω，阻抗角 $\varphi=$________，吸收的有功功率 $P=$________W，无功功率 $Q=$________var。

答案：5，－60°，1000，－1732

9. 如图 4－4 所示，$R_1=2$ Ω，$L=1$ H，$u=30\cos10t$，$i=5\cos10t$，确定方框内无源二端网络的等效元件________。

答案：$C=\frac{1}{100}$ F，$R=4$ Ω

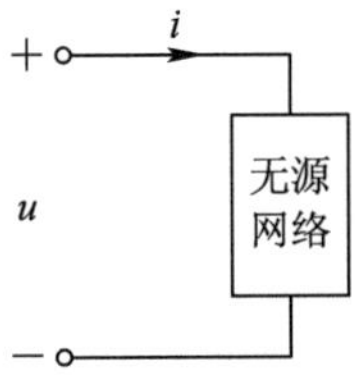

图 4－3

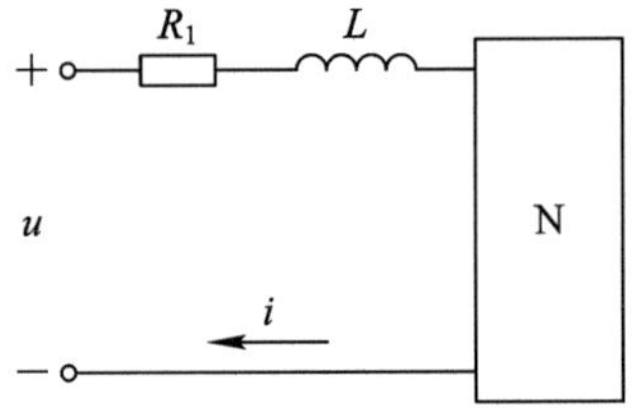

图 4－4

10. 已知电导 $G=0.4$ S，感纳 $B_L=0.8$ S，容纳 $B_C=0.5$ S，三者并联，则网络的阻抗模 $|Z|=$________Ω，阻抗角 $\varphi_2=$________，该网络为________性的。

答案：2，36.9°，感

11. 如图 4－5 所示的正弦交流电路中，已知 $Z=10+j50$ Ω，$Z_1=400+j1000$ Ω。当 β 取 －41 时，$\dot{I}$ 和 $\dot{U}$ 的相位差为________。

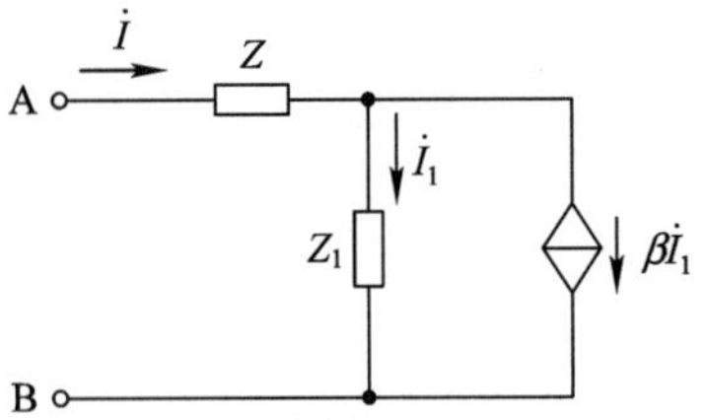

图 4－5

答案：90°

12. 如图 4-6 所示的电路中，已知电压 $U_R=8$ V，$U_L=2$ V，$U_C=2$ V，则总电压 $U=$________ V。

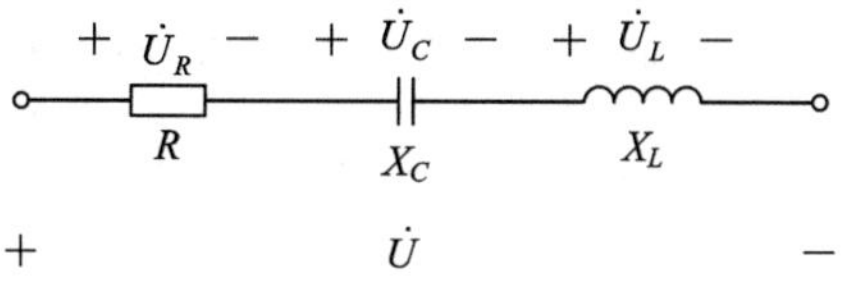

图 4-6

答案：8

13. 图 4-7 所示的正弦电流电路中，电流表Ⓐ₁、Ⓐ₂的读数皆为 5 A，则电流表Ⓐ的读数为________。

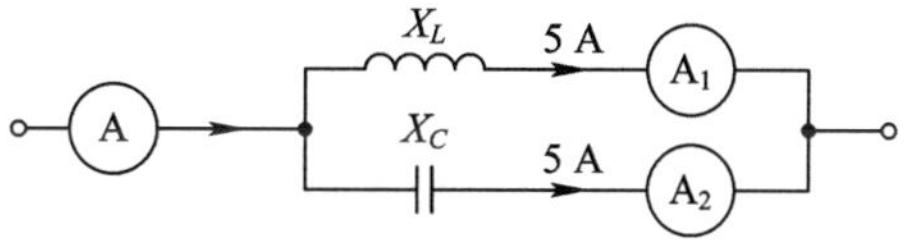

图 4-7

答案：0

14. 图 4-8 所示的正弦电流电路中，电压表Ⓥ的读数为 30 V，则电流表Ⓐ的读数为________ A，电压表Ⓥ₁、Ⓥ₂、Ⓥ₃、Ⓥ₄的读数分别为________ V、________ V、________ V、________ V。

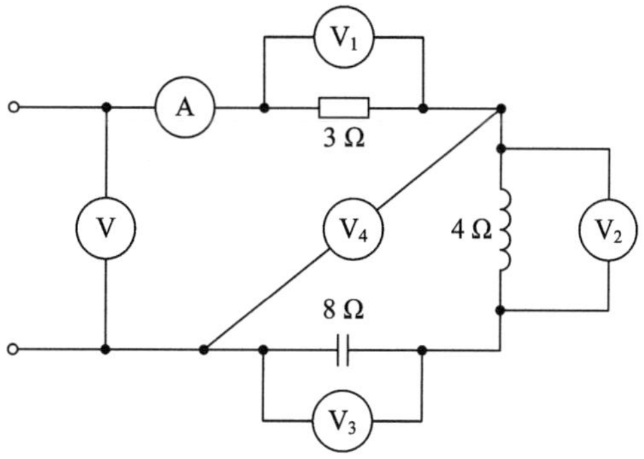

图 4-8

答案：6，18，24，48，24

15. 一电源的输出电压为 220 V，最大输出功率为 20 kV·A，当负载的额定电压 $U=220$ V，额定功率 $P=4$ kW，功率因数 $\cos\varphi=0.8$，则该电源最多可带负载的个数为________。

答案：4

分析：关键点是根据单位判断是什么功率，牢记下面的功率三角形(见图 4-9)。注意常用的三角函数关系都成立，例如，$P=S\cos\varphi$，$Q=S\sin\varphi$，$\tan\varphi=\dfrac{Q}{P}$，$S=\sqrt{P^2+Q^2}$等。

设负载个数为 N，则 $4\times N/\cos\varphi\leqslant 20\Rightarrow N\leqslant\dfrac{1}{4}\times 20\cos\varphi\Rightarrow N\leqslant 4$。

16. 如图 4-10 所示的电路中，已知电流的有效值 $I=2$ A，电压的有效值 $U=100$ V，则电阻 R 为________ Ω。

答案：100

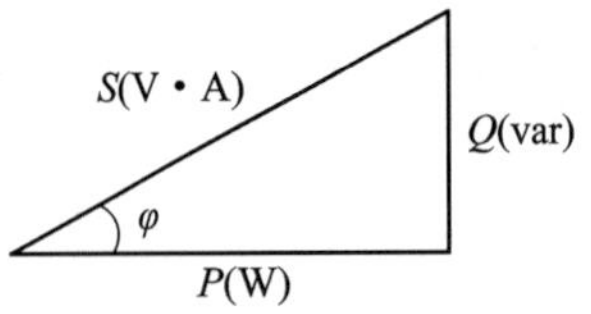

图 4-9

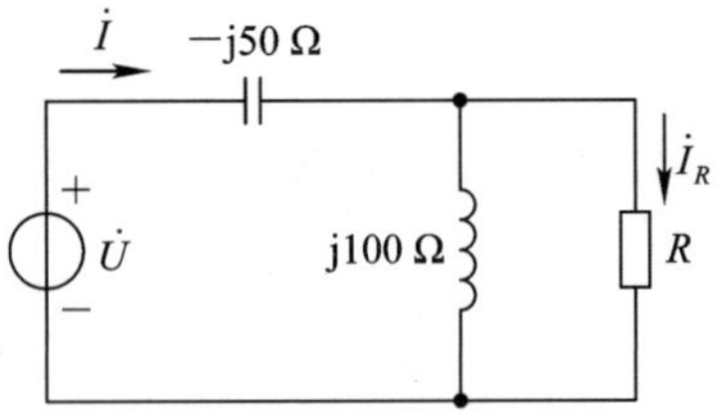

图 4-10

17. 将 $R=2$ Ω，$L=3$ H，$C=0.2$ F 的串联电路接到 $u(t)=10\sqrt{2}\sin(t-15°)$ V 的电压源上，网络吸收的有功功率为________ W，无功功率为________ var。

答案：25，−25

18. 如图 4-11 所示的正弦稳态电路中，若电压表 V 的读数为 50 V，电流表的读数为 1 A，功率表的读数为 30 W，则电阻 R 为(　　) Ω，ωL 为(　　) Ω。

答案：30，40

19. 如图 4-12 所示的电路中，R、L 串联电路为荧光灯的电路模型。将此电路接于50 Hz 的正弦交流电压源上，测得端电压为 220 V，电流为 0.4 A，功率为 40 W，则电路中电阻 R 为________ Ω，ωL 为________ Ω，电路吸收的无功功率 Q 为________ var。

答案：250，489.9，78.4

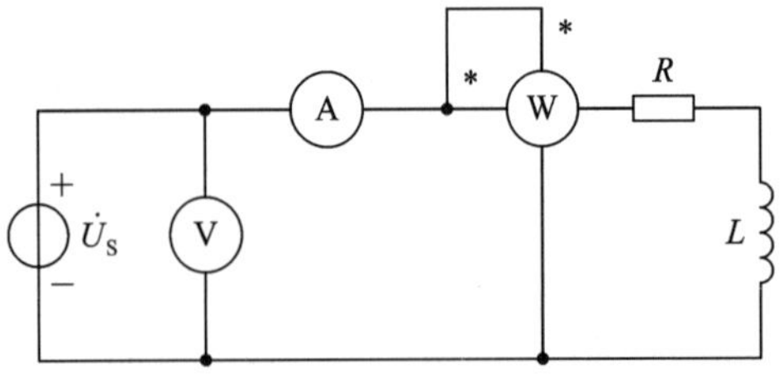

图 4-11

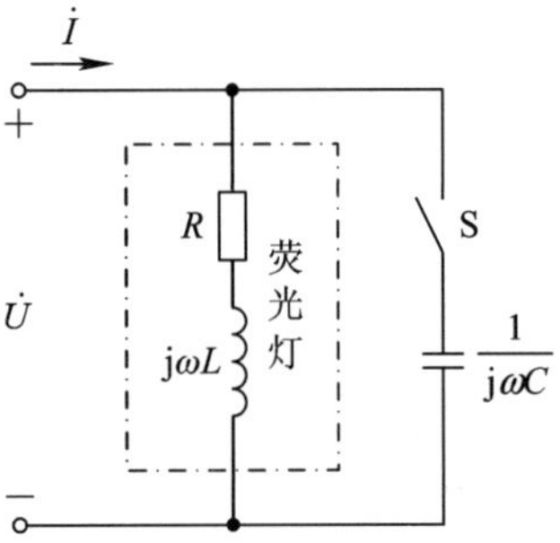

图 4-12

20. 某 R、L、C 串联电路的 $L=80$ mH，$C=2$ μF，$R=2$ Ω。该电路的品质因数近似为________。

答案：100

21. 图 4－13 所示电路中，当 $Z_L=$________ Ω 时，Z_L 获得最大功率。

答案：3－j4

22. 如图 4－14 所示的正弦稳态电路中，若 $\dot{I}_S=10\angle 0°$ A，$R_1=20$ Ω，$\dot{I}=4\angle 60°$，则 Z_L 两端的电压 $\dot{U}_L$ 为______ V，Z_L 消耗的平均功率 P 为______ W。

答案：$80\angle 60°$ V，80.18 W

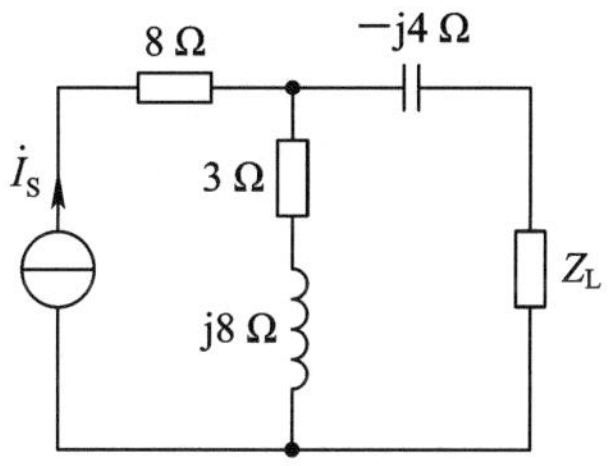

图 4－13

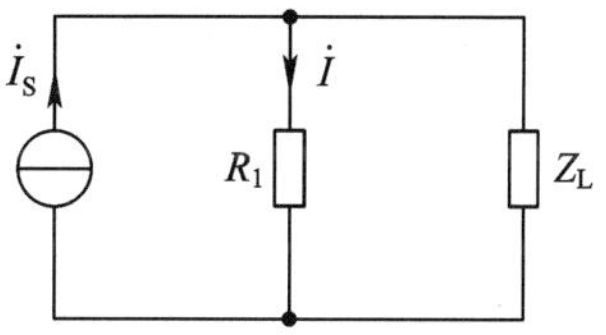

图 4－14

三、分析计算题

1. 电路如图 4－15 所示，已知 $u_S=120\sqrt{2}\cos(1000t+90°)$ V，$R=15$ Ω，$L=30$ mH，$C=83.3$ μF，求 i_R、i_L、i_C 和 i。

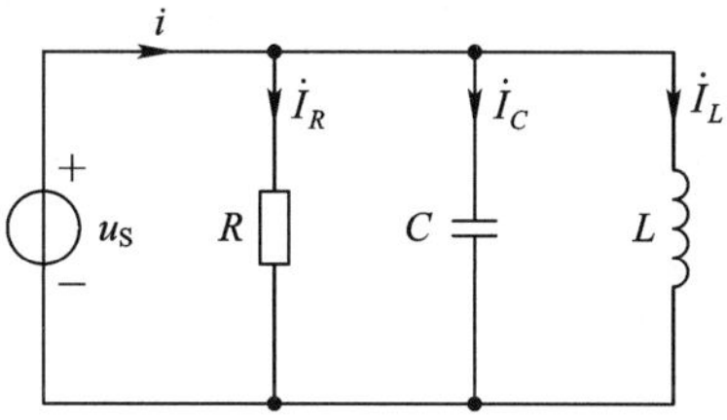

图 4－15

解　根据 VCR 相量形式得

$$\dot{I}_R=\frac{\dot{U}_S}{R}=\frac{120\angle 90°}{15}\text{A}=8\angle 90°\ \text{A}$$

$$\dot{I}_C=\text{j}\omega C\dot{U}_S=\text{j}1000\times 83.3\times 10^{-6}\times 120\angle 90°\ \text{A}=10\angle 180°\ \text{A}$$

$$\dot{I}_L=\frac{\dot{U}_S}{\text{j}\omega L}=\frac{120\angle 90°}{\text{j}1000\times 30\times 10^{-3}}\text{A}=4\angle 0°\ \text{A}$$

根据 KCL 相量形式有

$$\dot{I}=\dot{I}_R+\dot{I}_C+\dot{I}_L=(8\angle 90°+10\angle 180°+4\angle 0°)\text{A}=(6+\text{j}8)\text{A}=10\angle 127°\ \text{A}$$

所以

$$i_R=8\sqrt{2}\cos(1000t+90°)\ \text{A}$$

$$i_C=4\sqrt{2}\cos 1000t\ \text{A}$$

$$i_L=10\sqrt{2}\cos(1000t+180°)\ \text{A}$$

$$i=10\sqrt{2}\cos(1000t+127°)\ \text{A}$$

2. 计算图 4 - 16 所示的相量模型中的电压相量 $\dot{U}$。

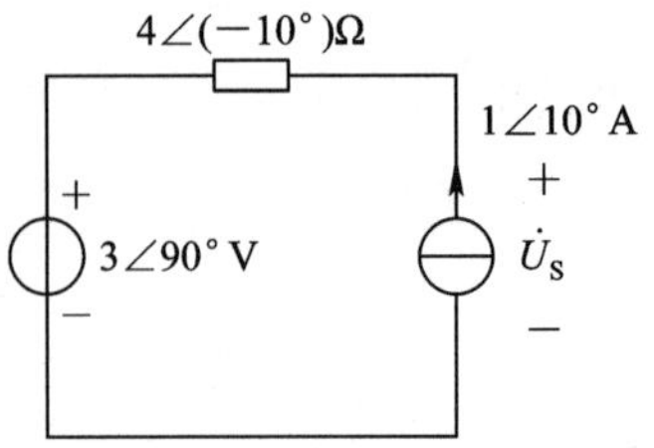

图 4 - 16

解　据 KVL 和 VCR，有

$$\begin{aligned}\dot{U} &= [(4\angle -10°)\times(1\angle 10°)+3\angle 90°]\ \text{V}\\ &=(4\angle 0°+3\angle 90°)\ \text{V}\\ &=(4+\text{j}3)\ \text{V}=5\angle 36.9°\ \text{V}\end{aligned}$$

3. 有一线圈与电容器串联的电路。已知线圈电阻 $R=15\ \Omega$（漏导忽略不计），$L=12$ mH，$C=5\ \mu$F，电路两端加有正弦电压 $u_S=100\sqrt{2}\cos 5000t$ V。求电路中的电流 i 和线圈两端的电压 u。

解　按题意可做出电路时域模型，如图 4 - 17(a)所示，相量模型如图 4 - 17(b)所示。

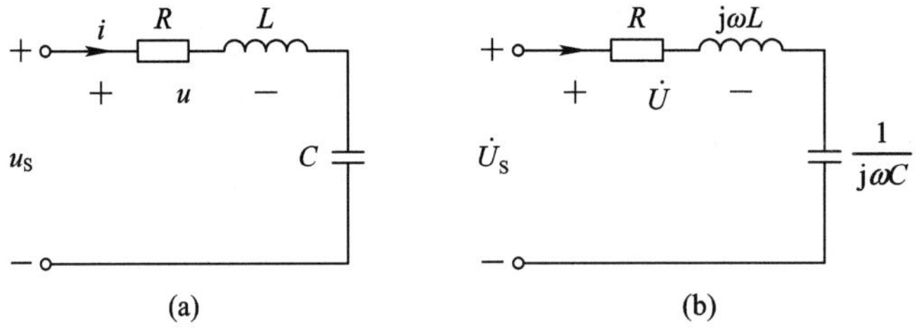

图 4 - 17

相量模型中

$$\dot{U}_S=\frac{100\sqrt{2}}{\sqrt{2}}\angle 0°\ \text{V}=100\ \text{V}$$

$$\text{j}\omega L=\text{j}5000\times 12\times 10^{-3}=\text{j}60\ \Omega$$

$$\frac{1}{\text{j}\omega C}=\frac{1}{\text{j}5000\times 5\times 10^{-6}}=-\text{j}40\ \Omega$$

有

$$\begin{aligned}\dot{I}&=\frac{\dot{U}_S}{R+\text{j}\omega L+\frac{1}{\text{j}\omega C}}\\ &=\frac{100}{15+\text{j}60-\text{j}40}\text{A}=\frac{100}{15+\text{j}20}\text{A}=\frac{100}{25\angle 52.1°}\text{A}\\ &=4\angle(-53.1°)\ \text{A}\end{aligned}$$

$$\dot{U}=(R+\text{j}\omega L)\dot{I}$$

$=(15+j60)\times 4\angle(-53.1)^\circ\ V=61.8\angle 76^\circ\times 4\angle(-53.1)^\circ\ V$

$=247\angle 22.9^\circ\ V$

所以

$$i=4\sqrt{2}\cos(5000t-53.1^\circ)\ A$$

$$u=247\sqrt{2}\cos(5000t+22.9^\circ)\ V$$

4．在图 4－18 所示的正弦稳态电路中，已知 $I_C=6$ A，$I_R=8$ A，$X_L=6\ \Omega$，$\dot{U}$ 和 $\dot{I}$ 同相。求 R、X_C、U 及电路消耗的平均功率。

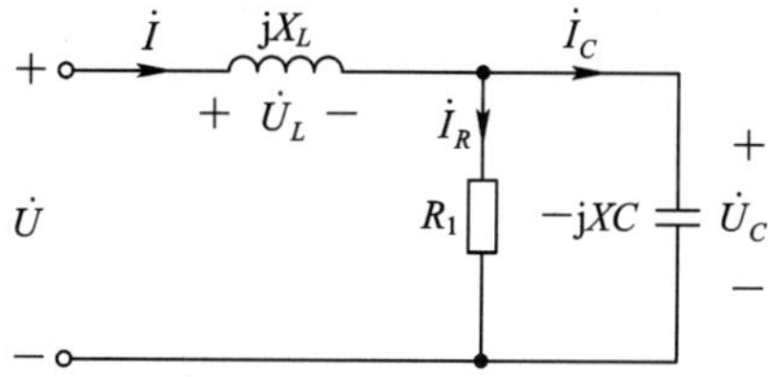

图 4－18

解　依题意，设 $\dot{U}_C=U_C\angle 0^\circ$ V 为参考相量，作出相量图，如图 4－19 所示，则

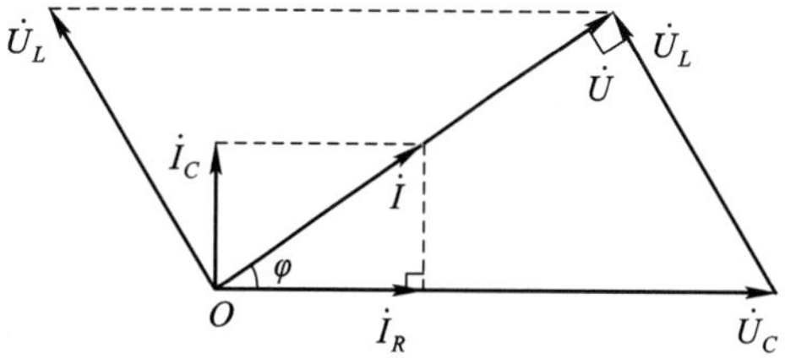

图 4－19

$$I=\sqrt{I_C^2+I_R^2}=\sqrt{6^2+8^2}\ A=10\ A$$

$$\varphi=\arctan\frac{I_C}{I_R}=36.87^\circ$$

$$U_L=X_L I=(6\times 10)\ V=60\ V$$

$$U_C=\frac{U_L}{\sin\varphi}=\frac{60}{\sin 36.87^\circ}V=100\ V$$

$$R=\frac{U_C}{I_R}=\frac{100}{8}\ \Omega=12.5\ \Omega$$

$$X_C=\frac{U_C}{I_C}=\frac{100}{6}\ \Omega=16.67\ \Omega$$

$$U=\sqrt{U_C^2-U_L^2}=\sqrt{100^2-60^2}\ V=80\ V$$

电路吸收的平均功率

$$P=UI\cos 0^\circ=(80\times 10)W=800\ W$$

5．在图 4－20 所示的正弦稳态电路中，已知 $R_1=X_1=X_2=10\ \Omega$。当 R_2 为何值时，$\dot{U}$ 与 $\dot{I}_1$ 的相位差为 90°，此时电路总的等效阻抗为多少？

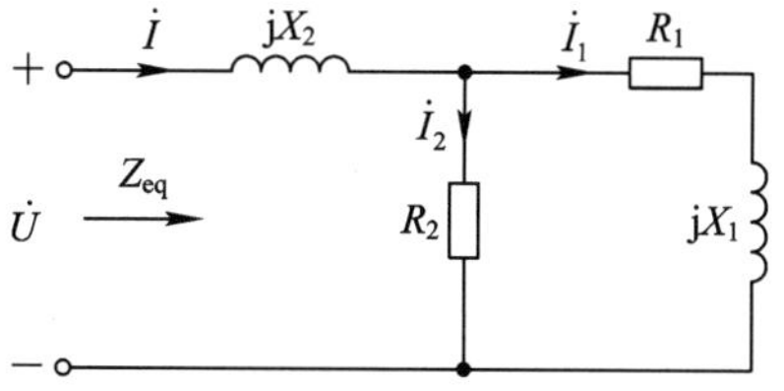

图 4－20

解 依题意，$\dot{U}$ 与 $\dot{I}_1$ 的相位差为 90°，则必有 $\text{Re}\left[\dfrac{\dot{U}}{\dot{I}_1}\right]=0$ 成立。

因

$$\dot{I}_1=\frac{R_2\dot{I}}{R_1+\text{j}X_1+R_2}$$

故

$$\dot{I}=\frac{R_1+R_2+\text{j}X_1}{R_2}\dot{I}_1=\left(\frac{R_1+R_2}{R_2}+\text{j}\,\frac{X_1}{R_2}\right)\dot{I}_1$$

$$\dot{U}=(R_1+\text{j}X_1)\,\dot{I}_1+\text{j}X_2\dot{I}=(R_1+\text{j}X_1)\,\dot{I}_1+\text{j}X_2\left(\frac{R_1+R_2}{R_2}+\text{j}\,\frac{X_1}{R_2}\right)\dot{I}_1$$

所以

$$\frac{\dot{U}}{\dot{I}_1}=R_1+\text{j}X_1+\text{j}\,\frac{X_2}{R_2}(R_1+R_2)-\frac{X_1X_2}{R_2}$$

则根据实部为零，有

$$R_1-\frac{X_1X_2}{R_2}=0$$

$$R_2=\frac{X_1X_2}{R_1}=\frac{10\times10}{10}\ \Omega=10\ \Omega$$

此时，等效阻抗

$$Z_{\text{eq}}=\text{j}X_2+\frac{R_2(R_1+\text{j}X_1)}{R_2+R_1+\text{j}X_1}=\left[\text{j}10+\frac{10\times(10+\text{j}10)}{10+10+\text{j}10}\right]\ \Omega=(6+\text{j}12)\ \Omega$$

6．在图 4-21 所示的正弦稳态电路中，已知 $U=60$ V，$\omega=500$ rad/s，在 $C=20\ \mu$F 时测得 $U_1=100$ V，$U_2=80$ V。试判断 Z 是感性还是容性负载，并求出 Z 及此时电路的平均功率。

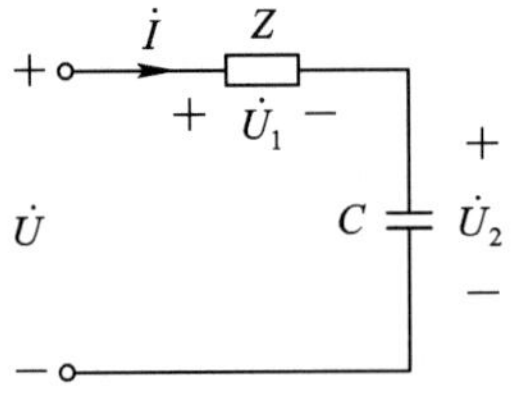

图 4-21

解 因为 $\dot{U}=\dot{U}_1+\dot{U}_2$，若 Z 为容性负载，则总阻抗的模将比 Z 和 $-\text{j}\,\dfrac{1}{\omega C}$ 的模都大，故 $U>U_1$ 且 $U>U_2$ 必成立。但依题意，$U<U_1$ 且 $U<U_2$，因此 Z 不可能是容性负载，只可能是感性负载。

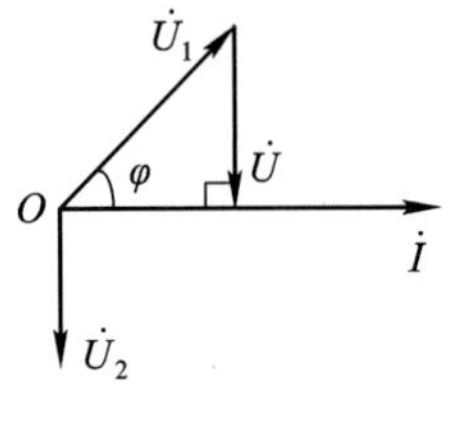

图 4-22

据此以 $\dot{I}=I\angle0°$ A 为参考相量作电路的相量图，如图 4-22 所示。

因为

$$U_1^2=100^2=60^2+80^2=U^2+U_2^2$$

所以这三个电压相量构成了直角三角形，则 $\dot{U}$ 和 $\dot{I}$ 同相，$\dot{U}=60\angle 0°$ V 且

$$\sin\varphi=\frac{U_2}{U_1}=\frac{80}{100}=0.8$$

有

$$\varphi=53.13°$$

$$\dot{U}_1=100\angle 53.13°\ \text{V}$$

而

$$I=\omega CU_2=(500\times 20\times 10^{-6}\times 80)\ \text{A}=0.8\ \text{A}$$

$$|Z|=\frac{U_1}{I}=\frac{100}{0.8}\ \Omega=125\ \Omega$$

故

$$Z=|Z|\angle\varphi=125\angle 53.13°\ \Omega=(75+\text{j}100)\ \Omega=R+\text{j}X$$

电路的平均功率

$$P=I^2R=(0.8^2\times 75)\ \text{W}=48\ \text{W}$$

7. 在图 4-23 所示的正弦稳态电路中，已知 $U=220$ V，$f=50$ Hz，Z_1 吸收的平均功率 $P_1=200$ W，$\cos\varphi_1=0.83$(容性)，Z_2 吸收的平均功率 $P_2=180$ W，$\cos\varphi_2=0.5$(感性)，Z_3 吸收的平均功率 $P_3=200$ W，$\cos\varphi_3=0.7$(感性)。

(1) 求总电流 I 及电路的功率因数。

(2) 若要将整个电路的功率因数提高到 0.9(感性)，应该并联多大的电容？试画出该电容的接法。

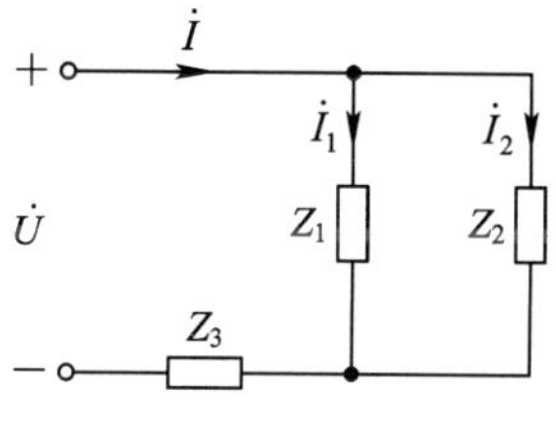

图 4-23

解　(1) 由 $f=50$ Hz 可知

$$\omega=2\pi f=(2\pi\times 50)\ \text{rad/s}=314\ \text{rad/s}$$

由 $\cos\varphi_1=0.83$(容性)，得 $\varphi_1=-33.9°$，则 Z_1 吸收的无功功率为

$$Q_1=P_1\tan\varphi_1=200\tan(-33.9°)\ \text{var}=-134.4\ \text{var}$$

由 $\cos\varphi_2=0.5$(感性)，得 $\varphi_2=60°$，则 Z_2 吸收的无功功率为

$$Q_2=P_2\tan\varphi_2=180\tan 60°\ \text{var}=311.77\ \text{var}$$

由 $\cos\varphi_3=0.7$(感性)，得 $\varphi_3=45.6°$，则 Z_3 吸收的无功功率为

$$Q_3=P_3\tan\varphi_3=200\tan 45.6°\ \text{var}=204.23\ \text{var}$$

则电路消耗的总无功功率为

$$Q=Q_1+Q_2+Q_3=(-134.4+311.77+204.23)\ \text{var}=381.6\ \text{var}$$

又

$$P=P_1+P_2+P_3=(200+180+200)\ \text{W}=580\ \text{W}$$

所以

$$\tan\varphi=\frac{Q}{P}=\frac{381.6}{580}=0.6579$$

则

$$\varphi=33.34°$$
$$\cos\varphi=\cos 33.34°=0.8354$$
$$I=\frac{P}{U\cos\varphi}=\frac{580}{220\times\cos 33.34°}\text{A}=3.156\ \text{A}$$

(2) 该电容的连接方式如图 4-24 所示。

由 $\cos\varphi'=0.9$(感性)可知，$\varphi'=25.84°$，则

$$\tan\varphi'=\tan 25.84°=0.4843$$

所加补偿电容的值

$$C=\frac{P}{\omega U^2}(\tan\varphi-\tan\varphi')=\left[\frac{580}{314\times 220^2}\times(0.6579-0.4843)\right]\text{F}=6.6\ \mu\text{F}$$

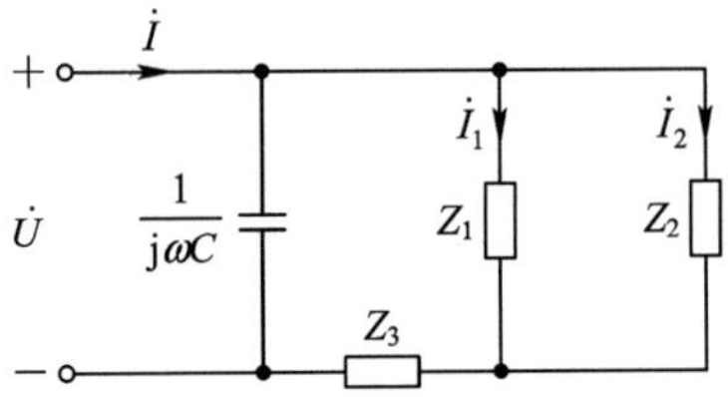

图 4-24

4.5　考研真题详解

1. 在如图 4-25 所示的 RLC 串联电路中，若总电压 U、电感电压 U_L 以及 R 和 C 两端的电压均为 400 V，且 $R=50\ \Omega$，则 U_R 应为________V，电流应为________A。

答案：$200\sqrt{3}$，6.928

2. 用戴维南定理求图 4-26 所示电路的 $\dot{I}$ 时，开路电压 $\dot{U}_{OC}=$________V，输入阻抗 $Z_{in}=$________Ω。

答案：6+j12，j6

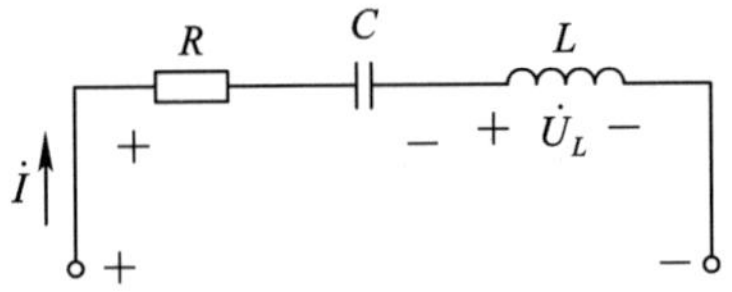

图 4-25

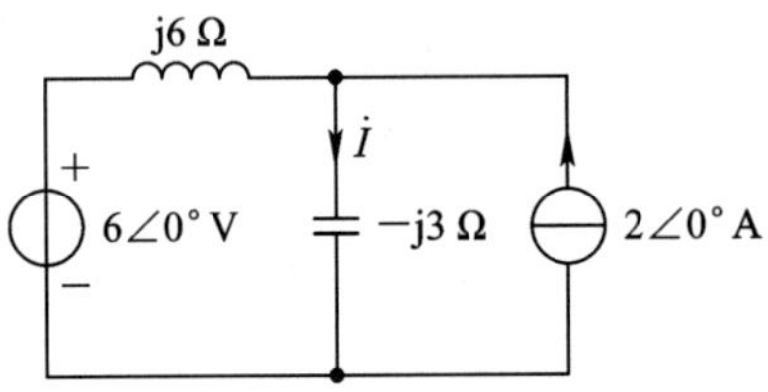

图 4-26

3. 图 4－27 所示的电路处于谐振状态，已知电压表读数为 100 V，电流表读数均为 10 A，则 X_L＝________Ω，X_C＝________Ω，R＝________Ω。

答案：$5\sqrt{2}$，$10\sqrt{2}$，$10\sqrt{2}$

4. 如图 4－28 所示的电路中，$u=24\sin\omega t$，$i=4\sin\omega t$，$\omega=2000$ rad/s，无源二端网络 N 可以看作电阻 R 和电感 L 相串联，则 R 和 L 的大小分别为________、________。

答案：4 Ω，1 H

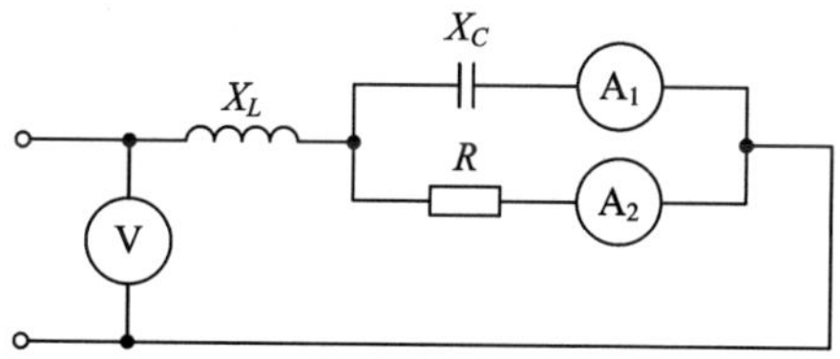

图 4－27

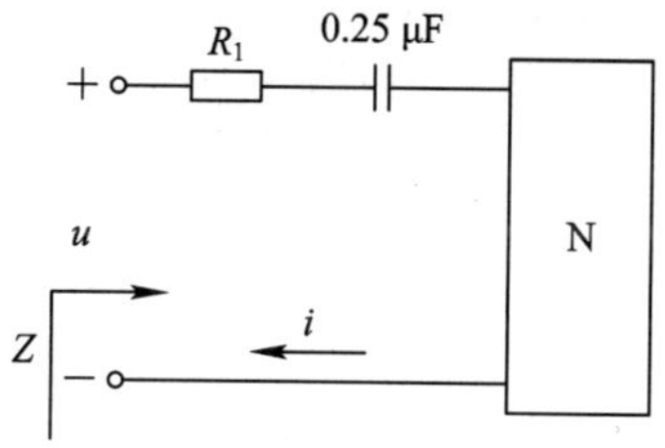

图 4－28

5. 如图 4－29 所示电路的谐振角频率为________。

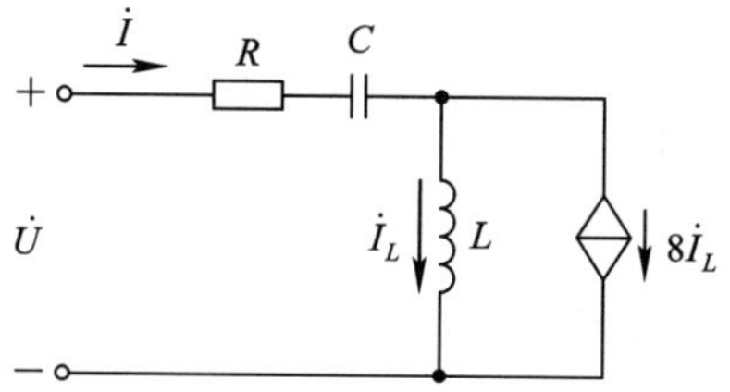

图 4－29

答案：$\dfrac{3}{\sqrt{LC}}$

6. 如图 4－30 所示的电路中，$R=10$ Ω，$L=10$ mH，$X_C=-\mathrm{j}10$ Ω，已知电压表读数为 20 V，且 $\dot{U}_2$ 与 $\dot{I}$ 同相，求 $\dot{U}_S$ 的频率与有效值。

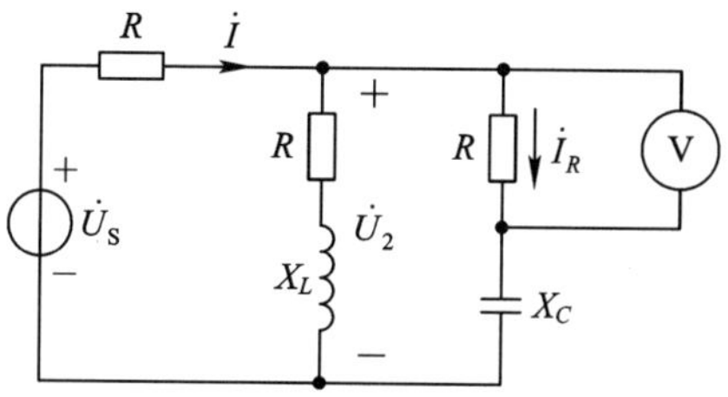

图 4－30

解　由 $\dot{U}_2$ 与 $\dot{I}$ 同相这一条件，可知此电路达到并联谐振(整个电路亦谐振)。导纳 Y 为实数，即

$$Y=\frac{1}{10+\mathrm{j}0.01\omega}+\frac{1}{10-\mathrm{j}10}=\frac{3000+10^{-3}\omega^2+\mathrm{j}(1000-2\omega+10^{-3}\omega^2)}{200(100+10^{-4}\omega^2)}$$

的虚部为零，故有

$$1000-2\omega+10^{-3}\omega^2=0$$

解出 $\omega=10^3$ rad/s。此 ω 即 $\dot{U}_S$ 的频率。

选 $\dot{U}_2=U_2\angle 0°$为参考相量，$\dot{I}_R$ 参考方向如图 4-30 所示。因为电压表读数为 20 V，所以 $I_R=20/10=2$ A，则可设 $\dot{I}_R=2\angle\theta$ A，计算

$$\dot{U}_2=(10-\text{j}10)\dot{I}_R=10\sqrt{2}\angle-45°\times 2\angle\theta=20\sqrt{2}\angle 0°$$

$$\dot{I}=\frac{\dot{U}_2}{10+\text{j}0.01\times 10^3}+\frac{\dot{U}_2}{10-\text{j}10}=2\sqrt{2}\angle 0°\ \text{A}$$

所以

$$\dot{U}_S=10\dot{I}+\dot{U}_2=40\sqrt{2}\angle 0°\ \text{V}$$

有效值 $U_S=40\sqrt{2}$ V。

7. 图 4-31 所示为一正弦交流电路，已知 $U=200$ V，$P=1500$ W，$f=50$ Hz，$R_1=R_2=R_3=R$，$I_1=I_2=I_3=I$，I、R、L、C 各为多少？

解 设并联支路的端电压为 $\dot{U}_1$，参考方向如图 4-31 所示。选 $\dot{U}_1=U_1\angle 0°$ V，则 $\dot{I}_2$ 滞后于 $\dot{U}_1$，$\dot{I}_3$ 超前于 $\dot{U}_1$，又

$$\dot{I}_1=\dot{I}_2+\dot{I}_3,\ I_1=I_2=I_3=I$$

作出电流相量图(如图 4-32 所示)，可知三个电流相量组成一个等边三角形。由于电阻 $R_2=R_3$，因此 $\dot{I}_2$ 与 $\dot{I}_3$ 的有功分量应该相等，可以推知

$$\dot{I}_2=I\angle(-60°)\ \text{A},\ \dot{I}_3=I\angle 60°\ \text{A},\ \dot{I}_1=I\angle 0°\ \text{A}$$

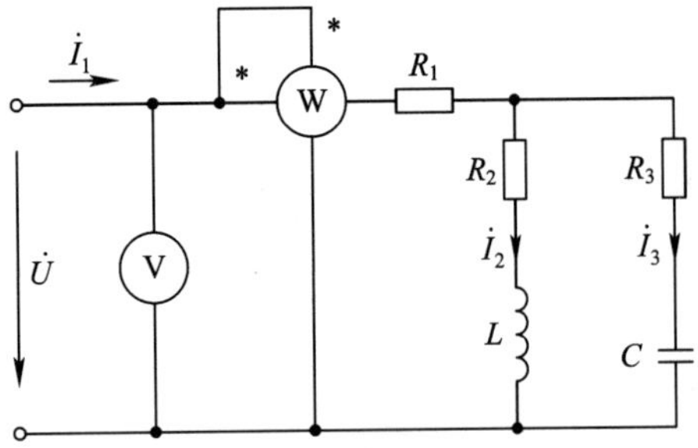

图 4-31

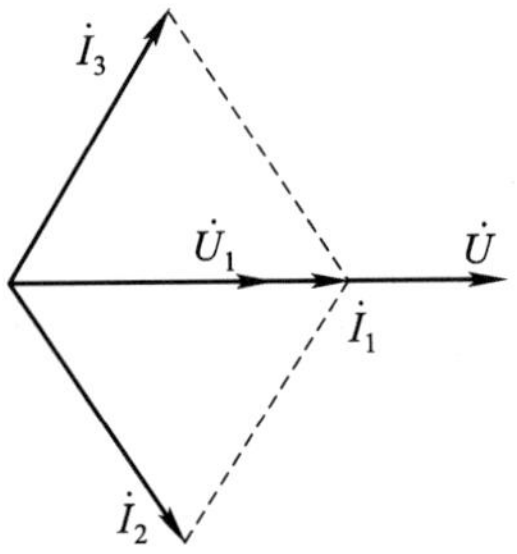

图 4-32

$\dot{I}_1$ 与 $\dot{U}_1$ 同相。又由 KVL 有

$$\dot{U}=R_1\dot{I}_1+\dot{U}_1$$

故有 $\dot{U}$ 与 $\dot{I}_1$ 同相，整个电路达到谐振。所以

$$I_1=\frac{P}{U\cos\varphi}=\frac{1500}{200\times 1}=7.5\ \text{A}$$

即

$$I=I_1=I_2=I_3=7.5\ \text{A}$$

又

$$P=P_{R_1}+P_{R_2}+P_{R_3}=3RI^2$$

所以

$$\omega L=R_2\tan60°=\sqrt{3}R$$

$$L=\frac{\sqrt{3}R}{\omega}=0.049\ \text{H}$$

又

$$R_2-\mathrm{j}\frac{1}{\omega C}=\frac{\dot{U}_1}{\dot{I}_3}=|Z|\angle(-60°)\ \Omega$$

所以

$$\frac{1}{\omega C}=R_2\tan60°=\sqrt{3}R,\ C=\frac{1}{\sqrt{3}\omega R}=206.8\ \mu\text{F}$$

8. 为降低单相小功率电动机(如电风扇)的转速，兼顾节约电能，可以采用降低电动机端电压的方法。为达到这一目的，可以在电源和电动机之间串联一个电感线圈，但为避免电阻损耗能量，亦可以采用串联电容器的方法。通过试验已经测定，当电动机端电压降至 180 V 时最为合适，且此时电动机的等效电阻 $R=190\ \Omega$，电抗 $X_L=260\ \Omega$。

(1) 应串联多大容量 C 的电容器，方能连接在 $U=220$ V，50 Hz 的电源上？

(2) 此电容器能承受的直流工作电压是多少？

(3) 试作出所述电容、电阻、电感三元件等效串联电路的电流、电压相量图。

解　(1) 按题意作出电路图，如图 4-33 所示。

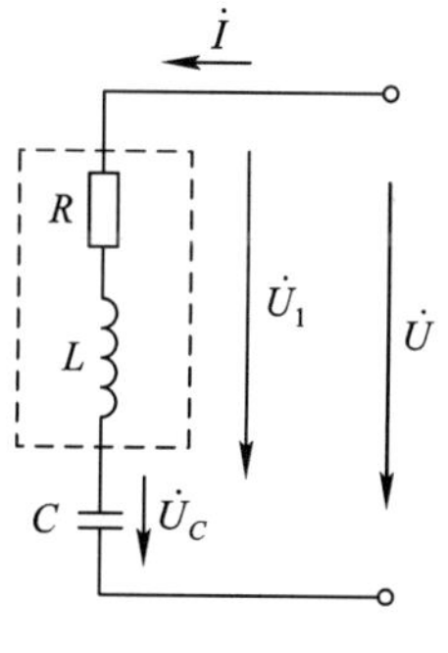

图 4-33

为使电容起到降低电压的作用，需要使 $X_C>X_L$。设电流 $\dot{I}=I\angle0°$ A 为参考相量，则

$$\dot{U}_1=(R+\mathrm{j}X_L)\dot{I}=\sqrt{R^2+X_L^2}I\angle\varphi_1$$

$$\dot{U}=(R+\mathrm{j}X_L-\mathrm{j}X_C)\dot{I}=\sqrt{R^2+(X_C-X_L)^2}I\angle\varphi_2$$

当要求 $U_1=180$ V 时，$R=190\ \Omega$，$X_L=260\ \Omega$，所以

$$I=\frac{U_1}{\sqrt{R^2+X_L^2}}=\frac{180}{\sqrt{190^2+260^2}}=0.559\ \text{A}$$

又知电源电压 $U=220$ V，求出

$$Z=\sqrt{R^2+(X_C-X_L)^2}=\frac{U}{I}=\frac{220}{0.559}=393.56\ \Omega$$

$$X_C-X_L=\sqrt{Z^2-R^2}=\sqrt{393.56^2-190^2}=344.7\ \Omega$$

$$X_C=344.7+X_L=344.7+260=604.7\ \Omega$$

所以

$$C=\frac{1}{\omega X_C}=\frac{1}{2\pi\times50\times604.7}=5.267\ \mu\text{F}$$

即当串联电容容量 $C=5.267\ \mu$F 时可使电动机的端电压降到 180 V。

(2) 此时电容器上承受的电压有效值、峰值分别为

$$U_C = X_C I = 604.7 \times 0.559 = 338\ \text{V}$$

$$U_{Cm} = \sqrt{2} U_C = \sqrt{2} \times 338 = 478\ \text{V}$$

因此这个电容器应能承受的直流工作电压为 478 V，应选额定工作电压为 500 V 的电容器。

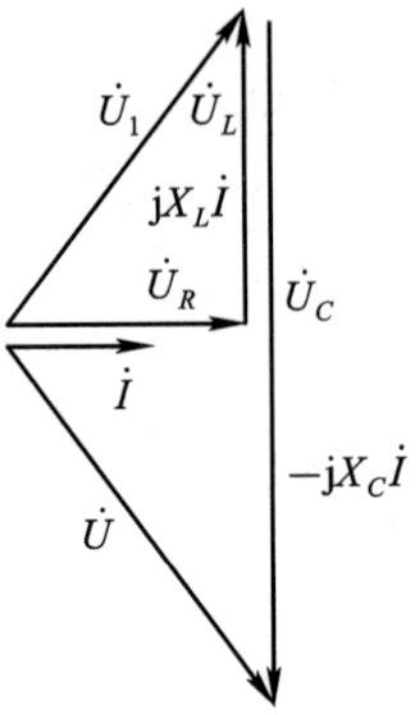

图 4-34

(3) 电流、电压相量图如图 4-34 所示，其中

$$\dot{I} = 0.559\angle 0^\circ\ \text{A},\ \dot{U}_C = -jX_C I = 338\angle(-90^\circ)\ \text{V}$$

$$\dot{U}_R = R\dot{I} = 190 \times 0.559 = 106.21\angle 0^\circ\ \text{V}$$

$$\dot{U}_L = jX_L\dot{I} = j260 \times 0.559 = 145.34\angle 90^\circ\ \text{V}$$

$$\dot{U}_1 = \dot{U}_R + \dot{U}_L,\ U = \dot{U}_R + \dot{U}_L + \dot{U}_C$$

9. 如图 4-35 所示的电路，已知各电流表的读数 $I_1 = I_2 = I_3 = 5$ A，电压表的读数 $U_1 = U_2 = 100$ V，入端电压 $\dot{U}_{ac}$ 和电流 $\dot{I}_1$ 同相位，求电路参数和电压表Ⓥ的读数。

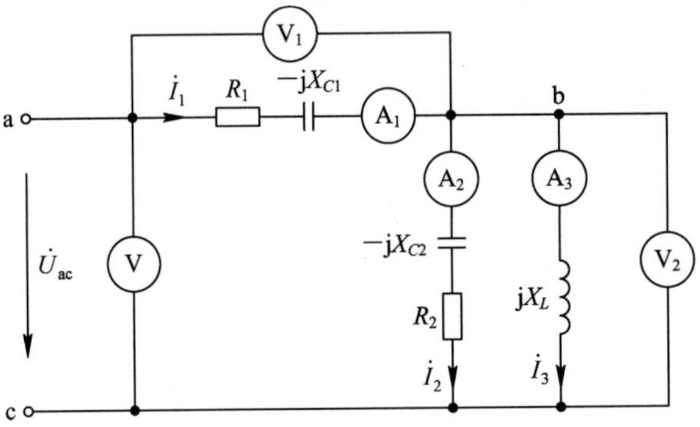

图 4-35

解 本题宜结合相量图来分析求解。选 $\dot{U}_{bc}$ 为参考相量，即

$$\dot{U}_{bc} = U_2\angle 0^\circ = 100\angle 0^\circ\ \text{V}$$

则

$$\dot{I}_3 = \frac{\dot{U}_{bc}}{jX_L} = \frac{100}{X_L}\angle(-90^\circ) = 5\angle(-90^\circ)\ \text{A}$$

所以

$$X_L = \frac{U_{bc}}{I_3} = \frac{100}{5} = 20\ \Omega$$

又

$$\dot{I}_2 = \frac{\dot{U}_{bc}}{R_2 - jX_{C2}} = \frac{100\angle 0^\circ}{Z_2\angle -(\theta_2)} = 5\angle\theta_2\ \text{A}$$

所以

$$Z_2 = \sqrt{R_2^2 + X_{C2}^2} = \frac{U_{bc}}{I_2} = \frac{100}{5} = 20\ \Omega$$

按 KCL 知 $\dot{I}_1=\dot{I}_2+\dot{I}_3$，又已知 $I_1=I_2=I_3$，按照 $\dot{I}_3$、$\dot{I}_2$ 与 $\dot{U}_{bc}$ 的相位关系，作出电流相量图，如图 4-36 所示。由图 4-36 可见，三个电流 $\dot{I}_1$、$\dot{I}_2$ 及 $\dot{I}_3$ 构成一个等边三角形，由此可以求出 $\dot{I}_1$、$\dot{I}_2$ 的初相角，即得出

$$\dot{I}_1=5\angle(-30^\circ)\ \text{A},\ \dot{I}_2=5\angle 30^\circ\ \text{A}$$

$$R_2-\text{j}X_{C2}=Z_2\angle(-\theta_2)=20\angle(-30^\circ)$$

$$R_2=Z_2\cos\theta_2=20\cos 30^\circ=17.32\ \Omega$$

$$X_{C2}=Z_2\sin\theta_2=20\sin 30^\circ=10\ \Omega$$

令 $\dot{U}_{ab}=U_1\angle(-\varphi_1)=100\angle(-\varphi_1)$ V，按 KVL 知

$$\dot{U}_{ac}=\dot{U}_{ab}+\dot{U}_{bc}=100\angle(-\varphi_1)+100\angle 0^\circ\ \text{V}$$

按照 $\dot{U}_{ac}$ 与 $\dot{I}_1$ 同相这一已知条件可以导出

$$\dot{U}_{ac}=U_{ac}\angle(-30^\circ)\ \text{V}$$

按照上述关系，以 $\dot{U}_{bc}$ 为参考相量，作为电压相量图，如图 4-37 所示。

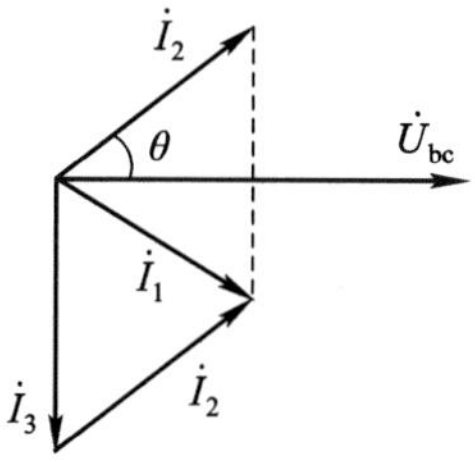

图 4-36

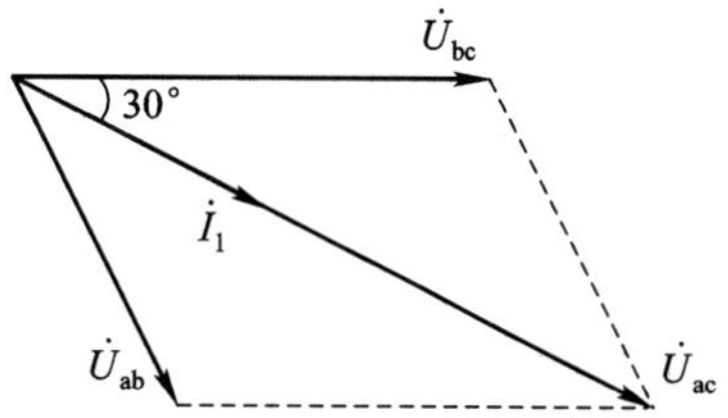

图 4-37

可见，$\dot{U}_{ab}$、$\dot{U}_{bc}$ 按平行四边形法则进行相加作出的图形是菱形，得出 $\dot{U}_{ab}$ 的初相角为

$$|\varphi_1|=2\times 30^\circ=60^\circ$$

即

$$\dot{U}_{ab}=100\angle(-60^\circ)\ \text{V}$$

所以

$$\dot{U}_{ac}=\dot{U}_{ab}+\dot{U}_{bc}=100\angle(-60^\circ)+100\angle 0^\circ=173\angle(-30^\circ)\ \text{V}$$

所求伏特表的读数为 173 V。

$$C=\frac{|Q_C|}{3\omega U_1^2}=\frac{1417.5}{3\times 314\times 380^2}=10.42\ \mu\text{F}$$

最后，我们来求 R_1 和 X_{C1}。因为

$$R_1-\text{j}X_{C1}=\frac{\dot{U}_{ab}}{\dot{I}_1}=\frac{100\angle(-60^\circ)}{5\angle(-30^\circ)}=20\angle(-30^\circ)$$

所以

$$R_1=20\cos 30^\circ=17.32\ \Omega$$

$$X_{C1}=20\sin 30^\circ=10\ \Omega$$

10. 如图 4-38 所示的正弦稳态电路，已知 $i_S=10\cos 500t$ mA，$C=1$ μF，$R=2$ kΩ。

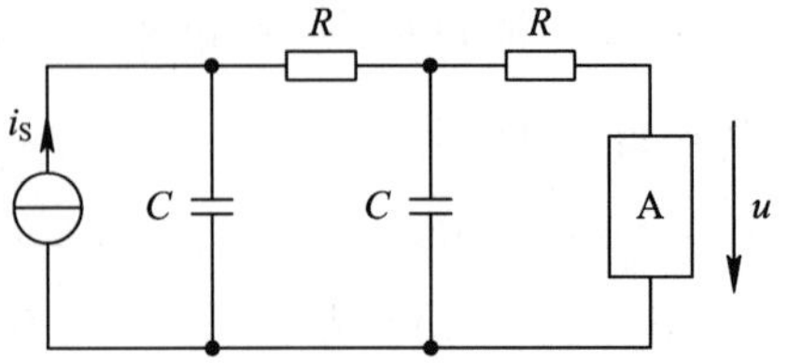

图 4-38

(1) 若 A 为 1 μF 的电容，$u=$?

(2) 当 A 从电源获得最大功率，A 由什么元件组成，其参数是多少?

(3) 若 A 为 $L=1$ H，$C=4$ μF 的串联电路，$u=$?

(4) 若 i_S 的频率增加一倍，$u=$?

解　本题是求当 A 为不同元件时的端电压及获得最大功率的条件，故用戴维南定理来分析。为此先要求出除去 A 后余下的有源二端网络的戴维南等效电路。作出的等效电路如图 4-39 所示。

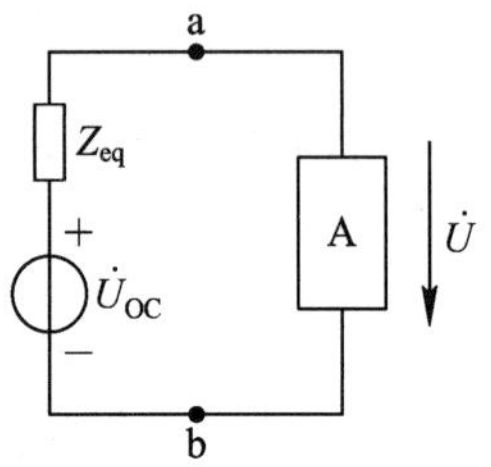

图 4-39

戴维南等效电路的参数为

$$\dot{U}_{OC}=6.325\angle(-116.56°)\ \text{V},\ Z_{eq}=2400-\text{j}1200\ \Omega$$

下面分别解答各个问题。

(1) 求 A 为 1 μF 电容时的输出 u。此时

$$Z_A=\frac{1}{\text{j}\omega C}=\frac{1}{\text{j}500\times 10^{-6}}=-\text{j}2000\ \Omega$$

$$\dot{U}=[Z_A/(Z_{eq}+Z_A)]\dot{U}_{OC}=3.16\angle(-153.43°)\ \text{V}$$

所以

$$u=3.16\sqrt{2}\cos(500t-153.43°)\ \text{V}$$

(2) 为使元件 A 获得最大功率，应使 $Z_A=\overset{*}{Z}_{eq}$，即

$$Z_A=\overset{*}{Z}_{eq}=2400+\text{j}1200=2683.3\angle 26.57°\ \Omega$$

由此推知，A 应该由电阻 R_A 和电感 L_A 组成，可以是串联，也可以是并联。其参数经过计算可得 R_A 和 L_A 串联时：

$$R_A=2400\ \Omega,\ L_A=2.4\ \text{H}$$

R_A 和 L_A 并联时：

$$R_A=3000\ \Omega,\ L_A=12\ \text{H}$$

(3) 当 A 为 1 H 的电感与 4 μF 的电容串联时，其阻抗 Z_A 为

$$Z_A=\text{j}\omega L_A-\frac{\text{j}}{\omega C_A}=\text{j}500-\text{j}500=0$$

所以输出电压 $u=0$，此时 L_A 与 C_A 构成串联谐振电路。

(4) 为求 i_S 的频率增加一倍时的 u 值，应先计算频率增加一倍时除 A 元件之外的有源网络的戴维南等效电路。经计算得

$$U'_{OC}=2.5\angle(-135°)\ \text{V}$$

$$Z'_{eq}=(2250-j750)\ \Omega$$

A 元件的阻抗也随之变化，输出电压亦改变。当 A 为 1 μF 电容时，$Z'_A=1000\ \Omega$，计算得 $\dot{U}'=0.877\angle172.87°$ V，所以

$$u'=0.877\sqrt{2}\cos(1000t+172.87°)\ \text{V}$$

当 A 为 LC 串联组合时，$Z''_A=j750\ \Omega$，计算得 $\dot{U}''=0.834\angle(-45°)$ V，所以

$$u''=0.834\sqrt{2}\cos(1000t-45°)\ \text{V}$$

11. 在图 4-40 所示的正弦稳态电路中，已知 $I_1=10$ A，$I_2=20$ A，$R_2=5\ \Omega$，$U=220$ V，且总电压 $\dot{U}$ 与总电流 $\dot{I}$ 同相。求电流 I 以及 R_1、X_L、X_C 的值。

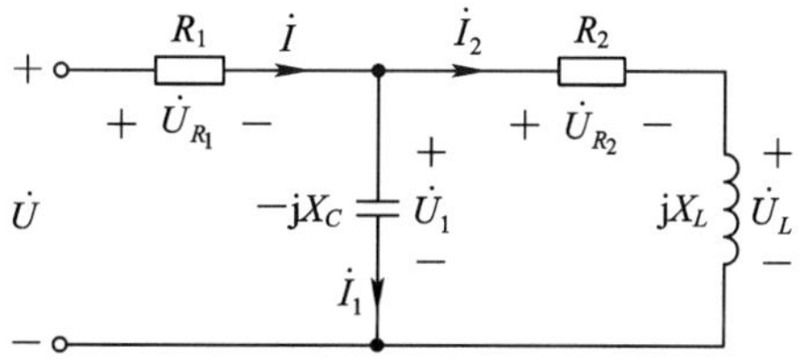

图 4-40

解　依题意，$\dot{U}_1=\dot{U}-R_1\dot{I}$，设

$$Z_2=R_2+jX_L=|Z_2|\angle\varphi_2$$

因为 $\dot{U}$ 与 $\dot{I}$ 同相，所以 $\dot{U}_1$ 与 $\dot{I}$ 也同相。设 $\dot{I}=I\angle0°$ A，则

$$\dot{U}=U\angle0°\ \text{V},\ \dot{U}_1=U_1\angle0°\ \text{V}$$

因此，电容电流 $\dot{I}_1=10\angle90°$ A，电感电流 $\dot{I}_2=20\angle(-\varphi_2)$ A。

注意到 $\dot{U}_1=\dot{U}_{R_2}+\dot{U}_L$ 且 $\dot{U}_{R_2}$ 与 $\dot{I}_2$ 同相，$\dot{U}_L$ 超前 $\dot{I}_2$ 90°，作本题相量图如图 4-41 所示。

由电流相量图 4-41(a)可知

$$\sin\varphi_2=\frac{10}{20}=0.5$$

故 $\varphi_2=30°$。因此

$$I=I_2\cos\varphi_2=20\cos30°\ \text{A}=10\sqrt{3}\ \text{A}\approx17.32\ \text{A}$$

由电压相量图 4-41(b)可知

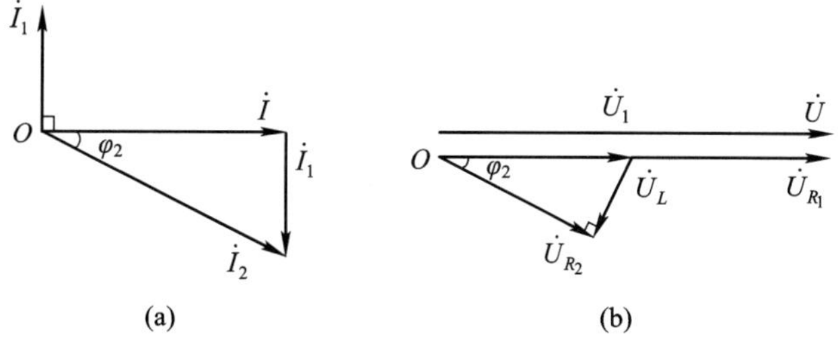

图 4-41

$$U_{R_2}=R_2I_2=(5\times 20)\ \text{V}=100\ \text{V}$$

$$U_L=U_{R_2}\tan\varphi_2=(100\times\tan 30^\circ)\ \text{V}=\frac{100}{3}\sqrt{3}\,\text{V}\approx 57.74\ \text{V}$$

$$U_1=\frac{U_{R_2}}{\cos\varphi_2}=\frac{100}{\cos 30^\circ}\text{V}=\frac{200}{3}\sqrt{3}\,\text{V}\approx 115.47\ \text{V}$$

因此有

$$X_L=\frac{U_L}{I_2}=\left(\frac{100}{3}\sqrt{3}\div 20\right)\ \Omega=\frac{5}{3}\sqrt{3}\ \Omega=2.89\ \Omega$$

$$X_C=\frac{U_1}{I_1}=\left(\frac{200}{3}\sqrt{3}\div 10\right)\ \Omega=\frac{20}{3}\sqrt{3}\ \Omega=11.55\ \Omega$$

$$U_{R_1}=U-U_1=(220-115.47)\ \text{V}=104.53\ \text{V}$$

$$R_1=\frac{U_{R_1}}{I}=\frac{104.53}{17.32}\ \Omega=6.04\ \Omega$$

12. 在图 4－42 所示的正弦稳态电路中，已知 $u(t)=20\sqrt{2}\cos(2t)$ V，$R=5\ \Omega$，且 $u(t)$ 与 $i(t)$ 同相，电路吸收的平均功率 $P=100$ W，求 L 和 C 的值。

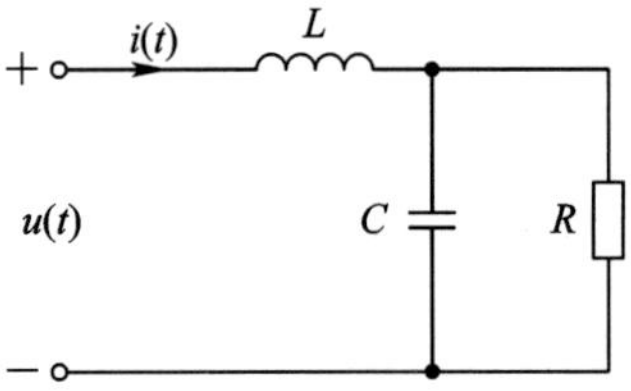

图 4－42

解　设该电路的等效阻抗为 $Z=|Z|\angle\varphi$，依题意，$\dot{U}=20\angle 0^\circ$，$\omega=2$ rad/s。

因为 $u(t)$ 与 $i(t)$ 同相，故 $\dot{I}=I\angle 0^\circ$ A 且 Z 为纯电阻，$\varphi=0^\circ$。

又因为电路吸收的平均功率 $P=UI\cos\varphi$，则

$$I=\frac{P}{U\cos\varphi}=\frac{100}{20\cos 0^\circ}\ \text{A}=5\ \text{A}$$

所以

$$Z=\frac{\dot{U}}{\dot{I}}=\frac{20\angle 0^\circ}{5\angle 0^\circ}\ \Omega=4\angle 0^\circ\ \Omega$$

而

$$G=\frac{1}{R}=\frac{1}{5}\ \text{S}=0.2\ \text{S}$$

且

$$Z=\text{j}\omega L+\frac{1}{G+\text{j}\omega C}=\frac{G}{G^2+(\omega C)^2}+\text{j}\left[\omega L-\frac{\omega C}{G^2+(\omega C)^2}\right]$$

故得

$$\begin{cases}\dfrac{G}{G^2+(\omega C)^2}=4\\ \omega L-\dfrac{\omega C}{G^2+(\omega C)^2}=0\end{cases}$$

代入已知条件，解得

$$\begin{cases}C=0.05\ \text{F}\\ L=1\ \text{H}\end{cases}$$

13. 在图 4-43 所示的正弦稳态电路中，已知 $R_1=1\ \Omega$，$R_2=100\ \Omega$，$\dot{U}_S=\sqrt{2}\angle 0°\ \text{V}$，$X_C=-\text{j}100\ \Omega$，$Z_L$ 的实部和虚部均可以任意调节，当 Z_L 为何值时，它可以获得最大功率？求此最大功率的值。

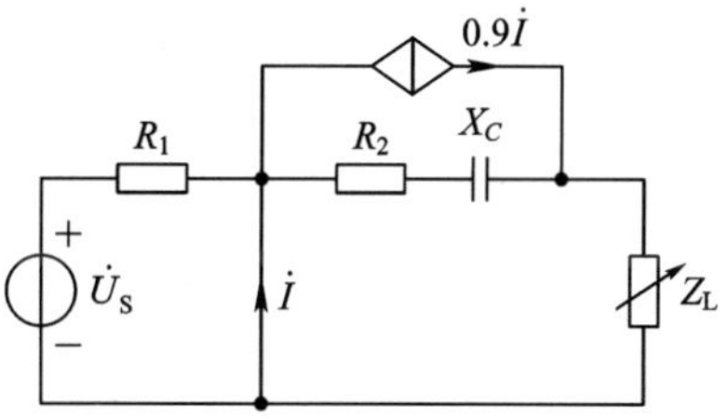

图 4-43

解　断开 Z_L，求其余电路的戴维南等效电路。

求开路电压 $\dot{U}_{OC}$，电路如图 4-44(a)所示，则

$$\dot{I}=-\frac{\dot{U}_S}{1\ \Omega}=-\sqrt{2}\angle 0°\ \text{A}=\sqrt{2}\angle 180°\ \text{A}$$

$$\dot{U}_{OC}=[0.9\dot{I}\times(100-\text{j}100)]\ \text{V}=180\angle 135°\ \text{V}$$

求戴维南等效阻抗 Z_{eq}，电路如图 4-44(b)所示，则

$$\dot{I}_u=-\dot{I}$$

$$\dot{U}_S=(100-\text{j}100)\times(\dot{I}_u+0.9\dot{I})=(10-\text{j}10)\dot{I}_u$$

故

$$Z_{eq}=\frac{\dot{U}_S}{\dot{I}_u}=(10-\text{j}10)\ \Omega=R_{eq}+\text{j}X_{eq}$$

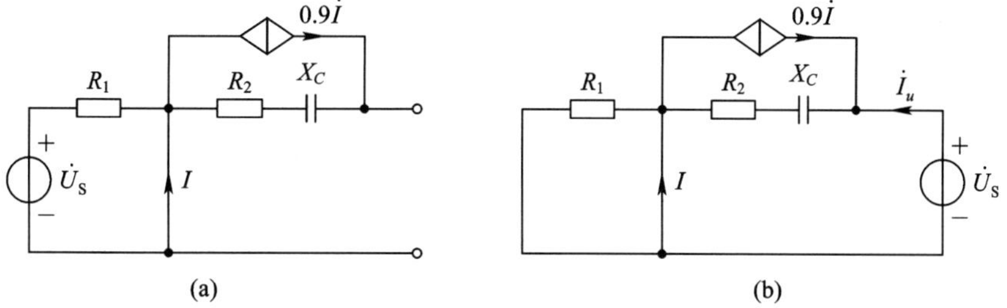

图 4-44

因此，当 $Z_L = Z_{eq}^* = (10-\mathrm{j}10)\ \Omega$ 时有最大功率，且此最大功率为

$$P_{max} = \frac{U_{OC}^2}{4R_{eq}} = \frac{180^2}{4\times 10}\ \mathrm{W} = 810\ \mathrm{W}$$

14. 在图 4-45 所示的正弦稳态电路中，已知 $R_1 = 4\ \Omega$，$R_2 = 3\ \Omega$，各交流电表的读数分别为Ⓐ 2 A、V_1 17 V、V_2 10 V，试求Ⓥ的读数。

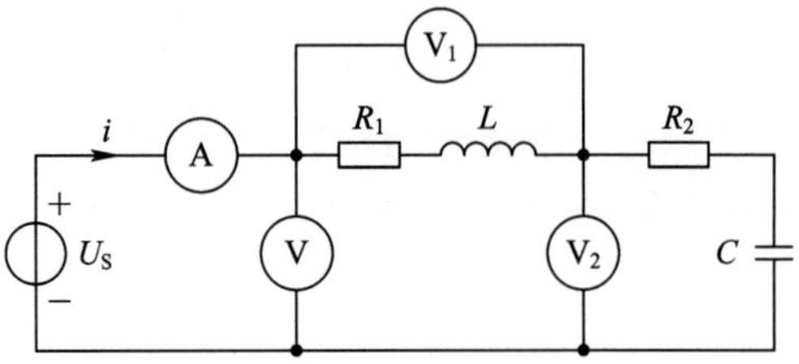

图 4-45

解 依题意，画出相量形式的电路图如图 4-46 所示。

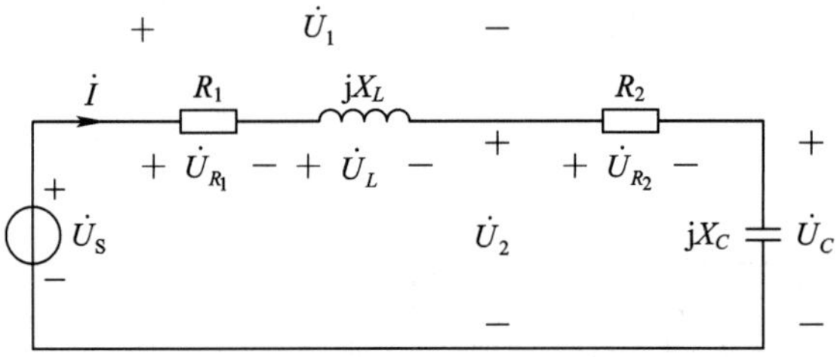

图 4-46

设 $\dot{I} = 2\angle 0^\circ$ A，则

$$\dot{U}_{R_1} = 4\dot{I} = (4\times 2\angle 0^\circ)\ \mathrm{V} = 8\angle 0^\circ\ \mathrm{V}$$

$$\dot{U}_{R_2} = 3\dot{I} = (3\times 2\angle 0^\circ)\ \mathrm{V} = 6\angle 0^\circ\ \mathrm{V}$$

$$\dot{U}_L = \mathrm{j}X_L\dot{I} = U_C\angle 90^\circ\ \mathrm{V}$$

$$\dot{U}_C = -\mathrm{j}X_C\dot{I} = U_C\angle(-90^\circ)\ \mathrm{V}$$

因此

$$\dot{U}_1 = \dot{U}_{R_1} + \dot{U}_L = 8\angle 0^\circ + U_L\angle 90^\circ = 8 + \mathrm{j}U_L$$

而

$$U_1 = \sqrt{8^2 + U_L^2} = 17\ \mathrm{V}$$

解得

$$U_L = \sqrt{17^2 - 8^2}\ \mathrm{V} = 15\ \mathrm{V}$$

同理

$$\dot{U}_2 = \dot{U}_{R_2} + \dot{U}_C = 6\angle 0^\circ + U_C\angle(-90^\circ) = 8 - \mathrm{j}U_C$$

而

$$U_2 = \sqrt{6^2 + U_C^2} = 10\ \mathrm{V}$$

解得

$$U_C=\sqrt{10^2-6^2}\ \text{V}=8\ \text{V}$$

则

$$\begin{aligned}\dot{U}_S&=\dot{U}_1+\dot{U}_2=\dot{U}_{R_1}+\dot{U}_L+\dot{U}_{R_2}+\dot{U}_C\\&=[8\angle 0°+15\angle 90°+6\angle 0°+8\angle(-90°)]\ \text{V}\\&=(14+\text{j}7)\ \text{V}\end{aligned}$$

所以

$$U_S=\sqrt{14^2+7^2}\ \text{V}=7\sqrt{5}\ \text{V}\approx 15.65\ \text{V}$$

15. 在图4-47所示的正弦稳态电路中，已知$R_1=25\ \Omega$，$R_2=75\ \Omega$，电流源$\dot{I}_S$的频率$f=50$ Hz，$R=100\ \Omega$。调节R上的滑动触头P，使交流电压表的读数为最小值20 V，此时交流电流表的读数为1 A，试以$\dot{U}_{in}$为参考相量绘制该电路的相量图，并求出I_S和L的值。

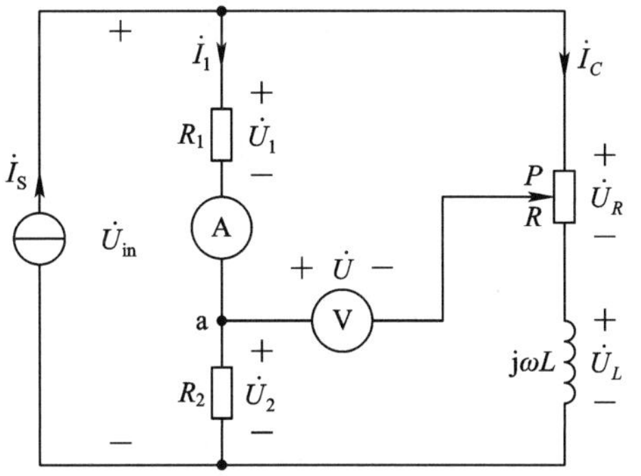

图4-47

解　因电压表相当于开路，所以触头P的滑动对电路中各支路电流并不会有任何影响，仅对R自身的两部分电压产生影响。设$\dot{U}_{in}=U_{in}\angle 0°$ V，则$\dot{U}_1$、$\dot{U}_2$、$\dot{I}_1$都于$\dot{U}_{in}$同相，故

$$\dot{I}_1=1\angle 0°\ \text{A}$$

$$\dot{U}_1=25\dot{I}_1=(25\times 1\angle 0°)\ \text{V}=25\angle 0°\ \text{V}$$

$$\dot{U}_2=75\dot{I}_1=(75\times 1\angle 0°)\ \text{V}=75\angle 0°\ \text{V}$$

$$\dot{U}_{in}=\dot{U}_1+\dot{U}_2=(25\angle 0°+75\angle 0°)\ \text{V}=100\angle 0°\ \text{V}$$

另外，$\dot{I}_L$滞后电压$\dot{U}_{in}$一定角度φ（即RL支路的阻抗角），$\dot{U}_R$与$\dot{I}_L$同相，$\dot{U}_L$超前$\dot{I}_L$ 90°，且

$$\dot{U}_{in}=\dot{U}_R+\dot{U}_L$$

依题意绘制电路的相量图如图4-48所示，则当U取最小值20 V时，$\dot{U}$应该与$\dot{I}_L$在相量图上互相垂直。

由于

$$\sin\varphi=\frac{U}{U_1}=\frac{20}{25}=0.8$$

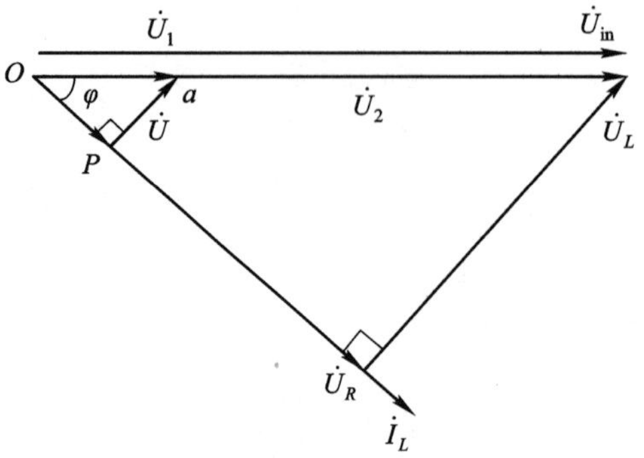

图 4-48

因此 $\varphi=53.13°$。

又

$$\tan\varphi=\frac{\omega L}{R}=\frac{2\pi fL}{R}$$

则

$$L=\frac{R\tan\varphi}{2\pi f}=\frac{100\tan 53.13°}{2\pi\times 50}\ \text{H}=0.42\ \text{H}$$

$$\dot{I}_L=\frac{\dot{U}_{in}}{R+j\omega L}=\frac{100\angle 0°}{100+j314\times 0.425}\ \text{A}=0.6\angle(-53.13°)\ \text{A}$$

故

$$\dot{I}_S=\dot{I}_1=\dot{I}_L=[1\angle 0°+0.6\angle(-53.13°)]\ \text{A}=1.44\angle(-19.4°)\ \text{A}$$

16. 在图 4-49 所示的正弦稳态电路中，已知 $R_1=R_2=20\ \Omega$，$R_3=10\ \Omega$，$X_C=-j40\ \Omega$，$\dot{U}_S=20\angle 0°\ \text{V}$，$Z_L$ 可以为任意值。当 Z_L 为何值时，它能获得最大功率？求出此最大功率。

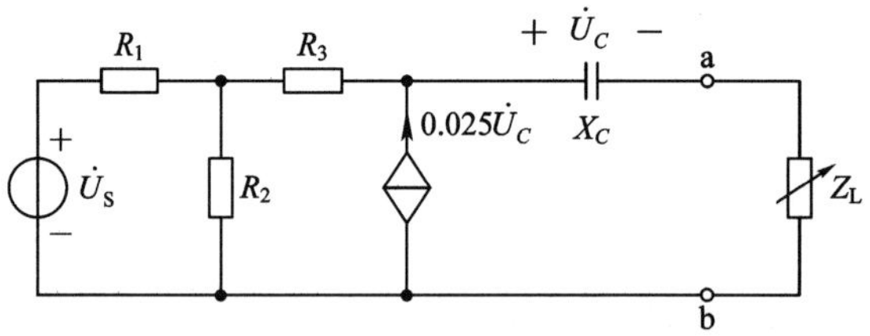

图 4-39

解 利用戴维南定理计算。先求出去掉 Z_L 之后的含源一端口网络的开路电压 $\dot{U}_{OC}$，计算电路如图 4-50(a)所示。

因为电容上无电流，所以 $\dot{U}_C=0\ \text{V}$，此时受控电流源的电流为零，因此 10 Ω 电阻上也没有电流流过，即

$$\dot{U}_{OC}=\left(\frac{20}{20+20}\times 20\angle 0°\right)\ \text{V}=10\angle 0°\ \text{V}$$

计算戴维南等效阻抗的短路图如图 4-50(b)所示。

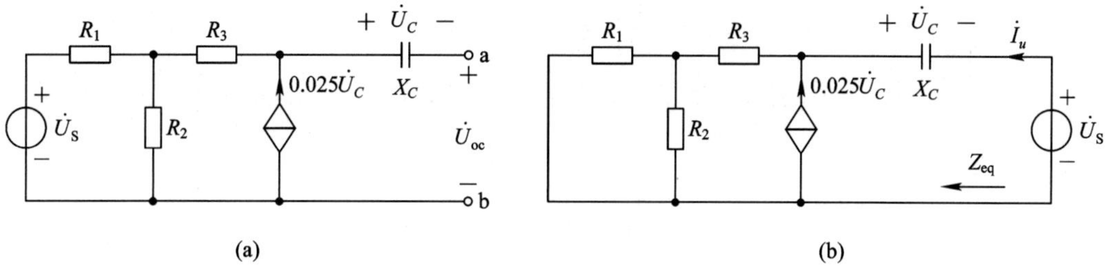

图 4－50

则

$$\dot{U}_C=-\mathrm{j}40\times(-\dot{I}_u)=\mathrm{j}40\dot{I}_u$$

$$\begin{aligned}\dot{U}&=-\mathrm{j}40\dot{I}_u+20(\dot{I}_u+0.025\dot{U}_C)\\&=(-\mathrm{j}40+20+20\times0.025\times\mathrm{j}40)\dot{I}_u\\&=(20-\mathrm{j}20)\dot{I}_u\end{aligned}$$

故

$$Z_{eq}=\frac{\dot{U}}{\dot{I}_u}=(20-\mathrm{j}20)\ \Omega$$

依据最大功率传输定理可知，当 $Z_L=Z_{eq}^*=(20-\mathrm{j}20)\ \Omega$ 时，它能获得最大功率，该最大功率

$$P=\frac{U_{OC}^2}{4R_{eq}}=\frac{10^2}{4\times20}\ \mathrm{W}=1.25\ \mathrm{W}$$

17. 在图 4－51 所示的正弦稳态电路中，已知 $U_1=100\sqrt{2}$ V，$U=500\sqrt{2}$ V，$X_2=30$ A，$X_3=20$ A，$R=10\ \Omega$。求 X_1、X_2、X_3 的值。

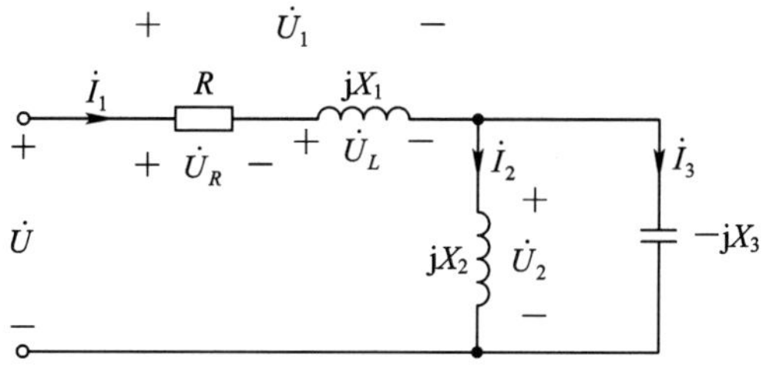

图 4－51

解　设 $\dot{U}_2=U_2\angle0°$ V，则 $\dot{I}_2=30\angle(-90°)$ A，$\dot{I}_3=20\angle90°$ A。

由 KCL 可得

$$\dot{I}_1=\dot{I}_2+\dot{I}_3=[30\angle(-90°)+20\angle90°]\ \mathrm{A}=10\angle(-90°)\ \mathrm{A}$$

依题意可定性画出相量图，如图 4－52 所示。图中：

$$\dot{U}_R=R\dot{I}_1=[10\times10\angle(-90°)]\ \mathrm{V}=100\angle(-90°)\ \mathrm{V}$$

$$U_L=\sqrt{U_1^2-U_R^2}=\sqrt{(100\sqrt{2})^2-100^2}\ \mathrm{V}=100\ \mathrm{V}$$

$$X_1=\frac{U_L}{I_1}=\frac{100}{10}\ \Omega=10\ \Omega$$

$$U_L+U_2=\sqrt{U^2-U_R^2}=\sqrt{(500\sqrt{2})^2-100^2}\ \text{V}=700\ \text{V}$$

$$U_2=700-U_L=(700-100)\ \text{V}=600\ \text{V}$$

$$X_2=\frac{U_2}{I_2}=\frac{600}{30}\ \Omega=20\ \Omega$$

$$X_3=\frac{U_2}{I_3}=\frac{600}{20}\ \Omega=30\ \Omega$$

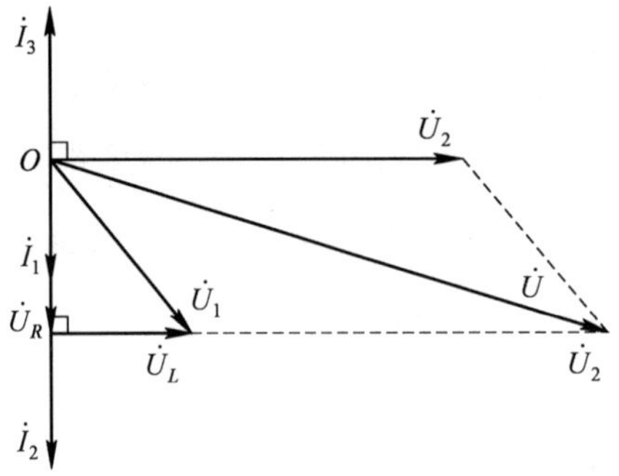

图 4-52

18. 在图 4-53 所示的正弦稳态电路中，已知 $U=100$ V，$f=50$ Hz，$I=I_1=I_2$，电路吸收的平均功率 $P_1=866$ W，求 R、L、C 的值。若电源频率变为 25 Hz，但仍保持 U 及 R、L、C 的值不变，试求此时的 I、I_1、I_2 以及电路吸收的平均功率 P_2。

解 当 $f=50$ Hz 时，$\omega=2\pi f=314$ rad/s。

设 $\dot{U}=U\angle 0^\circ$ V，因为 $\dot{I}=\dot{I}_1+\dot{I}_2$ 且 $I=I_1=I_2$，故三个电流相量构成了等边三角形，且 $\dot{I}_1=I_1\angle 90^\circ$ A，$\dot{I}$ 滞后 $\dot{U}$。

依题意作出相量，如图 4-54 所示。

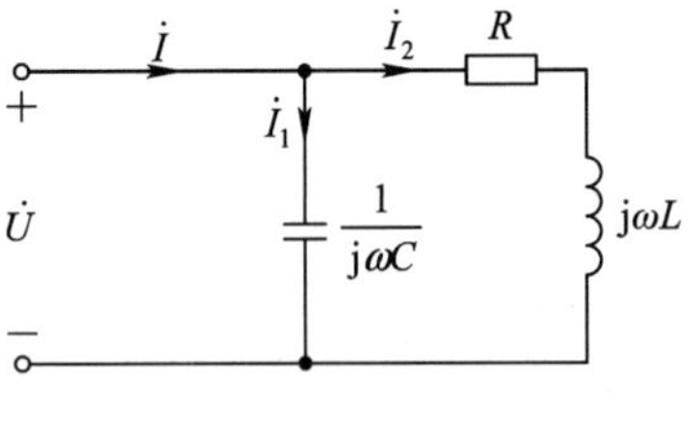

图 4-53

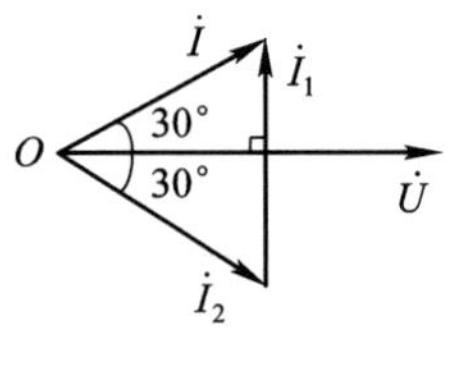

图 4-54

图 4-54 中：

$$\dot{I}_1=I_1\angle 30^\circ\ \text{A},\ \dot{I}_2=I_2\angle(-30^\circ)\ \text{A}$$

$$\dot{I}_1=I_1\angle 30^\circ\ \text{A}$$

因为 $P_1=UI_2\cos 30^\circ$，所以

$$I_2=\frac{P_1}{U\cos 30^\circ}=\frac{866}{100\cos 30^\circ}\ \text{A}=10\ \text{A}$$

$$I=I_1=I_2=10\ \text{A}$$

又 $I_1=\omega CU$，故

$$C=\frac{I_1}{\omega U}=\frac{10}{314\times 100}\ \text{F}=318\ \mu\text{F}$$

$$R+\text{j}\omega L=\frac{\dot U}{\dot I_2}=\frac{100\angle 0^\circ}{10\angle(-30^\circ)}\ \Omega=10\angle 30^\circ\ \Omega=(8.66+\text{j}5)\ \Omega$$

因此

$$R=8.66\ \Omega$$

$$L=\frac{5}{\omega}\ \text{H}=\frac{5}{314}\ \text{H}=15.9\ \text{mH}$$

当电路频率变成 25 Hz 时，有

$$\omega_2=2\pi f_2=(2\pi\times 25)\ \text{rad/s}=157\ \text{rad/s}$$

$$\dot I_1=\text{j}\omega_2 C\dot U=(\text{j}157\times 318\times 10^{-6}\times 100\angle 0^\circ)\ \text{A}=5\angle 90^\circ\ \text{A}$$

$$\dot I_2=\frac{\dot U}{R+\text{j}\omega_2 L}=\frac{100\angle 0^\circ}{8.66+\text{j}157\times 15.9\times 10^{-3}}\ \text{A}=\frac{100\angle 0^\circ}{8.66+\text{j}2.5}\ \text{A}=11.1\angle(-16.1^\circ)\ \text{A}$$

$$\dot I=\dot I_1+\dot I_2=[5\angle 90^\circ+11.1\angle(-16.1^\circ)]\ \text{A}=10.84\angle 10.2^\circ\ \text{A}$$

则

$$P_2=\text{Re}[\dot U\dot I^*]=UI\cos(-10.2^\circ)=100\times 10.84\angle 10.2^\circ\ \text{W}=1067\ \text{W}$$

19. 在图 4-55 所示的正弦稳态电路中，已知 $U=200$ V，$I_1=10$ A，$I_2=10\sqrt{2}$ A，$R_1=10\ \Omega$，$R_2=X_L$，求 X_C、X_L 的值及 R_2 消耗的平均功率。

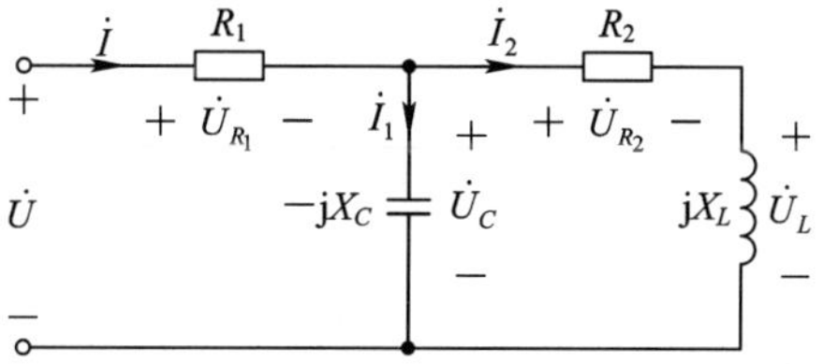

图 4-55

解　设 $\dot U_C=U_C\angle 0^\circ$ V，则 $\dot I_1=10\angle 90^\circ$ A，有

$$\dot I_2=\frac{\dot U_C}{R_2+\text{j}X_L}=\frac{U_C\angle 0^\circ}{R_2+\text{j}R_2}=10\sqrt{2}\angle(-45^\circ)\ \text{A}$$

$$\dot I=\dot I_1+\dot I_2=[10\angle 90^\circ+10\sqrt{2}\angle(-45^\circ)]\ \text{A}=10\angle 0^\circ\ \text{A}$$

$$\dot U_{R_1}=R_1\dot I=(10\times 10\angle 0^\circ)\ \text{V}=100\angle 0^\circ\ \text{V}$$

即 $\dot U_{R_1}$ 与 $\dot U_C$ 同相，也与 $\dot U$ 同相，且 $\dot U=220\angle 0^\circ$ V。

电路的相量图如图 4-56 所示，有

$$\dot U_C=\dot U-\dot U_R=(220\angle 0^\circ-100\angle 0^\circ)\ \text{V}=100\angle 0^\circ\ \text{V}$$

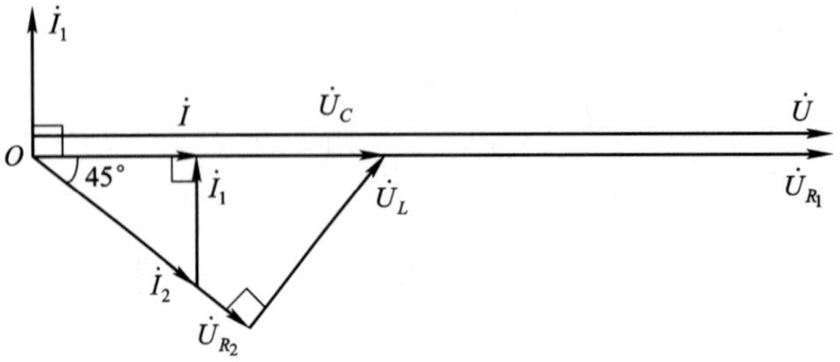

图 4-56

$$X_C=\frac{U_C}{I_1}=\frac{100}{10}\ \Omega=10\ \Omega$$

$$Z=R_2+jX_L=\frac{\dot{U}_C}{\dot{I}_2}=\frac{100\angle 0^\circ}{10\sqrt{2}\angle(-45^\circ)}\ \Omega=(5+j5)\ \Omega$$

则

$$R_2=X_L=5\ \Omega$$

R_2 消耗的平均功率

$$P=I_2^2R_2=[(10\sqrt{2})^2\times 5]\text{W}=1000\ \text{W}$$

20. 在图 4-57 所示的正弦稳态电路中，已知 $U=100$ V，$U_C=100\sqrt{3}$ V，$X_C=100\sqrt{3}$ Ω，复阻抗 Z_X 的阻抗角 $|\varphi|=60°$，求 Z_X 的值及电路的输入复阻抗 Z_{in}。

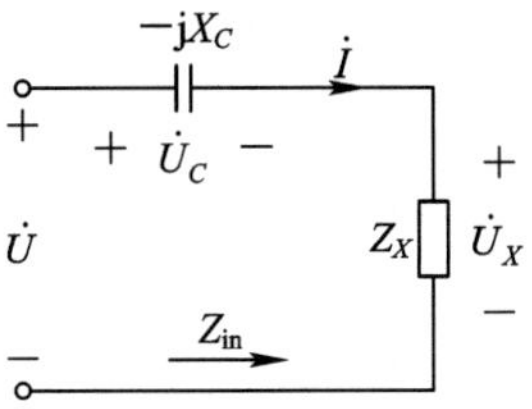

图 4-57

解　若复阻抗 Z_X 为容性负载，即 $\varphi'=-60°$，则电容串联后的输入复阻抗 Z_{in} 与电容复阻抗 Z_C 必定满足

$$|Z_{in}|>|Z_C|$$

且必有

$$U>U_C$$

然而已知条件为 $U<U_C$，故复阻抗 Z_X 不是容性负载。依题意，$\varphi=60°$。以 $\dot{I}=I\angle 0°$ A 为参考相量作电路的相量图，如图 4-58 所示。图中：

$$I=\frac{U_C}{X_C}=\frac{100\sqrt{3}}{100\sqrt{3}}\ \text{A}=1\ \text{A}$$

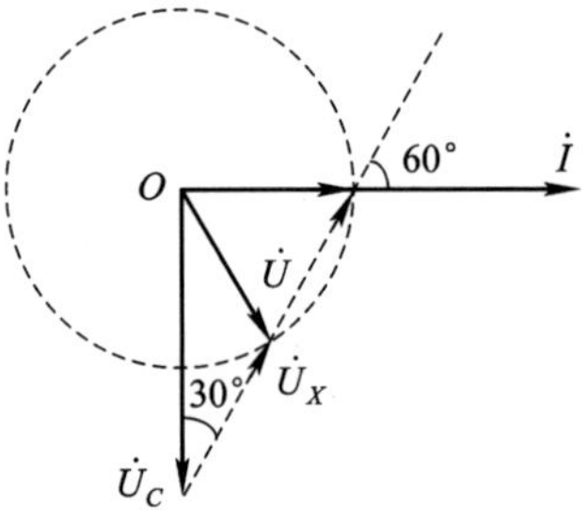

图 4-58

由相量图可得

$$U^2=U_C^2+U_X^2+2U_CU_X\cos 30°$$

即

$$100^2=(100\sqrt{3})^2+U_X^2+2\times 100\sqrt{3}U_X\cos 30°$$

整理得

$$U_X^2+300U_X+20000=0$$

解得

$$\begin{cases}U_{X1}=100\ \text{V}\\ U_{X2}=200\ \text{V}\end{cases}$$

当 $U_{X1}=100\ \text{V}$ 时，$\dot{U}_{X1}=100\angle 60^\circ\ \text{V}$，有

$$|Z_X|=\frac{U_{X1}}{I}=\frac{100}{1}\ \Omega=100\ \Omega$$

故

$$Z_X=100\angle 60^\circ\ \Omega$$

$$Z_{\text{in}}=Z_X-\text{j}X_C=(100\angle 60^\circ-\text{j}100\sqrt{3})\ \Omega=100\angle(-60^\circ)\ \Omega$$

当 $U_{X2}=200\ \text{V}$ 时，$\dot{U}_{X2}=200\angle 60^\circ\ \text{V}$，有

$$|Z_X|=\frac{U_{X2}}{I}=\frac{200}{1}\ \Omega=200\ \Omega$$

故

$$Z_X=200\angle 60^\circ\ \Omega$$

$$Z_{\text{in}}=Z_X-\text{j}X_C=(200\angle 60^\circ-\text{j}100\sqrt{3})\ \Omega=100\angle 0^\circ\ \Omega$$

21. 在图 4－59 所示的正弦稳态电路中，已知 $I_1=I_2=I_3=5\ \text{A}$，$U_1=U_2=100\ \text{V}$，且 $\dot{U}$ 与 $\dot{I}$ 同相，试求 R_1、X_{C_1}、R_2、X_{C_2}、X_L 的值。

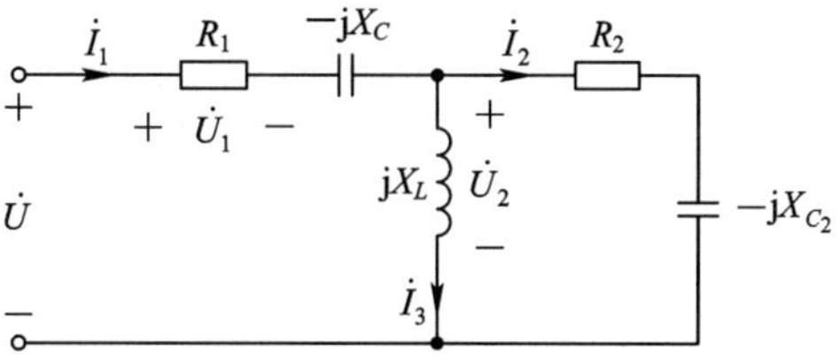

图 4－59

解　设 $\dot{U}_2=100\angle 0^\circ\ \text{V}$，则 $\dot{I}_3=5\angle(-90^\circ)\ \text{A}$，$\dot{I}_2$ 超前 $\dot{U}_2$ 一定角度且 $\dot{I}_1=\dot{I}_2+\dot{I}_3$，据此作相量图，如图 4－60 所示。

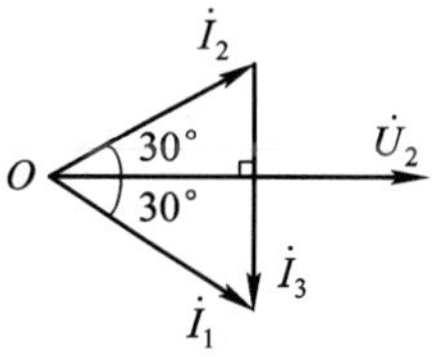

图 4－60

由于 $\dot{I}_1$、$\dot{I}_2$、$\dot{I}_3$ 构成了等边三角形，所以 $\dot{I}_2=5\angle 30^\circ\ \text{A}$，$\dot{I}_1=5\angle(-30^\circ)\text{A}$。因此

$$X_L=\frac{U_2}{I_3}=\frac{100}{5}\ \Omega=20\ \Omega$$

$$Z_2=R_2-\text{j}X_{C_2}=\frac{\dot{U}_2}{\dot{I}_2}=\frac{100\angle 0^\circ}{5\angle 30^\circ}\ \Omega=20\angle(-30^\circ)\ \Omega=(17.32-\text{j}10)\ \Omega$$

则

$$R_2=17.32\ \Omega$$

$$X_{C_2}=10\ \Omega$$

并联部分的总阻抗

$$Z_{\text{并}}=\frac{\dot{U}_2}{\dot{I}_1}=\frac{100\angle 0^\circ}{5\angle(-30^\circ)}\ \Omega=20\angle 30^\circ\ \Omega=(17.32+\text{j}10)\ \Omega$$

故电路的总阻抗

$$Z_{in}=Z_1+Z_{并}=R_1-jX_{C_1}+17.32+j10=(R_1+17.32)+j(10-X_{C_1})$$

因 $\dot{U}$ 与 $\dot{I}_1$ 同相，则 $I_m[Z_{in}]=0$，即

$$10-X_{C_1}=0$$

解得 $X_{C_1}=10\ \Omega$。

又

$$|Z_1|=\frac{U_1}{I_1}=\frac{100}{5}\ \Omega=20\ \Omega$$

则

$$R_1=\sqrt{|Z_1|^2-X_{C_1}^2}=\sqrt{20^2-10^2}\ \Omega=17.32\ \Omega$$

22. 在图 4－61 所示的正弦稳态电路中，已知 $f=50$ Hz，$U_S=100$ V，感性负载 Z_1 的电流 $I_1=10$ A 且其功率因数 $\lambda_1=0.5$ A，$R=20\ \Omega$，试求电源发出的有功功率、电流 I 及电路的总功率因数。若要使电流 $I_1=11$ A，应并联最小容值为多少的电容 C？此时电路的总功率因数 λ'为多少？

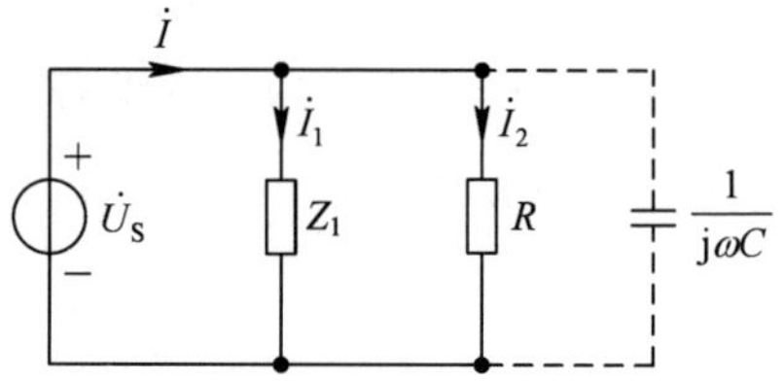

图 4－61

解　设 $\dot{U}_S=100\angle 0°$ V，则

$$\dot{I}_2=\frac{\dot{U}_S}{R}=\frac{100\angle 0°}{20}\text{A}=5\angle 0°\text{ A}$$

因 $\lambda_1=\cos\varphi_1=0.5$(感性)，故

$$\varphi_1=60°$$

$$\dot{I}_1=10\angle(-60°)\text{ A}$$

$$\dot{I}=\dot{I}_1+\dot{I}_2=[5\angle 0°+10\angle(-60°)]\text{A}=13.23\angle(-40.89°)\text{ A}$$

即 $I=13.23$ A。

电源发出的有功功率

$$P=\text{Re}[\dot{U}_S\dot{I}^*]=U_SI\cos[0-(-40.89°)]$$
$$=(100\times 13.23\cos 40.89°)\text{ W}=1000\text{ W}$$

电路的总功率因数

$$\lambda=\cos[0-(-40.89°)]=\cos 40.89°=0.756$$

若要使电流 $I_1=11$ A，且为最小的电容值，则可以并联电容 C 进行欠补偿，此时电路仍为感性，且总有功功率 P 不变。补偿后的功率因数

$$\lambda'=\cos\varphi'=\frac{P}{U_SI}=\frac{1000}{100\times 11}=0.9091$$

得 $\varphi'=24.62°$，则补偿电容

$$C=\frac{P}{\omega U_S^2}(\tan\varphi-\tan\varphi')=\left[\frac{1000}{314\times 100^2}\times(\tan 40.89°-\tan 24.62°)\right]\text{F}=129.8\ \mu\text{F}$$

23. 在图 4－62 所示的正弦稳态电路中，已知 $\dot{U}$ 与 $\dot{I}$ 同相位，$I=3$ A，$R_1=R_2=1\ \Omega$，电路吸收的平均功率 $P=34$ W，求 I_1、I_2、X_C、X_L 的值。

解　电阻 R_1 吸收的平均功率

$$P_1=I^2R_1=(3^2\times 1)\ \text{W}=9\ \text{W}$$

则电阻 R_2 吸收的平均功率

$$P_2=P-P_1=(34-9)\ \text{W}=25\ \text{W}$$

又

$$P_2=I_2^2R_2=I_2^2\times 1=I_2^2=25\ \text{W}$$

故 $I_2=5$ A。

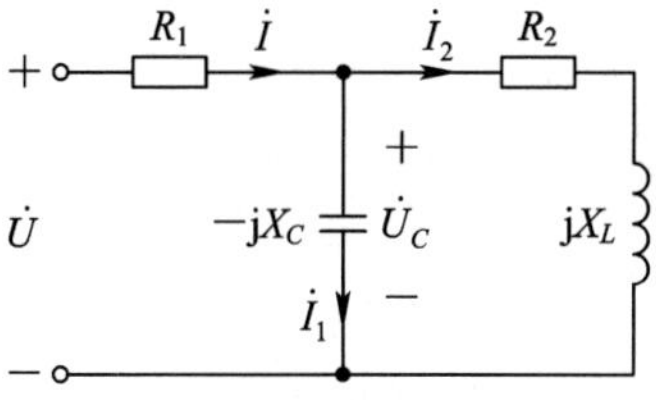

图 4 - 62

由于 $\dot{U}$ 与 $\dot{I}$ 同相，而 $\dot{U}=\dot{U}_1+\dot{U}_C$ 且 $\dot{U}_1=\dot{R}_1\dot{I}$，即 $\dot{U}_1$ 与 $\dot{I}$ 也同相，因此 $\dot{U}_C$ 与 $\dot{I}$ 也为同相。令 $\dot{I}=3\angle 0°$ A，则

$$\dot{U}=U\angle 0°\ \text{V}$$

$$\dot{U}_1=3\angle 0°\ \text{V}$$

$$\dot{U}_C=U_C\angle 0°\ \text{V}$$

$$\dot{I}_1=I_1\angle 90°\ \text{A}$$

由

$$Z_2=|Z_2|\angle\varphi=R_2+\text{j}X_L$$

得

$$\dot{I}_2=5\angle(-\varphi)\ \text{A}$$

依题意作相量图，如图 4 - 63 所示。图中：

$$I_1=\sqrt{I_2^2-I^2}=\sqrt{5^2-3^2}\ \text{A}=4\ \text{A}$$

且

$$\tan\varphi=\frac{I_1}{I}=\frac{4}{3}$$

故 $\varphi=53.13°$。

又

$$\tan\varphi=\frac{X_L}{R_2}$$

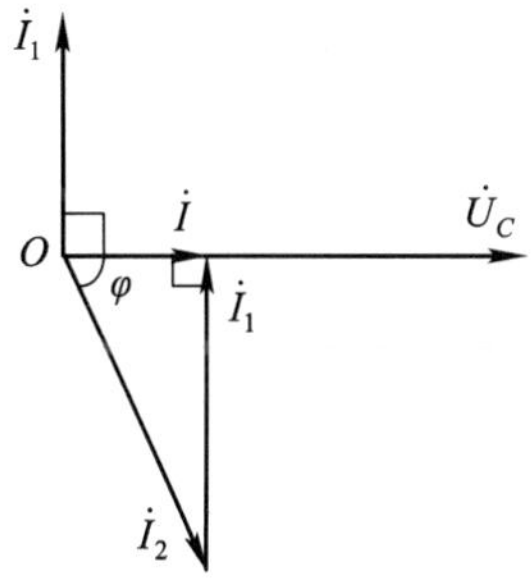

图 4 - 63

则

$$X_L=R_2\tan\varphi=(1\times\tan 53.13°)\ \Omega=\frac{4}{3}\ \Omega\approx 1.333\ \Omega$$

$$U_C=\sqrt{R_2^2+X_L^2}I_2=\left[\sqrt{1^2+\left(\frac{4}{3}\right)^2}\times 5\right]\text{V}=\frac{25}{3}\ \text{V}\approx 8.333\ \text{V}$$

$$X_C=\frac{U_C}{I_C}=\left(\frac{25}{3}\div 4\right)\ \Omega=\frac{25}{12}\ \Omega\approx 2.083\ \Omega$$

24. 一 RLC 串联电路，它在电源频率 $f=500$ Hz 时发生谐振，谐振时电流为 0.2 A，容抗 X_C 为 314 Ω，并测得电容电压 U_C 为电源电压 U 的 20 倍。试求该电路的电阻 R 和电感 L。

解　由已知得 $U_C=IX_C$，$U=IR$。因 $\dfrac{U_C}{U}=20$，所以

$$\frac{X_C}{R}=20$$

即

$$R=\frac{X_C}{20}=\frac{314}{20}\ \Omega=15.7\ \Omega$$

又因为串联谐振时，有

$$X_L=X_C$$
$$\omega_0 L=314$$
$$\omega_0=2\pi f_0$$

所以

$$L=\frac{314}{2\pi f_0}=\frac{314}{2\times 500\pi}\ \text{H}=0.1\ \text{H}$$

25. 电路如图 4-64 所示，$I_1=I_2=10$ A，$U=100$ V，U 和 I 同相，试求 I、R、X_C 及 X_L。

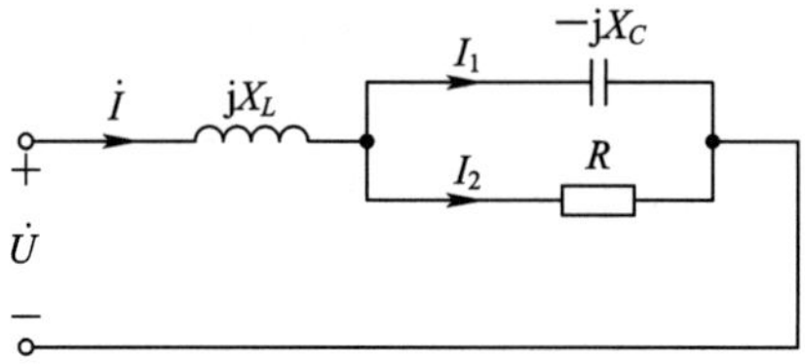

图 4-64

解 因为电容与电阻并联，所以 $\dot{U}_R=\dot{U}_C$，$\dot{I}_1$ 与 $\dot{I}_2$ 夹角为 90°，则

$$\begin{cases}U_R=U_C\\ I_2R=I_1X_C\end{cases}$$

又因为 U 和 I 同相，则电路处在谐振状态，即阻抗 Z 的虚部为 0，有

$$Z=\mathrm{j}X_L+\frac{R(-\mathrm{j}X_C)}{R-\mathrm{j}X_C}=\frac{X_C^2R}{R^2+X_C^2}+\mathrm{j}\left(X_L-\frac{X_CR^2}{R^2+X_C^2}\right)$$

$$\mathrm{Im}[Z]=X_L-\frac{X_CR^2}{R^2+X_C^2}=0$$

因为 $\dot{I}_1$ 与 $\dot{I}_2$ 夹角为 90°，有

$$I=\sqrt{10^2+10^2}\ \text{A}=10\sqrt{2}\ \text{A}$$

$$I=\frac{U}{|Z|}=\frac{100}{\dfrac{X_C^2R}{R^2+X_C^2}}=10\sqrt{2}\ \text{A}$$

所以可以列方程组为

$$\begin{cases}10R=10X_C\\ X_L-\dfrac{X_CR^2}{R^2+X_C^2}=0\\ \dfrac{100}{\dfrac{X_C^2R}{R^2+X_C^2}}=10\sqrt{2}\end{cases}$$

可解得

$$R=10\sqrt{2}\ \Omega$$

$$X_C=10\sqrt{2}\ \Omega$$

$$X_L=5\sqrt{2}\ \Omega$$

26. 电路如图 4-65 所示，已知 $R_S=50\ \text{k}\Omega$，$U_S=100\ \text{V}$，$\omega_0=10^6\ \text{rad/s}$，$Q=100$，谐振时线圈获得最大功率，求 L、C、R 及谐振时的 I_0、U 和功率 P。

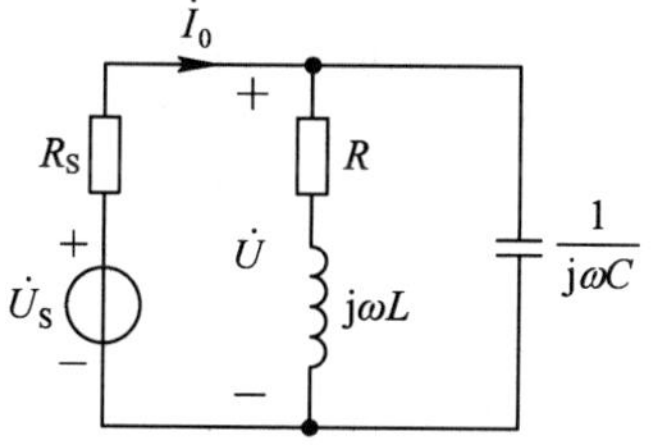

图 4-65

解　线圈的品质因数 $Q_L=\dfrac{\omega_0 L}{R}=100$，$\omega_0\approx\dfrac{1}{\sqrt{LC}}$。

等效电路如图 4-66 所示，考虑到谐振时线圈获得最大功率，所以

$$R_e=\frac{(\omega_0 L)^2}{R}=R_S=50\ \text{k}\Omega$$

则

$$\begin{cases}R=5\ \Omega\\ L=0.5\ \text{mH}\\ C=0.002\ \mu\text{F}\end{cases}$$

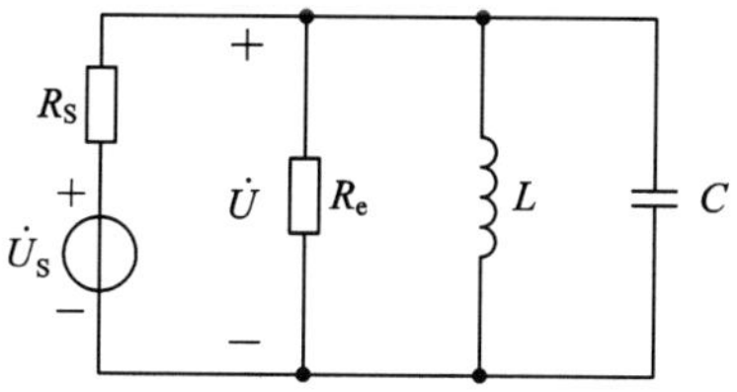

图 4-66

谐振时总电流

$$I_0=\frac{U_S}{R_S+R_e}=\frac{100}{2\times 50\times 10^3}\text{A}=1\ \text{mA}$$

线圈两端的电压

$$U=\frac{U_S}{2}=50\ \text{V}$$

功率

$$P=UI_0=0.05\ \text{W}$$

27. 测量线圈品质因数 Q 值与电感或电容 Q 值的原理如图 4-67 所示，其中电压源 $\dot{U}_S$

的幅值恒定但频率可以调节，两只电压表可以分别读取电压 $\dot{U}_1$ 和 $\dot{U}_2$ 的有效值，当电源频率 $f=450$ kHz，调节电容 $C=450$ pF 时的电路谐振，此时电压表读数 $U_1=10$ mA，$U_2=1.5$ V。

(1) 求此时 R 与 L 值以及品质因数 Q 值，并说明在调节 C 值时如何能判定电路达到谐振。

(2) 电路谐振时把一待测电容 C_X 并联在 C 两端，重新调节 C 使电路达到谐振，得知 $C=220$ pF，则此时 C_X 的值为多少？

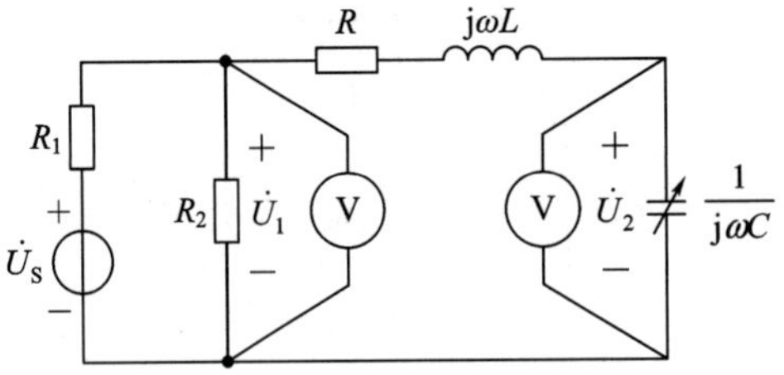

图 4－67

解　(1) 电路谐振时有

$$L=\frac{1}{\omega_0^2 C}=\frac{1}{(2\pi\times450\times10^3)^2\times450\times10^{-12}}\text{H}=0.278\ \text{mH}$$

$$Q=\frac{U_2}{U_1}=\frac{1.5}{10\times10^{-3}}=150$$

$$R=\frac{\omega_0 L}{Q}=\frac{2\pi\times450\times10^3\times0.278\times10^{-3}}{150}\ \Omega=5.24\ \Omega$$

所以 U_1 最小时，R 上的电流最大，电路发生谐振。

(2)
$$C_X=(450-220)\text{pF}=230\ \text{pF}$$

28. 如图 4－68 所示的电路，已知电压源 $U_S(t)=40\sqrt{2}\sin(\omega t-30°)$ V，电流表 A_1 和 A_2 的读数相等都是 1 A(有效值)，$R_1=R_2=2\ \Omega$，功率表读数为 100 W，$L_1=0.1$ H，求 L_2 和 C 的值。

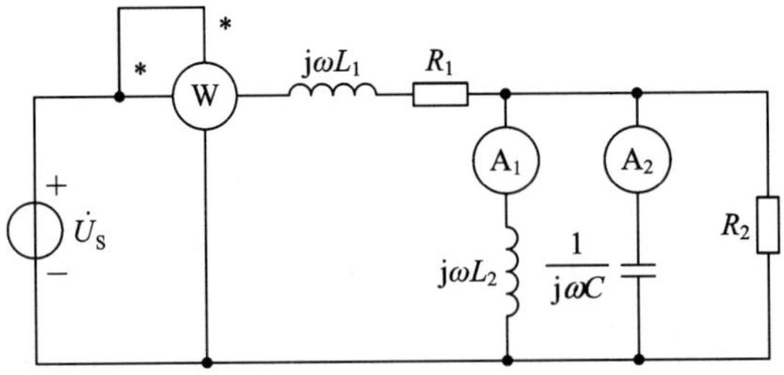

图 4－68

解　由于电流表 A_1 和 A_2 的读数相等，即电感 L_2 的感抗和 C 的容抗相等，所以 L_2、C 发生并联谐振。设流出电压源的电流为 $\dot{I}$，则该电流就是流过电阻 R_1 和 R_2 的电流，而功率表的读数为电阻吸收的功率，即

$$P=I^2(R_1+R_2)$$

$$100 = 4I^2$$

$$I = 5\ \text{A}$$

设电压源右端的入端阻抗的阻抗角为 φ，则功率表的读数又可以表示为

$$P = U_S I\cos\varphi$$

$$\cos\varphi = \frac{100}{40\times 5} = \frac{1}{2}$$

$$\varphi = 60°$$

而 $\tan\varphi = \dfrac{\omega L_1}{R_1 + R_2}$，可得

$$\omega = 40\sqrt{3}\ \text{rad/s} = 69.3\ \text{rad/s}$$

设电阻 R_2 两端的电压为 U，有

$$U = IR_2 = 10\ \text{V}$$

$$L_2 = \frac{U}{\omega I_{L_2}} = \frac{10}{40\sqrt{3}\times 1}\ \text{H} = 0.144\ \text{H}$$

$$C = \frac{I_C}{\omega U} = \frac{1}{40\sqrt{3}\times 10}\ \text{F} = (1.44\times 10^{-3})\ \text{F}$$

29. 如图 4-69 所示的电路，已知 $R=2\ \Omega$，$L=1\ \text{H}$，$C=0.25\ \text{F}$，$u=10\sqrt{2}\sin 2t\ \text{V}$，求电路的有功功率 P、无功功率 Q、视在功率 S 和功率因数。

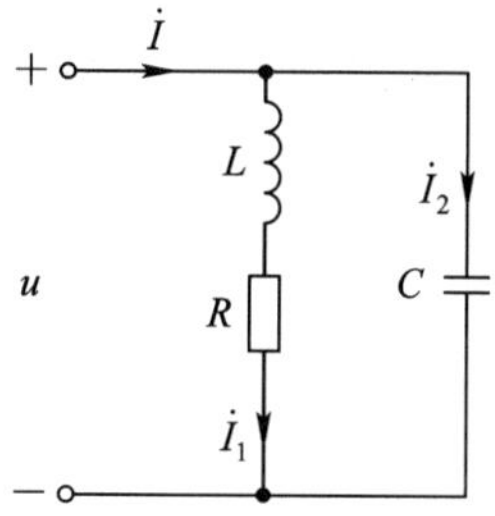

图 4-69

解　由已知条件可得

$$\dot{U} = 10\angle 0°\ \text{V}$$

$$X_L = \omega L = 2\times 1 = 2\ \Omega$$

$$X_C = \frac{1}{\omega L} = \frac{1}{2\times 0.25} = 2\ \Omega$$

相应的相量模型如图 4-70 所示，其二端网络的阻抗

$$Z = \frac{(R+\text{j}X_L)(-\text{j}X_C)}{R+\text{j}X_L-\text{j}X_C} = \frac{(2+\text{j}2)(-\text{j}2)}{2+\text{j}2-\text{j}2}$$

$$= 2-\text{j}2 = 2\sqrt{2}\angle(-45°)\Omega$$

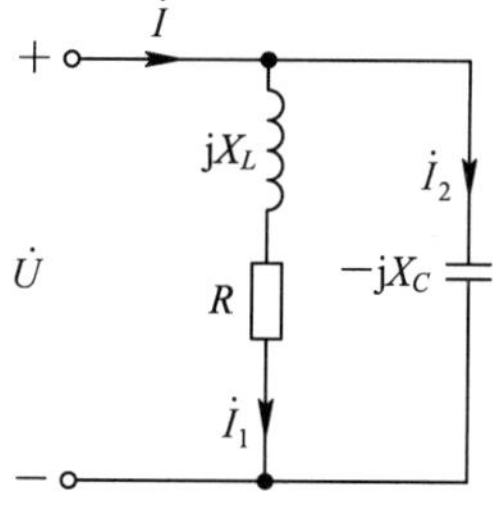

图 4-70

端口电流

$$\dot{I} = \frac{\dot{U}}{Z} = \frac{10°\angle 0°}{2\sqrt{2}\angle(-45°)} = 2.5\sqrt{2}\angle 45°\ \text{A}$$

所以

$$P = UI\cos\varphi_Z = 10°\times 2.5\sqrt{2}\times 0.707 = 25\ \text{W}$$

$$S = UI = 25°\sqrt{2}\ \text{V}\cdot\text{A}$$

$$Q = UI\cos\varphi_Z = 10°\times 2.5\sqrt{2}\times(-0.707) = -25\ \text{var}$$

$$\lambda = \cos\varphi_Z = \cos(-45°) = 0.707$$

30. 电路如图 4-71 所示，已知 $R=2\ \Omega$，$C=-\text{j}4\ \Omega$，$\dot{U}_S=10\angle 0°\ \text{V}$，试分别计算下列不同情况下负载的功率：

（1）负载 $Z_L=2\ \Omega$；

（2）负载为电阻且模匹配；

（3）负载为共轭匹配。

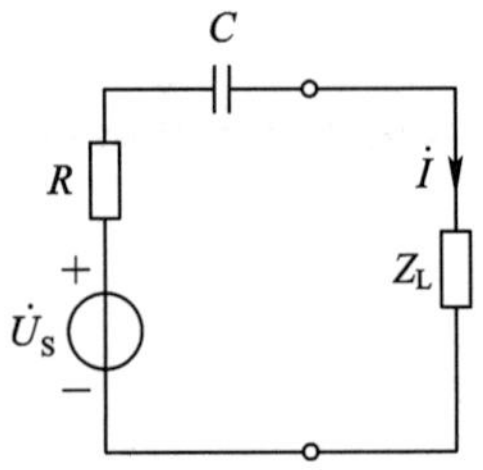

图 4-71

解 电源内阻抗

$$Z_i=(2-j4)\ \Omega$$

（1）当 $Z_L=2\ \Omega$ 时，有

$$\dot{I}=\frac{\dot{U}_S}{Z_i+Z_L}=\frac{10\angle 0°}{2-j4+1}=2\angle 36.9°\ A$$

$$P_L=I^2R_L=4\ W$$

（2）当负载为纯电阻且模匹配，则

$$Z_L=R_L=\sqrt{R_i^2+X_i^2}=2\sqrt{5}\ \Omega$$

有

$$\dot{I}=\frac{\dot{U}_S}{Z_i+Z_L}=\frac{10\angle 0°}{2-j4+2\sqrt{5}}=1.32\angle(-31.7°)\ A$$

$$P_L=I^2R_L=1.32^2\times 2\sqrt{5}=7.79\ W$$

（3）负载为共轭匹配，则

$$Z_L=Z_i^*=R_i-jX_i(2+j4)\ \Omega$$

$$\dot{I}=\frac{\dot{U}_S}{Z_i+Z_L}=\frac{10\angle 0°}{2-j4+2+j4}2.5\angle 0°\ A$$

$$P_L=\frac{U_S^2}{4R_i}=\frac{100}{4\times 2}=12.5\ W$$

可见共轭匹配时，负载所获得的功率最大。

31. 正弦稳态电路如图 4-72 所示，已知电压表 V_3 的读数为 1 V，电流表 A_2 的读数为 1 A，电流表 A_3 的读数为 1 A，$L=1$ H，$C=1$ F，$R_1=R_2=1\ \Omega$。

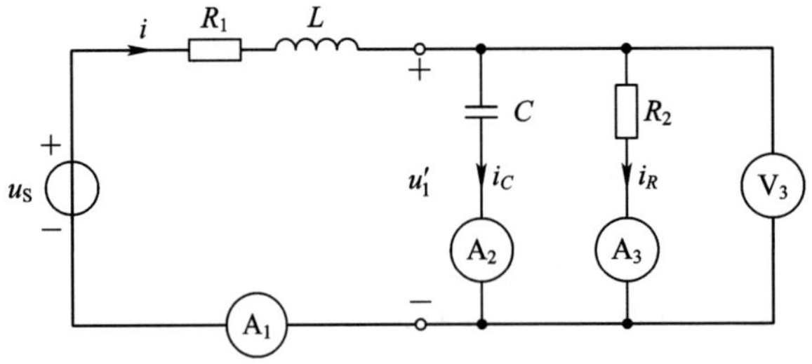

图 4-72

（1）求 A_1 的读数。

（2）电压源 u_S 的有效值为多少？

解 （1）因为 1 F 电容与 1 Ω 电阻并联，所以电压表 V_3 的读数为并联电路电压 u' 的有效值。

因为 $\dot{I}=\dot{I}_C+\dot{I}_R$，$\dot{I}_R$ 与 $\dot{U}'$ 同相，$\dot{I}_C$ 超前于 $\dot{U}'$ 的角度为 90°，所以

$$I=\sqrt{I_C^2+I_R^2}=\sqrt{2}\ \text{A}$$

(2) 设 $\dot{U}'=U'\angle 0°$，则 $\dot{I}=\sqrt{2}\angle 45°$ A，所以有

$$\dot{U}_S=1\times\dot{I}+j\omega L\dot{I}+\dot{U}'$$

而

$$\dot{U}=\frac{1}{j\omega C}\cdot\dot{I}_C,\ \omega=\frac{I_C}{U'C}=1\ \text{rad/s}$$

则

$$\dot{U}_S=(1\cdot\sqrt{2}\angle 45°+j1\cdot\sqrt{2}\angle 45°+1\angle 0°)\text{V}=(1+j2)\ \text{V}$$

解得 $\dot{U}_S$ 的有效值 $U_S=\sqrt{1^2+2^2}\ \text{V}\approx 2.236\ \text{V}$。

32. 如图 4-73 所示的电路，已知 $I_2=10$ A，$I_3=10\sqrt{2}$ A，$U=200$ V，$R_1=5\ \Omega$，$R_2=\omega L$，求 I_1、$\frac{1}{\omega C}$、ωL、R_2。

解　设 $\dot{I}_3$ 的初相为零，由于 $R_2=\omega L$，则 $\dot{U}_2=U_2\angle 45°$，而 $\dot{I}_2$ 超前 $\dot{U}_2$ 的相位为 90°，故

$$\dot{I}_2=10\angle(90°+45°)\ \text{A}=10\angle 135°\ \text{A}$$

相量图如图 4-74 所示，根据 KCL，有

$$\dot{I}_1=\dot{I}_2+\dot{I}_3=(10\angle 135°+10\sqrt{2}\angle 0°)\text{A}=10\angle 45°\ \text{A}$$

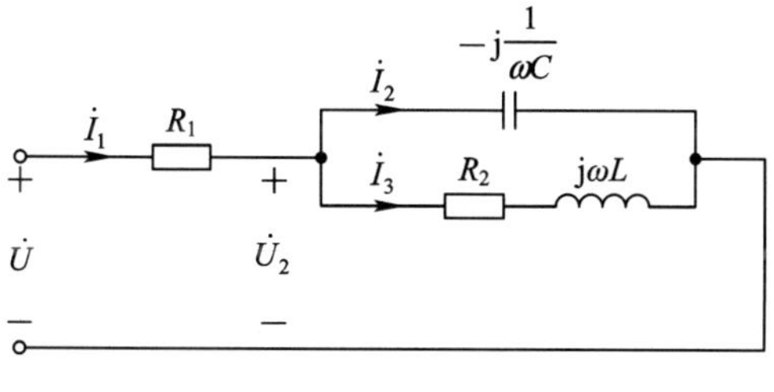

图 4-73

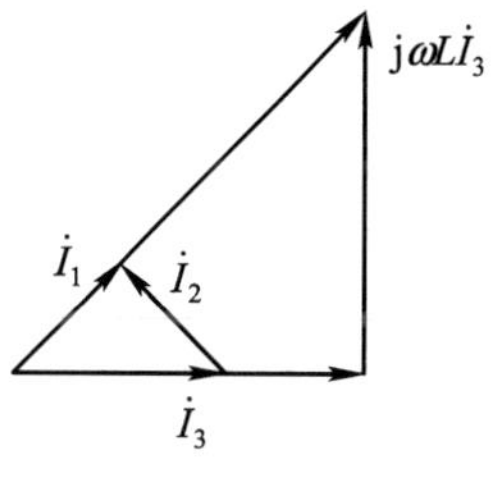

图 4-74

根据 KVL，有

$$\dot{U}=R_1\dot{I}_1+\dot{U}_2$$

由于 $\dot{I}_1$ 和 $\dot{U}_2$ 同相，故有

$$U=R_1I_1+U_2\quad\text{或}\quad 200=5\times 10+U_2$$

则 $U_2=150$ V。

又

$$U_{R_2}=U_L=\frac{U_2}{\sqrt{2}}=75\sqrt{2}\ \text{V}$$

于是

$$\frac{1}{\omega C}=\frac{150}{10}\ \Omega=15\ \Omega$$

$$R_2=\omega L=\frac{75\sqrt{2}}{10\sqrt{2}}=7.5\ \Omega$$

33. 电路如图 4-75 所示，已知 $\dot{U}=120\angle 0°$ V，$R_1=20$ Ω，$Z_a=j40$ Ω，$X_2=-20$ Ω，$R_2=10$ Ω，求功率表的读数。

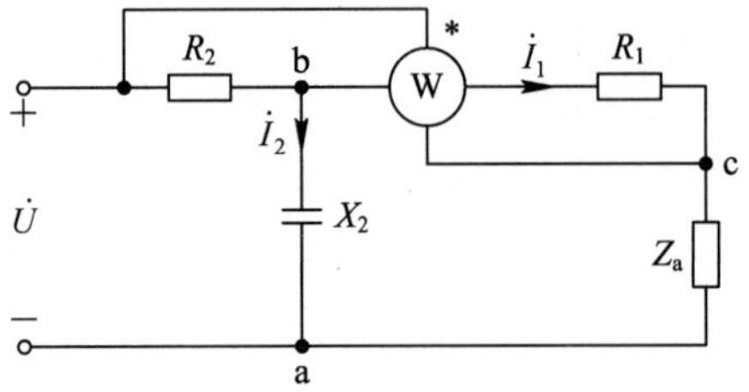

图 4-75

解 设 R_1 中流过的电流为 I_1，功率表的读数为 P，则有

$$P=U_{ac}I_1\cos(\phi_1-\phi_2)$$

式中，ϕ_1 是电压 $\dot{U}_{ac}$ 的初相，ϕ_2 为电流 $\dot{I}_1$ 的初相。

$$jX_2\cdot\dot{I}_2=(R_1+Z_a)\dot{I}_1$$

$$\dot{U}=R_2(\dot{I}_1+\dot{I}_2)+(R_1+Z_a)\dot{I}_1$$

代入已知数据，消去 $\dot{I}_2$ 可求得

$$\dot{I}_1=\frac{120\angle 0°}{20+j40+10(1-2+j)}=2.35\angle(-78.69°)\ \text{A}$$

$$\begin{aligned}\dot{I}_2&=(-2+j)\dot{I}_1=(-2+j)\times 2.35\angle(-78.69°)\ \text{A}\\&=(1.38\pm j5.07)\ \text{A}\\&=5.26\angle 74.74°\ \text{A}\end{aligned}$$

$$\dot{U}_{ac}=R_2(\dot{I}_1+\dot{I}_2)+\dot{I}_1R_1=33.21\angle(-33.69°)\ \text{V}$$

$$\begin{aligned}P&=33.21\times 2.35\times\cos[-78.69-(-33.69°)]\ \text{W}\\&=55.18\ \text{W}\end{aligned}$$

34. 电路如图 4-76 所示，工频正弦电压 $\dot{U}$ 的有效值为 220 V，已知负载 1 的功率为 16 kW，$\cos\phi_1=0.8$(滞后)；负载 2 的视在功率为 10 kV·A，$\cos\phi_2=0.8$(超前)；欲使 $\dot{U}$ 与 $\dot{I}$ 同相，电容值应为多少？

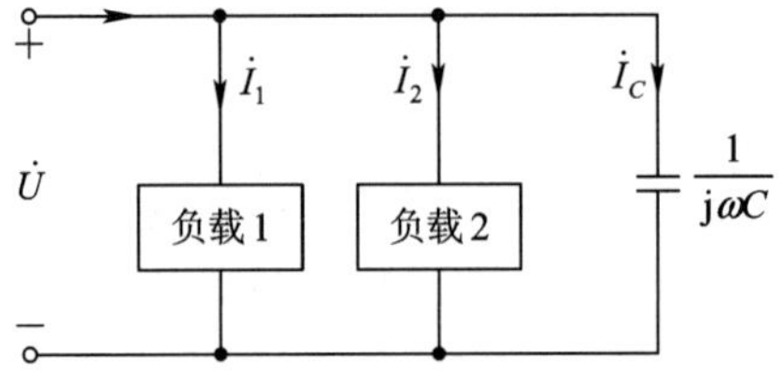

图 4-76

解　因为

$$P_1=UI_1\cos\phi_1=16\ \text{kW}$$

故

$$I_1=\frac{16}{220\times0.8}\ \text{A}=90.91\ \text{A}$$

而

$$S_2=UI_2=10\ \text{kV}\cdot\text{A}$$

故

$$I_2=\frac{10000}{220}\ \text{A}=45.45\ \text{A}$$

设 $\dot{U}=220\angle0°$ V，则

$$\varphi_1=\varphi_2=\arccos0.8=36.9°$$

其相量图如图 4－77 所示，欲使总电流 $\dot{I}$ 与电压 $\dot{U}$ 同相，则有

$$I_C+I_2\sin\varphi_2=I_1\sin\varphi_1$$

故

$$\begin{aligned}I_C&=I_1\sin\varphi_1-I_2\sin\varphi_2\\&=(90.91\times0.6-45.45\times0.6)\ \text{A}\\&=27.28\ \text{A}\end{aligned}$$

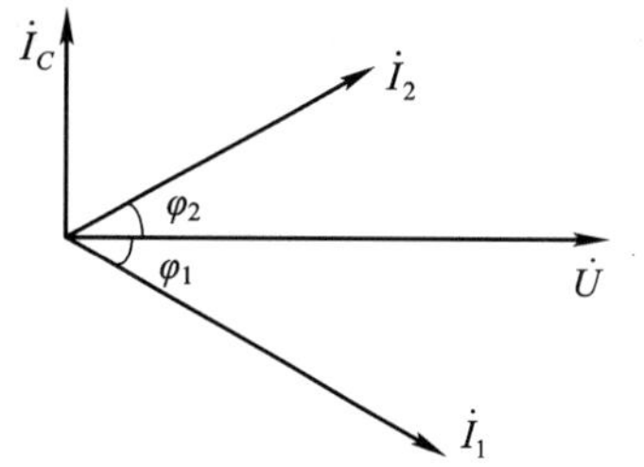

图 4－77

由于 $\dot{U}=\frac{1}{\text{j}\omega C}\cdot\dot{I}_C$，所以

$$C=\frac{I_C}{\omega U}=\frac{37.28}{314\times220}\ \text{F}=3.95\times10^{-4}\ \text{F}$$

35. 把三个负载并联接到 220 V 的正弦电源上，各负载取用的功率和电流分别为 $P_1=4.4$ kW，$I_1=44.7$ A(感性)；$P_2=8.8$ kW，$I_2=50$ A(感性)；$P_3=6.6$ kW，$I_3=60$ A(容性)。求图 4－78 中表Ⓐ、表Ⓦ的读数和电路的功率因数。

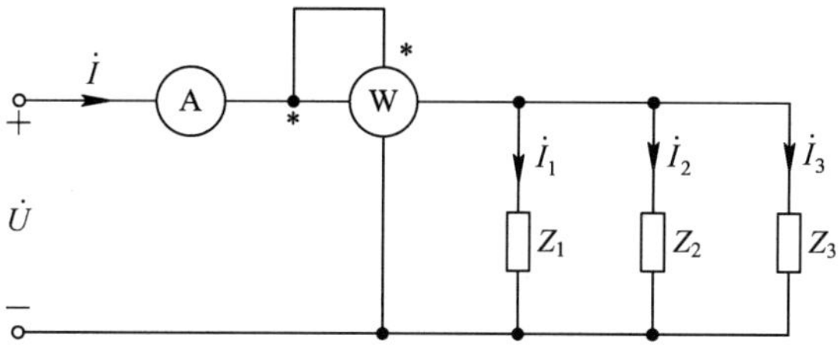

图 4－78

解　表Ⓦ的读数为

$$P_1+P_2+P_3=19.8\ \text{kW}$$

令 $\dot{U}=220\angle0°$，求电流 $\dot{I}_1$、$\dot{I}_2$、$\dot{I}_3$ 和 $\dot{I}$，则有

(1)
$$\begin{cases}UI_1\cos\varphi_1=P_1,\ \varphi_1=\pm63.42°\\ \dot{I}_1=44.7\angle(-63.42°)\ \text{A}=(20-\text{j}40)\text{A}\end{cases}$$

(2) $\begin{cases}\dot{U}I_2\cos\varphi_2=P_2,\ \varphi_2=\pm 36.87^\circ\\ \dot{I}_2=50\angle(-36.87^\circ)\ \text{A}=(40-\text{j}30)\text{A}\end{cases}$

(3) $\begin{cases}\dot{U}I_3\cos\varphi_3=P_2,\ \varphi_3=\pm 60^\circ\\ \dot{I}_3=60\angle 60^\circ\ \text{A}=(30+\text{j}51.96)\text{A}\end{cases}$

根据 KCL，有

$$\dot{I}=\dot{I}_1+\dot{I}_2+\dot{I}_3=(90-\text{j}18.04)\text{A}=91.79\angle(-11.33^\circ)\ \text{A}$$

因此，功率因数 $\lambda=\cos 11.33^\circ=0.98$。

36. 电路如图 4-79 所示，其中

$u_S(t)=\left[50+\sqrt{2}\times 100\cos(10^3t)+\sqrt{2}\times 10\cos(2\times 10^3 t)\right]$ V，$L=40$ mH，$C=25\ \mu$F，$R=50\ \Omega$。求：

(1) 电流 $i(t)$及其有效值 I。

(2) 电压源发出的有功功率 P。

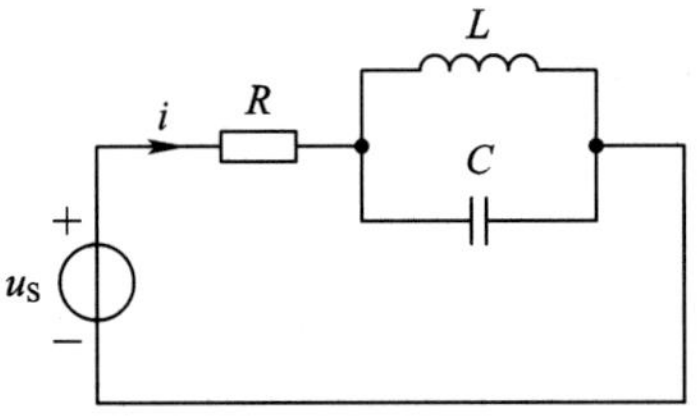

图 4-79

解 (1) 当恒定电压 U_0 作用于电路时，电感对直流相当于短路，电容对直流相当于开路，故有

$$I_0=\frac{U_0}{R}=\frac{50}{50}\ \text{A}=1\ \text{A}$$

(2) 当 $u_{S1}(t)=100\sqrt{2}\cos(10^3)$V 作用于电路时，设 $\dot{U}_{S1}=100\angle 0^\circ$ V，$\omega=1000$ rad/s，则有

$$\frac{1}{\text{j}\omega L}=\frac{1}{\text{j}1000\times 40\times 10^{-3}}\ \text{S}=-\text{j}0.025\ \text{S}$$

$$\text{j}\omega C=\text{j}1000\times 25\times 10^{-6}\ \text{S}=\text{j}0.025\ \text{S}$$

可见电感与电容发生并联谐振，所以有

$$\dot{I}_1=0$$

故 $i_1(t)=0$。

(3) 当 $u_{S2}(t)=10\sqrt{2}\cos(2\times 10^3 t)$V 单独作用于电路时，设 $\dot{U}_{S2}=10\angle 0^\circ$ V，$\omega=2000$ rad/s，则有

$$Z_2=R+\frac{\text{j}\omega L\left(\frac{1}{\text{j}\omega C}\right)}{\text{j}\omega L+\frac{1}{\text{j}\omega C}}=(50-\text{j}26.67)\ \Omega$$

故

$$\dot{I}_2=\frac{\dot{U}_{S2}}{Z_2}=\frac{10\angle 0^\circ}{50-j26.67}\ A=0.176\angle 28.08^\circ\ A$$

则

$$i_2(t)=0.176\sqrt{2}\cos(2\times 10^3 t+28.08^\circ)\ A$$

解得

$$i(t)=I_0+i_1(t)+i_2(t)=\left[1+0.176\sqrt{2}\cos(2\times 10^3 t+28.08^\circ)\right]\ A$$

而

$$I=\sqrt{I_0^2+I_1^2+I_2^2+\cdots}=\sqrt{1^2+(0.176)^2}\ A=1.015\ A$$

解得有功功率为

$$P=U_0 I_0+U_1 I_1\cos\varphi_1+U_2 I_2\cos\varphi_2=51.55\ W$$

第5章

三相交流电路分析

5.1 重点与难点

1. 重点

(1) 在对称三相电路中，掌握Y形及△形连接时的相电压、线电压、相电流、线电流之间的关系及三相电路的功率计算。

(2) 了解不对称三相电路的计算。

2. 难点

计算三相电路功率等知识点是本章的学习难点。

5.2 基本知识点

1. 对称三相电路

明确对称三相电源、对称三相负载和对称三相电路的概念；理解和掌握线电压、线电流、相电压、相电流的含义；清楚对称三相电源的Y形连接和△形连接形式及相互间的等效变换。

1) 对称三相电路

对称三相电路是由三相电源供电的正弦稳态电路，其中幅值相等、频率相同、相位互差120°的3个电动势称为对称三相电源。

2) 三相电源的连接

三相电源有星形和三角形两种连接形式。

(1) 星形连接法：三相电动势末端相连(中性点)，始端引出的接法，有

$$\begin{cases}\dot{U}_{AB}=\dot{U}_A-\dot{U}_B=\sqrt{3}\dot{U}_A\angle 30^\circ\\ \dot{U}_{BC}=\dot{U}_B-\dot{U}_C=\sqrt{3}\dot{U}_B\angle 30^\circ\\ \dot{U}_{CA}=\dot{U}_C-\dot{U}_A=\sqrt{3}\dot{U}_C\angle 30^\circ\end{cases}$$

即 $U_L=\sqrt{3}U_P$，线电压对称且超前对应相电压30°。

(2) 三角形连接法：三相电动势首尾相连，始端引出的接法。线电压等于相电压。

3）三相电路负载的连接

三相电路负载的连接也有星形方式和三角形方式两种。

（1）星形连接：相电流等于相应的线电流。

（2）三角形连接：

$$\begin{cases}\dot{I}_{A}=\dot{I}_{A'B'}-\dot{I}_{C'A'}=\sqrt{3}\dot{I}_{A'B'}\angle(-30°)\\ \dot{I}_{B}=\dot{I}_{B'C'}-\dot{I}_{A'B'}=\sqrt{3}\dot{I}_{B'C'}\angle(-30°)\\ \dot{I}_{C}=\dot{I}_{C'A'}-\dot{I}_{B'C'}=\sqrt{3}\dot{I}_{C'A'}\angle(-30°)\end{cases}$$

即 $I_L=\sqrt{3}I_P$，线电流滞后相应的相电流 30°。

温馨提示：

（1）不论电源或负载是何种连接方式，每一个电源或负载上的电压和电流均称为相电压和相电流，统称为相值。

（2）无论电源或负载是何种连接方式，端线上通过的电流均称为线电流，端线之间的电压均称为线电压，统称为线值。

2. 三相电路的计算

1）对称三相电路的计算

对称三相电路的计算方法如下：

（1）尽量将所有三相电源、负载都化为等值 Y-Y 连接电路。

（2）连接各负载和电源中点(中线上阻抗可不计)，画出单相电路，求出一相的电压和电流。

（3）根据对称性可求出其他两相的电压和电流。

2）不对称三相电路的计算

不对称三相电路的计算一般采用三相四线制电路，利用正弦稳态电路分析方法进行逐相求解。

3. 三相电路的功率及其测量

1）三相电路功率的计算

（1）三相电路的总有功功率等于每一相的有功功率之和，即 $P=P_A+P_B+P_C$。

（2）总无功功率等于每一相的无功功率之和，即 $Q=Q_A+Q_B+Q_C$。

（3）三相负载吸收的复功率等于各相复功率之和，即 $\overline{S}=\overline{S}_A+\overline{S}_B+\overline{S}_C$。但是，三相电路的总视在功率不等于每一相视在功率之和。

（4）三相电路的总视在功率 $S=\sqrt{P^2+Q^2}$。

（5）当负载对称时，功率计算如下：

有功功率：$P=3U_PI_P\cos\varphi=\sqrt{3}U_LI_L\cos\varphi$。

无功功率：$Q=3U_PI_P\sin\varphi=\sqrt{3}U_LI_L\sin\varphi$。

视在功率：$S=\sqrt{P^2+Q^2}=3U_PI_P=\sqrt{3}U_LI_L$。

2）三相电路功率的测量

三相电路功率的测量方法如下：

（1）一表法。

（2）三表法。

（3）二瓦计法。

工程案例 7

5.3 思维导图

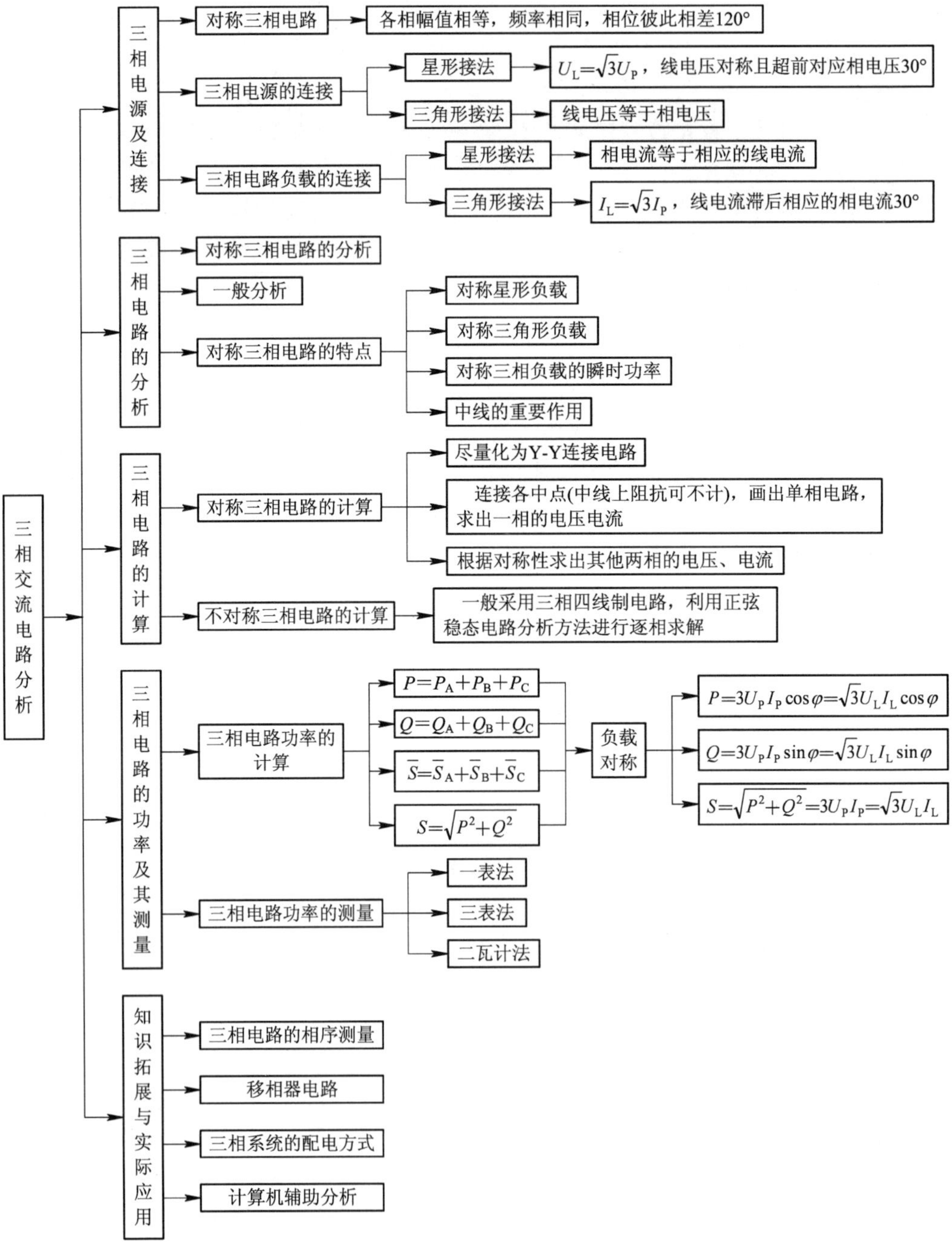

5.4 习题全解

一、选择题

1. 当三相交流发电机的三个绕组连接成星形时，若线电压 $u_{BC}=380\sqrt{2}\sin(\omega t-180^\circ)$ V，则相电压 $u_C=$（　　）V。

A. $220\sqrt{2}\sin(\omega t-30^\circ)$　　B. $380\sqrt{2}\sin(\omega t-30^\circ)$

C. $380\sqrt{2}\sin(\omega t+120^\circ)$　　D. $220\sqrt{2}\sin(\omega t+30^\circ)$

答案：D

2. 三相对称电路是指（　　）。

A. 三相电源对称的电路

B. 三相电源和三相负载有一个对称的电路

C. 三相电源和三相负载均对称的电路

D. 三相负载对称的电路

答案：C

3. 三相四线制交流电路中的中线作用是（　　）。

A. 保证三相负载对称　　B. 保证三相电压对称

C. 保证三相电流对称　　D. 保证三相功率对称

答案：B

4. 若要求三相负载中各相互不影响，负载应接成（　　）。

A. 三角形　　B. 星形有中线

C. 星形无中线　　D. 三角形或星形有中线

答案：D

5. 为保证三相电路正常工作，防止事故发生，三相四线电路中，不允许安装熔断器或开关的位置是（　　）。

A. 端线　　B. 中线

C. 端点　　D. 中点

答案：B

6. 三相对称电源的线电压为 380 V，接 Y 形对称负载，没有接中性线。若某相突然断掉，其余两相负载的相电压为（　　）。

A. 380 V　　B. 220 V

C. 190 V　　D. 无法确定

答案：C

7. 在三相四线制电路中，已知 $\dot{I}_A=10\angle 20^\circ$ A，$\dot{I}_B=10\angle(-100^\circ)$ A，$\dot{I}_C=10\angle 140^\circ$ A，则中线电流 $\dot{I}_N$ 为（　　）。

A. 10 A　　B. 0 A　　C. 30 A　　D. 20 A

答案：B

8. 相序为 A→B→C 的三相四线制电源，已知 $U_B=220\angle0°$ V，则 $U_{CA}=$(　　)。

A. $220\angle90°$ V　　B. $220\angle(-90°)$ V

C. $380\angle90°$ V　　D. $380\angle(-90°)$ V

答案：D

9. 在对称三相三线制电路中，有功功率 P、无功功率 Q 和视在功率 S 的关系是(　　)。

A. $S=P+Q$　　B. $S^2=P^2+Q^2$

C. $S=P-Q$　　D. $S=Q-P$

答案：B

10. 在对称三相三线制电路中，有功功率为 1600 W，无功功率为 1200 var，则它的视在功率为(　　)。

A. 3000 V·A　　B. 2000 V·A

C. 2800 V·A　　D. 1000 V·A

答案：B

11. 对称三相电源接星形对称负载，若线电压的有效值为 380 V，三相视在功率为 6600 V·A，则相电流的有效值为（　　）A。

A. 10　　B. 20

C. 17.32　　D. 30

答案：A

12. 某三相四线制供电电路中，相电压为 220 V，则火线与火线之间的电压为(　　) V。

A. 220　　B. 311　　C. 380　　D. 300

答案：C

13. 某三相电源绕组连成 Y 形连接时线电压为 380 V，若将它改接成△形，线电压为(　　) V。

A. 380　　B. 660　　C. 220　　D. 330

答案：C

14. 在三相四线制供电系统中，中线上不准装开关和熔断器的原因是(　　)。

A. 中线上没有电流

B. 会降低中线的机械强度

C. 三相不对称负载承受三相不对称电压的作用，无法正常工作，严重时会烧毁负载

D. 中线电流很小

答案：C

15. 如果 Y 连接电路中三个相电压对称，线电压 $\dot{U}_{AB}$ 的相位比相电压 $\dot{U}_A$(　　)。

A. 滞后 15°　　B. 滞后 30°

C. 超前 15°　　D. 超前 30°

答案：D

16. 对称 Y 连接负载接于对称三相电源，不管有没有中线，两中性点电压都等于(　　)。

A. 相电压　　B. 线电压

C. 零　　D. 线电压与相电压之差

答案：C

17. 对于不对称三相四线制电路，描述正确的是(　　)。

A. 负载相电压对称　　B. 负载相电流对称

C. 中线上无电流　　D. 负载不能正常工作

答案：A

18. 三相电源星形连接时，线电流(　　)相电流。

A. 大于　　B. 等于　　C. 小于　　D. 不大于

答案：B

19. 对称负载是指(　　)。

A. 负载大小相等　　B. 负载性质相同

C. 负载大小相等，阻抗角相等　　D. 负载为纯感性负载

答案：C

20. 对称三相电路采用归结为一相的计算方法时，最后应化简为(　　)。

A. 星形-星形系统　　B. 星形-三角形系统

C. 三角形-三角形系统　　D. 任意系统

答案：A

21. 对称三相电路由电阻组成，线电压为 100 V，线电流为 1 A，则三相总功率为(　　)W。

A. 100　　B. 300　　C. 173　　D. 300

答案：C

22. 不对称三相电路中出现的电源侧与负载侧中性点不重合的现象称为(　　)。

A. 电源位移　　B. 负载位移　　C. 中性点位移　　D. 阻抗位移

答案：C

23. 已知电压 $u=3+4\cos\omega t$ V，则其有效值 $U=$(　　)A。

A. 7　　B. 25　　C. 4.12　　D. 7

答案：C

二、填空题

1. 三相四线制系统是指有 3 根________线和 1 根________线组成的供电系统；其中相电压指________线与________线之间的电压；线电压指________线与________线之间的电压。

答案：端，中，端，中，端，端

2. 三相对称电压是指每相电压幅值________、角频率________，彼此之间的相位差互为________的 3 个电压。

答案：相等，相等，120°

3. 负载作星形连接的对称三相四线制电路中，当其中一相负载因故开路，则其他两相________；当其中一相和中线均断开，其他两相________。(填写能或不能正常工作)

答案：能正常工作，不能正常工作

4. 每相 $R=10\ \Omega$ 的三相电阻负载接至线电压为 220 V 的对称三相电压源上，当负载作星形连接时，总功率为________；负载作三角形连接时，总功率为________。

答案：4.84 kW，14.52 kW

5. 将星形连接对称负载改成三角形连接，接至相同的对称三相电压源上，则负载相电流为星形连接相电流的________倍；线电流为星形连接线电流的________倍。

答案：$\sqrt{3}$，3

6. 一台三相电动机作三角形连接，每相阻抗 $Z=(30+j40)\ \Omega$，接到线电压为 380 V 的三相电源，电动机线电流的有效值为________ A、三相功率为________ W。

答案：13.2，5197

7. 每相 $R=10\ \Omega$ 的电阻作星形连接，接至线电压为 380 V 的对称三相电压源，相电流有效值为________，三相功率为________，功率因数为________。

答案：22 A，14520 W，1

8. 有一三相对称负载，每相的电阻 $R=8\ \Omega$，感抗 $X_L=6\ \Omega$。如果负载连成星形，接到 $U_L=380$ V 的三相电源上，则负载的相电流________ A，线电流为________ A，有功功率为________ kW。

答案：22，22，11.58

9. 三相三线制电路中，测量三相有功功率通常采用________法。

答案：二瓦计

10. RL 与 C 并联的电路发生谐振时，电路的输入阻抗 $Z=$________ Ω，电路的功率因数 $\lambda=$________，电源输出的无功功率 $Q=$________。

答案：$\dfrac{L}{RC}$，1，0

11. 如图 5－1 所示的对称三相电路中，相电位为 200 V，$Z=(100\sqrt{3}+j100)\ \Omega$，功率表 W_2 的读数为________ W。

答案：$200\sqrt{3}$

12. 三相对称三线制电路的线电压为 380 V，功率表接线如图 5－2 所示，三相电路各负载 $Z=R=22\ \Omega$。此时 $\dot{U}_{AC}$ 为________ V，功率表读数为________ W。

答案：$380\angle(-30°)$，0

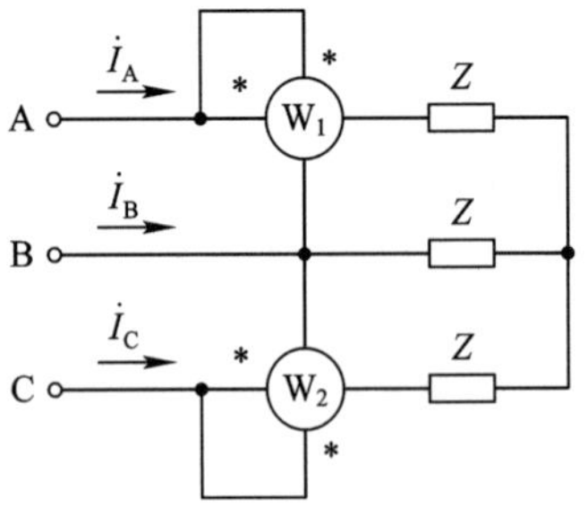

图 5－1

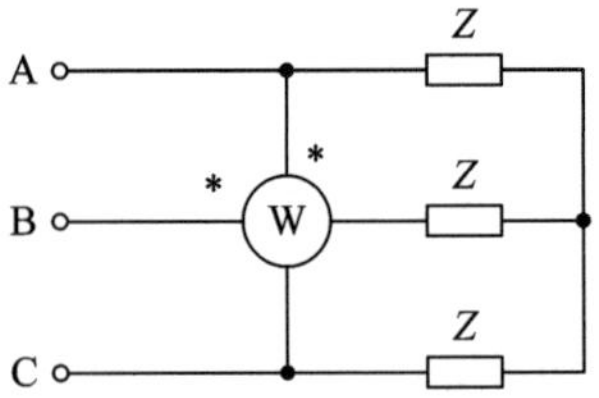

图 5－2

13. 在对称三相电路中，已知每相负载电阻 $R=60\ \Omega$，与感抗 $X_L=80\ \Omega$ 串联而成，且三相负载是星形连接，电源的线电压 $u_{AB}=380\sqrt{2}\sin(314t+30°)$，则 B 相负载的线电流为________ A。

答案：173.1

14. 在图 5-3 所示的对称三相电路中，若线电压为 380 V，$Z_1=(110-j110)\ \Omega$，$Z_2=(330+j330)\ \Omega$，则 $\dot{I}_A$ 为________A，$\dot{I}$ 为________A。

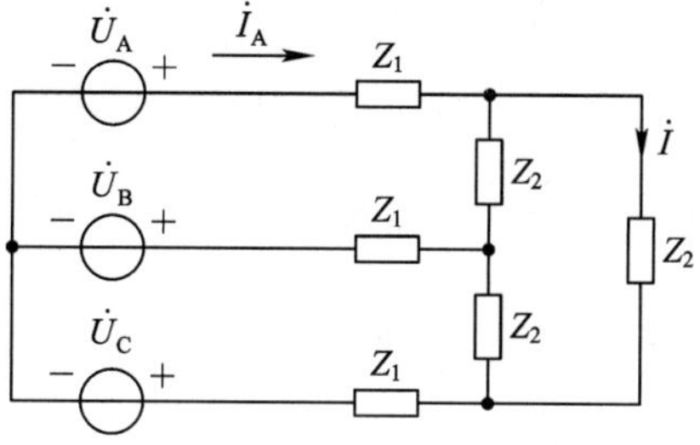

图 5-3

答案：$1\angle 0°$，$\frac{\sqrt{3}}{3}\angle(-30°)$

15. 非线性电阻元件的性质一般用________来表示。

答案：伏安特性曲线

16. 非线性电阻电路曲线相加法是以________、________为依据。

答案：KCL，KVL

17. 电压 $u=[50+20\sqrt{2}\sin(\omega t+30°)-14.14\sin(3\omega t+30°)]$ 的有效值 $U=$________V。

答案：$10\sqrt{3}$（或 54.8）

18. 如图 5-4 所示的电路中，$i_S=(2+\sqrt{2}\sin 1000t)$ A，$R=1\ \Omega$，$L=40$ mH，$C=25\ \mu$F，则电流有效值 $I_S=$________A，电压 $U=$________V。

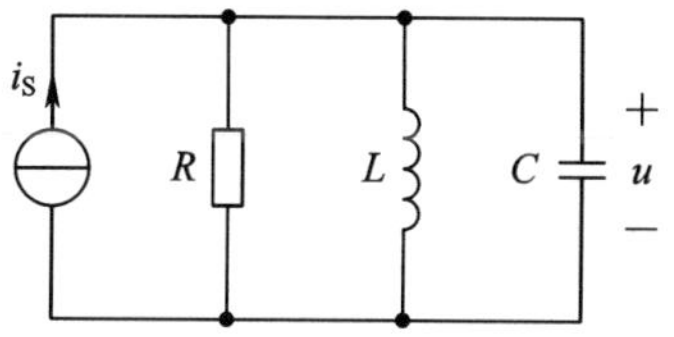

图 5-4

答案：$\sqrt{5}$，$\sqrt{2}\sin 1000t$

三、计算题

1. 电源对称 Y 连接、负载不对称的三相电路如图 5-5 所示，$Z_1=(150+j75)\ \Omega$，$Z_2=75\ \Omega$，$Z_3=(45+j45)\ \Omega$，电源相电压为 220 V，求流过负载的电流 $\dot{I}_1$ 和电源线电流 $\dot{I}_A$。

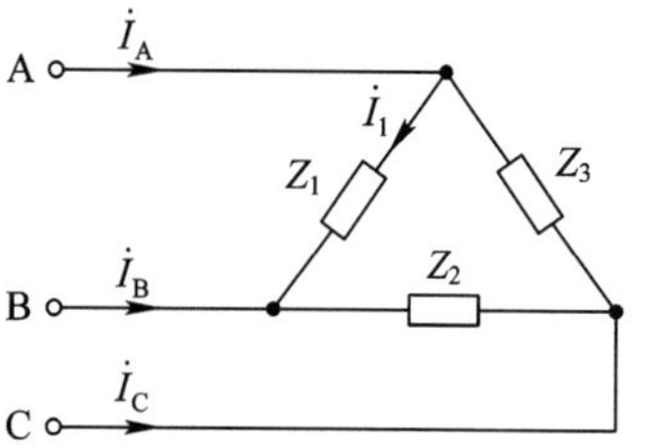

图 5-5

解　设 $\dot{U}_{AB}=380\angle 0°$ V，$\dot{U}_{BC}=380\angle(-120°)$ V，$\dot{U}_{CA}=380\angle 120°$ V，则

$$\dot{I}_1=\frac{\dot{U}_{AB}}{Z_1}=\frac{380\angle 0°}{150+j75}=2.266\angle(-26.565°)\ \text{A},$$

$$\dot{I}_3=\frac{\dot{U}_{CA}}{Z_3}=\frac{380\angle 120^\circ}{45+j45}=5.971\angle 75^\circ\ \text{A}$$

故 $\dot{I}_A=\dot{I}_1-\dot{I}_3=6.8\angle(-85.95^\circ)$ A。

2. 已知图 5-6 中 $Z=38\angle(-30^\circ)\ \Omega$，线电压 $\dot{U}_{BC}=380\angle(-90^\circ)$ V，求线电流 $\dot{I}_A$。

解 先进行电阻等效变换，得图 5-7，其中 $Z'=\frac{1}{3}Z$。已知 $\dot{U}_{BC}=380\angle(-90^\circ)$ V，可知 $\dot{U}_B=\frac{380}{\sqrt{3}}\angle(-90^\circ)-30^\circ$ V$=220\angle(-120^\circ)$ V，所以 $\dot{U}_A=\dot{U}_B\angle 120^\circ=220\angle 0^\circ$ V。三相对称，借助单相等效电路分析，可得

$$\dot{I}_A=\frac{\dot{U}_A}{\frac{1}{3}Z}=\frac{220\angle 0^\circ}{\frac{1}{3}\times 38\angle(-30^\circ)}=17.37\angle 30^\circ\ \text{A}$$

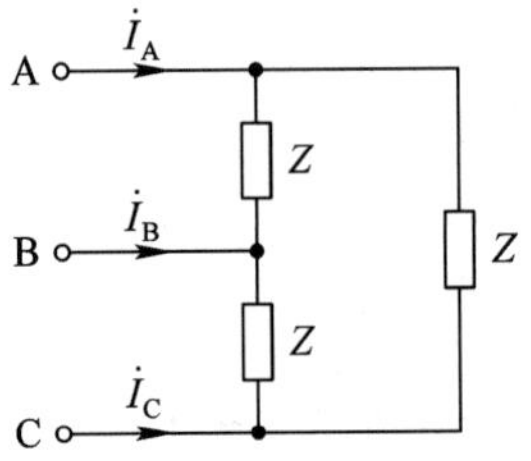

图 5-6

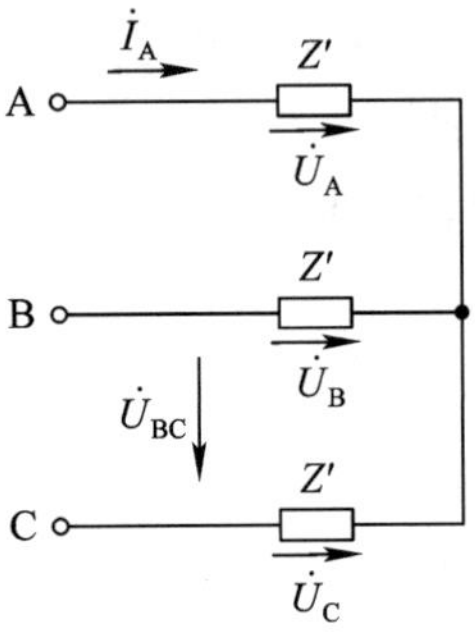

图 5-7

3. 在图 5-8 中电源电压对称，相电压 $U=220$ V，负载为灯泡组，其电阻分别为 $Z_A=5\ \Omega$，$Z_B=10\ \Omega$，$Z_C=20\ \Omega$，灯泡的额定电压为 220 V。试求负载的相电流及中线电流。

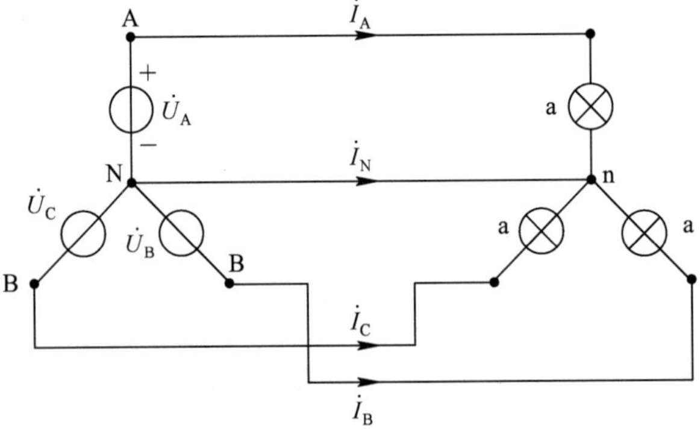

图 5-8

解 如图 5-8 所示的电路，因为有中线，且中线阻抗为零，所以虽然三相负载不对称，但这时负载相电压和电源的相电压相等。以 A 相电压为参考相量，即 $\dot{U}_A=220\angle 0^\circ$，则

$$\dot{I}_A=\frac{\dot{U}_A}{Z_A}=\frac{220\angle 0°}{5}=44\angle 0°\ \text{A}$$

$$\dot{I}_B=\frac{\dot{U}_B}{Z_B}=\frac{220\angle(-120°)}{10}=22\angle(-120°)\ \text{A}$$

$$\dot{I}_C=\frac{\dot{U}_C}{Z_C}=\frac{220\angle 120°}{20}=11\angle 120°\ \text{A}$$

中线电流

$$\begin{aligned}\dot{I}_N=\dot{I}_A+\dot{I}_B+\dot{I}_C&=(44\angle 0°+22\angle(-120°)+11\angle 120°)\ \text{A}\\&=[44+(-11-\text{j}18.9)+(-5.5+\text{j}9.45)]\\&=27.5-\text{j}9.45\\&=29.1\angle(-19°)\ \text{A}\end{aligned}$$

可见，各相电源提供的电流相差很大，有可能造成有的相电源超载运行，有的相电源又处于低载运行，而且中线电流很大。所以在实际工程中，尽可能给三相电源分配接近对称的三相负载是电路设计应考虑的问题。

4. 如图 5－9 所示的对称三相电路，负载阻抗 $Z_L=(150+\text{j}150)\ \Omega$，传输线参数 $X_1=2\ \Omega$，$R_1=2\ \Omega$，负载线电压 380 V，求电源端线电压。

解　作一相计算电路如图 5－10 所示，其中将三角形负载等效变换为星形负载，有

$$Z'_L=Z_L/3=(50+\text{j}50)\ \Omega$$

因负载端线电压为 380 V，若选 $\dot{U}_{A'N'}$ 为参考相量，则

$$\dot{U}_{A'N'}=\frac{380}{\sqrt{3}}\angle 0°\ \text{V}$$

$$\dot{U}_{AN}=\frac{Z'_L+(R_1+\text{j}X_1)}{Z'_L}\dot{U}_{A'N'}=\frac{52+\text{j}52}{50+\text{j}50}\dot{U}_{A'N'}=1.04\dot{U}_{A'N'}$$

所以电源端线电压

$$U_L=\sqrt{3}\dot{U}_{AN}=1.04\times 380=395.2\ \text{V}$$

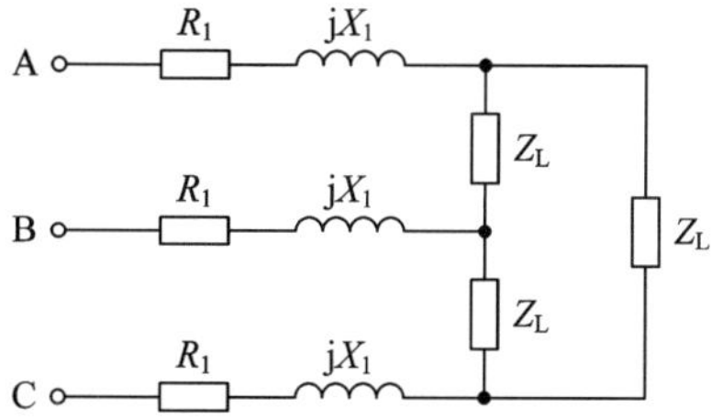

图 5－9

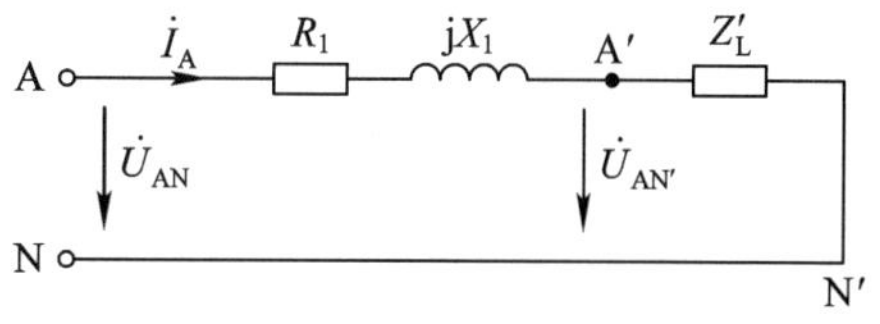

图 5－10

5. 如图 5－11 所示的三相对称电路，相序为 ABC，线电压 $U_l=380$ V，测得两瓦特表的读数分别为 $P_1=0$ W，$P_2=1.65$ kW。求负载阻抗的参数 R 和 X。

解　选 $\dot{U}_{AB}=U_l\angle 0°$ 为参考相量，并设负载阻抗 $Z=R+\text{j}X=Z\angle\varphi$，则相电压、相(线)电流为

$$\dot{U}_A=(U_L/\sqrt{3})\angle(-30°)\ \text{V},\ \dot{U}_C=(U_L/\sqrt{3})\angle 90°\ \text{V}$$

$$\dot{I}_A=\dot{U}_A/Z=I_L\angle(-30°)-\varphi\ \text{A}$$

作出电流、电压相量图，如图 5-12 所示，其中还画上了线电压 $\dot{U}_{BC}$、$\dot{U}_{CB}$，相电压 $\dot{U}_B$ 等。它们的相位关系与一般对称三相电路相同。

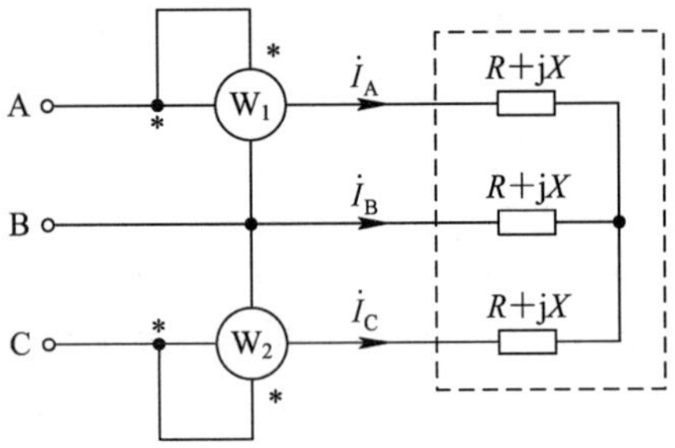

图 5-11

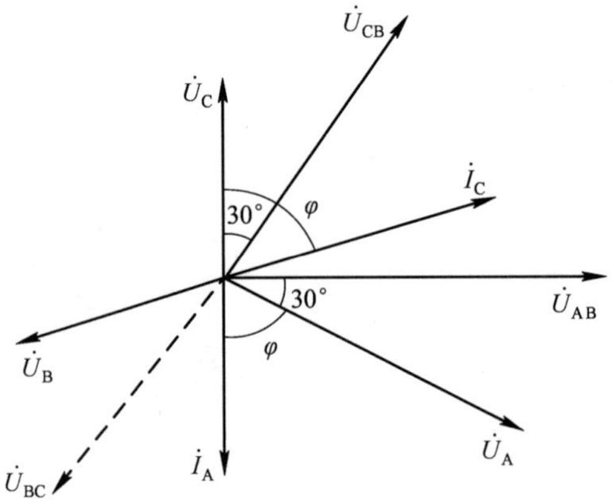

图 5-12

功率表 W_1、W_2 测量的 P_1、P_2 的表达式如下：

$$P_1=U_{AB}I_A\cos(\psi_{uAB}-\psi_{iA})=U_LI_L\cos(30°+\varphi) \tag{1}$$

$$P_2=U_{CB}I_C\cos(\psi_{uCB}-\psi_{iC})=U_LI_L\cos(60°-90°+\varphi) \tag{2}$$

由已知 $P_1=0$ W 和式(1)可以判定(因 $U_L\neq 0$，$I_L\neq 0$)

$$\cos(30°+\varphi)=0,\ 30°+\varphi=90°$$

所以 $\varphi=60°$。

由式(2)求出(代入 φ 值及 P_2 值)线电流

$$I_L=\frac{P_2}{U_L\cos(60°-90+60°)}=\frac{1650}{380\cos 30°}=5\ \text{A}$$

所求阻抗

$$Z=\frac{\dot{U}_A}{\dot{I}_A}=\frac{U_L/\sqrt{3}}{I_L}\angle\varphi=44\angle 60°=(22+\text{j}38)\ \Omega$$

即 $R=22\ \Omega$，$X=38\ \Omega$。

6. 对称三相电路如图 5-13(a)所示，其中相电压的有效值为 220 V，电路中连接了一个对称三相负载，负载线电流为 10 A，功率因数为 0.6(滞后)，需并联无功功率为多少的对称容性负载才能使功率因数为 1?

解　本题可归结为一相计算。电路未并联容性负载前，$\dot{I}_A=\dot{I}'_A$，从相量图 5-13(b)可知，并联容性负载所产生的线电流须满足

$$\dot{I}'_A\sin\varphi=\dot{I}''_A$$

因为 $\lambda=\cos\varphi=0.6$，所以 $\sin\varphi=0.8$，而

$$\dot{I}''_A=\dot{I}'_A\sin\varphi=8\ \text{A}$$

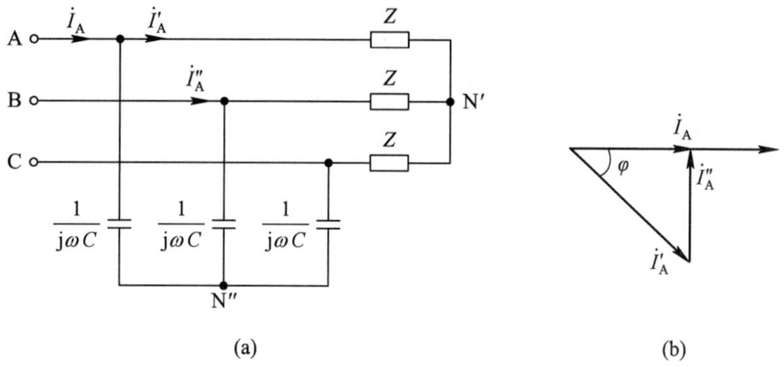

图 5-13

故解得容性负载的无功功率

$$Q=3U_A\dot{I}''_A\sin(-90^\circ)=-5280\ \text{var}=-5.28\ \text{kvar}$$

7. 如图 5-14 所示的对称三相电路中，$U_{A'B'}=380$ V，三相电动机吸收的功率为 1.4 kW，其功率因数 $\lambda=0.866$(滞后)，$Z_1=-j55\ \Omega$。求 U_{AB} 和电压源端的功率因数 λ'。

解　根据已知条件 $\varphi_Z=\arccos\lambda=30^\circ$(阻抗角)

线电流

$$I_A=\frac{P}{\sqrt{3}U_{A'B'}\lambda}=\frac{1400}{\sqrt{3}\times380\times0.866}\ \text{A}=2.456\ \text{A}$$

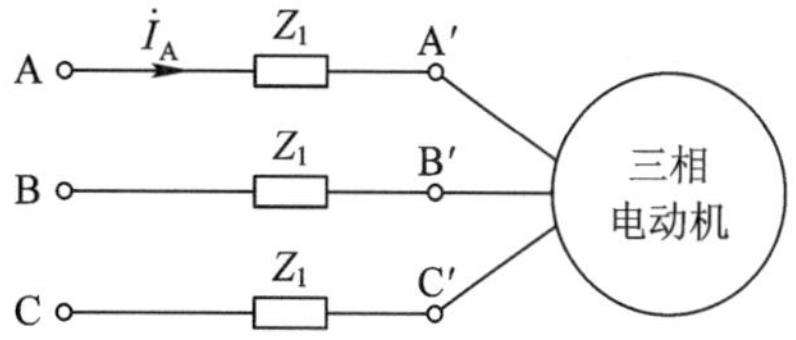

图 5-14

电动机吸收的无功功率

$$Q=P\tan30^\circ=808.29\ \text{var}$$

三相电动机吸收的复功率

$$\overline{S}_d=(1400+j808.29)\ \text{V}\cdot\text{A}$$

三相电路中阻抗 $-j55\ \Omega$ 吸收的无功功率

$$Q_C=3\times I_A^2\times(-55)=-995.27\ \text{var}$$

三相电源发出的复功率

$$\overline{S}_s=\overline{S}_d+Q_C=(1400-j186.98)\ \text{V}\cdot\text{A}(过补偿)$$

故解得

$$\varphi'_Z=\arctan\left(\frac{-186.98}{1400}\right)=-7.61^\circ(容性)，\lambda'=\cos\varphi'_Z=0.991$$

电源端的线电压

$$U_{AB}=\frac{P}{\sqrt{3}I_A\lambda'}=\frac{1400}{\sqrt{3}\times2.456\times0.99}\ \text{V}=332.03\ \text{V}$$

8. 如图 5-15 所示的对称 Y-△三相电路中，$U_{AB}=380$ V，图中功率表的读数 W_1 为 782，W_2 为 1976.44。

(1) 求负载吸收的复功率 $\overline{S}$ 和阻抗 Z；

(2) 开关 S 打开后，功率表的读数。

解　(1) 本题只能从表 W 的读数的表达式寻求解法。在对称的情况下，令对称三相电源的相电压 $\dot{U}_A=U_A\angle0^\circ$ V，对称线电流 $I_A=I_B=I_C$，$\dot{I}_A=I_L\angle(-\varphi_Z)$，则有 $\dot{I}_C=$

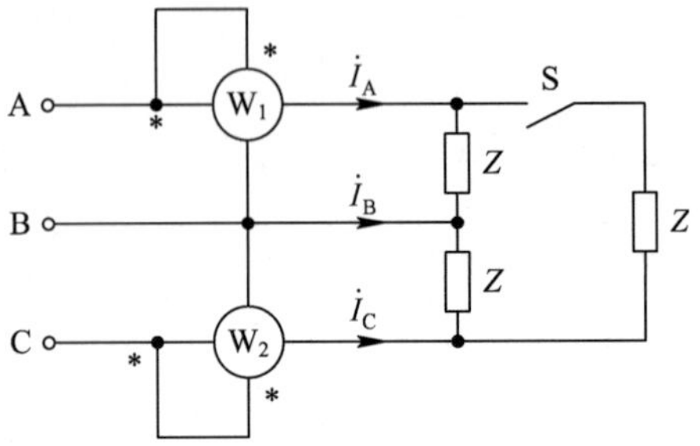

图 5-15

$\dot{I}_L\angle(-\varphi_Z)+120°$，$\dot{U}_{AB}=U_L\angle 30°$，$\dot{U}_{CB}=U_L\angle 90°$，从而表 W 的读数可表示如下：

$$P_1=\mathrm{Re}[\dot{U}_{AB}\dot{I}_A^*]=\mathrm{Re}[U_L\angle 30°\cdot I_L\angle+\varphi_Z]=U_LI_L\cos(30°+\varphi_Z)$$

$$P_2=\mathrm{Re}[\dot{U}_{CA}\dot{I}_C^*]=\mathrm{Re}[U_L\angle 90°\cdot I_L\angle(-120°)+\varphi_Z]=U_LI_L\cos(-30°+\varphi_Z)]$$

最后可解得

$$\tan\varphi_Z=\frac{\sqrt{3}\left(1-\dfrac{P_1}{P_2}\right)}{1+\dfrac{P_1}{P_2}}=0.75,\ \varphi_Z=36.87$$

三相电路吸收的无功功率

$$Q=P\tan\varphi_Z=\tan\varphi_Z\cdot(P_1+P_2)=2068.83\ \mathrm{var}$$

三相电路吸收的复功率

$$\overline{S}=(P_1+P_2)+\mathrm{j}Q=(2785.44+\mathrm{j}2068.83)\ \mathrm{V\cdot A}=3448.05\angle 36.87°\ \mathrm{V\cdot A}$$

因为 $\overline{S}=3U_L^2Y^*$，所以

$$Z=\frac{3U_L^2}{S^*}=\frac{3\times(380^2)}{3448.05\angle(-36.87°)}\ \Omega=125.64\angle 36.87°\ \Omega$$

(2) 开关 S 打开后，表 W_1 的读数为 AB 相负载吸收的功率，表 W_2 的读数为 CB 相负载吸收的功率，则 $P_1=P_2$，得

$$P_1=\left(\frac{U_L}{|Z|}\right)^2\times\mathrm{Re}[Z]=\left(\frac{380}{125.64}\right)^2\times 100.5\ \mathrm{W}=919.34\ \mathrm{W}$$

注： 读者也可以按表 W 的读数规则求解。

9. 如图 5-16 所示的电路中，电源为对称三相电源。

(1) L、C 满足什么条件时，线电流对称？

(2) 若 $R=\infty$(开路)，求线电流。

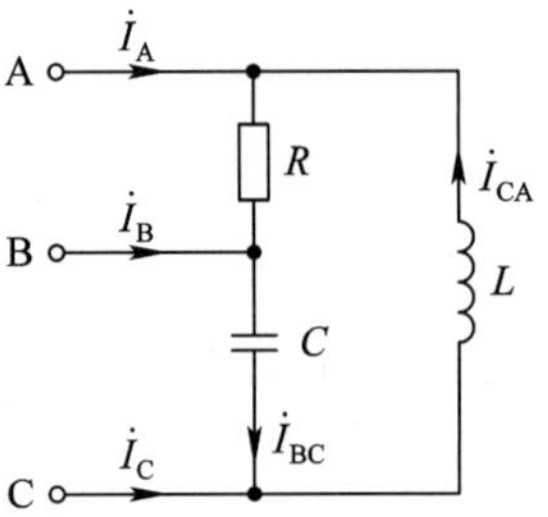

图 5-16

解　(1) 令对称线电压 $\dot{U}_{AB}=1\angle 0°$ V，则三角形负载中的相电流分别为

$$\dot{I}_{AB}=G,\ \dot{I}_{BC}=\mathrm{j}\omega C\angle(-120°),\ \dot{I}_{CA}=-\mathrm{j}\,\frac{1}{\omega L}\angle 120°$$

各线电流分别为(KCL)

$$\dot{I}_A=\dot{I}_{AB}-\dot{I}_{CA}=G-\frac{1}{\omega L}\angle 30°$$

$$\dot{I}_{B}=\dot{I}_{BC}-\dot{I}_{AB}=j\omega C\angle(-120^{\circ})-G$$

$$\dot{I}_{C}=\dot{I}_{CA}-\dot{I}_{BC}=j\frac{1}{\omega L}\angle 120^{\circ}-j\omega C\angle(-120^{\circ})$$

若线电流为对称组(顺序)，则有

$$\dot{I}_{A}=\dot{I}_{B}\angle 120^{\circ}=\dot{I}_{C}\angle(-120^{\circ})$$

则根据 $\dot{I}_{A}$ 和 $\dot{I}_{B}\angle 120^{\circ}$的表达式可解得

$$\omega C=\frac{1}{\omega L}=\frac{G}{\sqrt{3}}$$

对称线电流为

$$\dot{I}_{A}=\frac{1}{\omega L}\angle 30^{\circ},\ \dot{I}_{B}=a^{2}\dot{I}_{A},\ \dot{I}_{C}=a\dot{I}_{A}$$

(2) 若 $R=\infty$(开路)时，则各线电流分别为

$$\dot{I}_{A}=\frac{1}{\omega L}\angle(-150^{\circ})\ \text{A},\ \dot{I}_{B}=\omega C\angle(-30^{\circ})\ \text{A},\ \dot{I}_{C}=-(\dot{I}_{B}+\dot{I}_{A})=\frac{1}{\omega L}\angle 90^{\circ}\ \text{A}$$

从而可知线电流的模值不变，但 $\dot{I}_{A}$、$\dot{I}_{B}$ 和 $\dot{I}_{C}$ 为逆序对称。

10. 如图 5-17 所示的电路中，已知 $i_{S}=4+3\cos 10t$ A，$C=0.1$ F，$L=0.4$ H，$R=4\ \Omega$，求 u。

解　本题是非正弦周期电流电路，用叠加定理求解。先画出相量模型图，如图 5-18 所示。

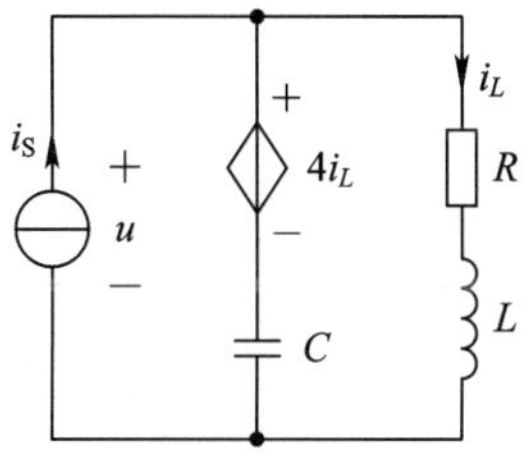

图 5-17

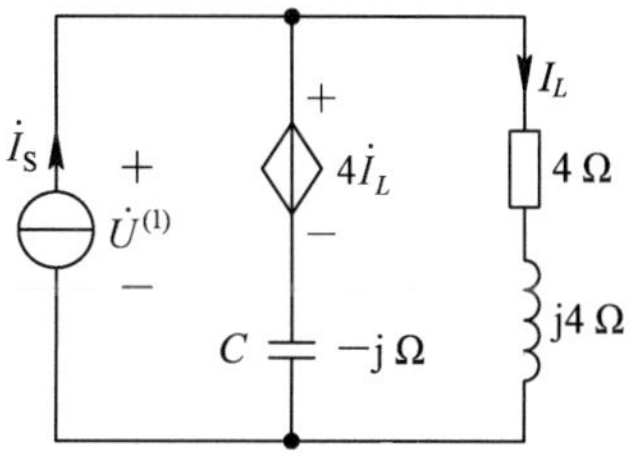

图 5-18

(1) 当 $I_{S}^{(0)}=4$ A 单独作用于电路时，得

$$U^{(0)}=RI_{S}^{(0)}=16\ \text{V}$$

(2) 当 $i_{S}^{(1)}=3\cos 10t$ A 单独作用于电路时，用相量法解，其单独作用的电路如图 5-18 所示。图中，$\dot{I}_{S}=(3/\sqrt{2})\angle 0^{\circ}$ A，列 KVL 方程：

$$4\dot{I}_{L}-j(\dot{I}_{S}-\dot{I}_{L})=(4+j4)\dot{I}_{L}$$

解出

$$\dot{I}_{L}=-\frac{\dot{I}_{S}}{3}=\left(-\frac{1}{\sqrt{2}}\right)\angle 0^{\circ}\ \text{A}$$

$$\dot{U}^{(1)}=(4+j4)\dot{I}_{L}=-4\angle 45^{\circ}\ \text{V}$$

所以

$$u^{(1)}=-4\sqrt{2}\cos(10t+45°)\ \text{V}$$

所求 u 值为

$$u=U^{(0)}+u^{(1)}=\left[16-4\sqrt{2}\cos(10t+45°)\right]\ \text{V}$$

11. 电路如图 5-19 所示，其 $u_S=[50+\sqrt{2}\times100\cos(10^3t)+\sqrt{2}\times10\cos(2\times10^3t)]$ V，$L=400$ mH，$C=25\ \mu$F，$R=50\ \Omega$。

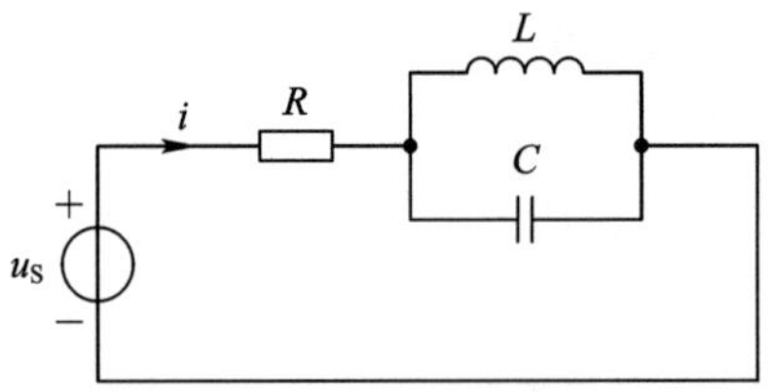

图 5-19

求：(1) 电流 $i(t)$及其有效值 I；

(2) 电压源发出的有功功率 P。

解 (1) 当恒定电压 U_0 作用于电路时，电感对直流相当于短路，电容对直流相当于开路，故有

$$I_0=\frac{U_0}{R}=\frac{50}{50}\ \text{A}=1\ \text{A}$$

(2) 当 $U_{S1}(t)=100\sqrt{2}\cos(10^3)$ V 作用于电路时，设 $\dot{U}_{S1}=100\angle0°$ V，$\omega=1000$ rad/s，则有

$$\frac{1}{\text{j}\omega L}=\frac{1}{\text{j}1000\times40\times10}\ \text{S}=-\text{j}0.025\ \text{S}$$

$$\text{j}\omega C=\text{j}1000\times25\times10^{-6}\ \text{S}=\text{j}0.025\ \text{S}$$

可见电感与电容发生并联谐振，所以有

$$\dot{I}_1=0$$

故 $i_1(t)=0$。

当 $u_{S2}(t)=10\sqrt{2}\cos(2\times10^3t)$ V 单独作用于电路时，设 $\dot{U}_{S2}=10\angle0°$ V，$\omega=2000$ rad/s，则有

$$Z_2=R+\frac{\text{j}\omega L\left(\frac{1}{\text{j}\omega C}\right)}{\text{j}\omega L+\frac{1}{\text{j}\omega C}}=(50-\text{j}26.67)\ \Omega$$

故

$$\dot{I}_2=\frac{\dot{U}_{S2}}{Z_2}=\frac{10\angle0°}{50-\text{j}26.67}\ \text{A}=0.176\angle28.08°\ \text{A}$$

则

$$i_2(t)=0.176\sqrt{2}\cos(2\times10^3t+28.08°)\ \text{A}$$

解得

$$i(t)=I_0+i_1(t)+i_2(t)=[1+0.176\sqrt{2}\cos(2\times 10^3 t+28.08°)]\ \text{A}$$

而

$$I=\sqrt{I_0^2+I_1^2+I_2^2+\cdots}=\sqrt{1^2+(0.176)^2}\ \text{A}=1.015\ \text{A}$$

解得有功功率

$$P=U_0I_0+U_1I_1\cos\varphi_1+U_2I_2\cos\varphi_2=51.55\ \text{W}$$

5.5 考研真题详解

1. 3 个相等的负载 $Z=(40+\text{j}30)\ \Omega$ 连接成星形，其中点与电源中点通过阻抗为 $Z_N=(1+\text{j}0.9)\ \Omega$ 相连接，已知对称三相电源的线电压为 380 V，则负载阻抗角 φ 为________，负载的总功率 P 为________ W。

答案：36.87°，2323.2

2. 图 5-20 所示的对称三相电路中，线电压为 380，线电流为 3 A，若功率表读数为 684 W，则负载的功率因数应该为________。

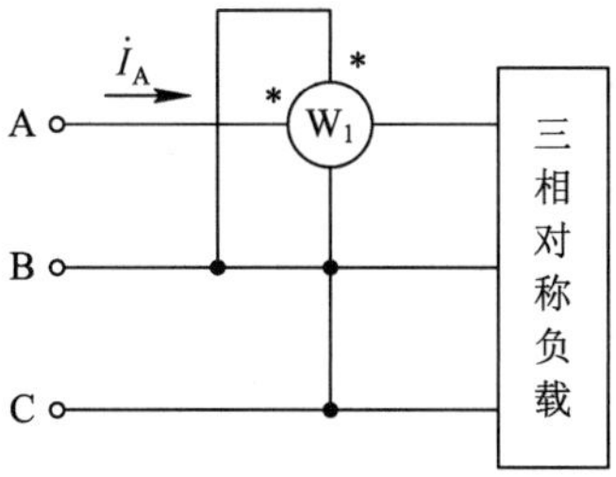

图 5-20

答案：0.8

3. 如图 5-21 所示的对称三相电路中，工频电源线电压为 380 V，已知线电流为 10 A，功率表读数为 1900 W，三相电源 A、B、C 为正序。

(1) 求 $Z_\triangle$ 的值。

(2) 求三相负载的 $P=?$ $Q=?$

(3) 欲将电路的功率因数提高到 0.95，所需要的 $C=?$

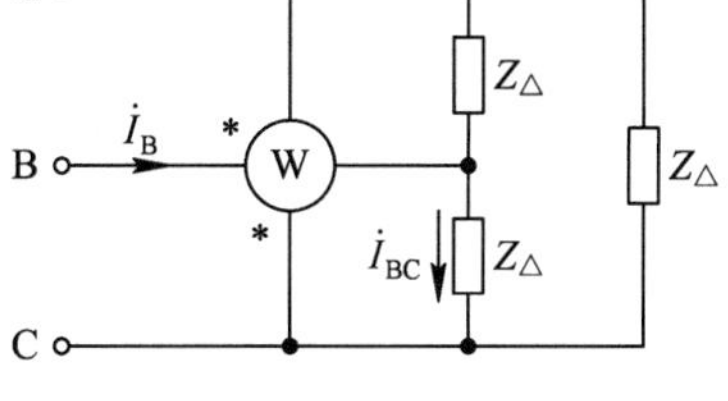

图 5-21

解　(1) 选 $\dot{U}_{AB}=U_L\angle 0°=380\angle 0°$ V 为参考相量，作相量图如图 5-22(a)所示。其中

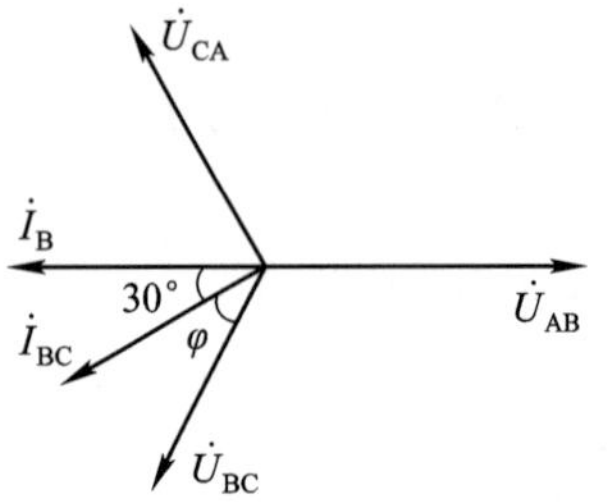

(a)

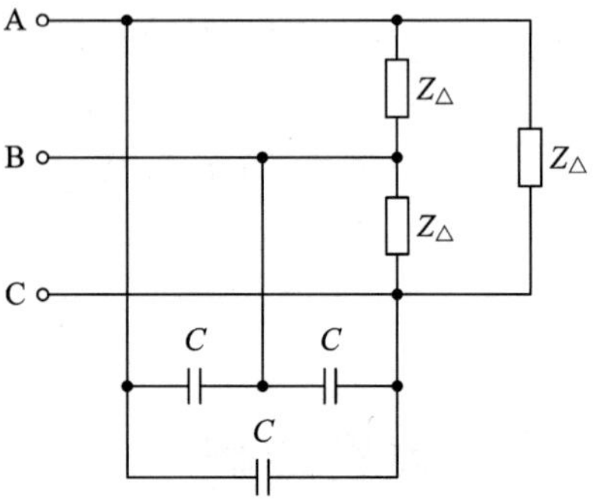

(b)

图 5-22

$$\dot{U}_{BC}=380\angle(-120°)\ \text{V},\ \dot{U}_{CA}=380\angle 120°\ \text{V}$$

相电流

$$\dot{I}_{BC}=\left(\frac{10}{\sqrt{3}}\right)\angle(-120°)-\varphi\ \text{A}$$

线电流

$$\dot{I}_{B}=10\angle(-120°-\varphi-30°)\ \text{A}$$

式中，φ 是负载 $Z_\triangle$ 的阻抗角。

由功率表的读数，得

$$P=U_L I_L\cos(\psi_{uCA}-\psi_{iB})$$

所以

$$\cos(\psi_{uCA}-\psi_{iB})=\frac{P}{U_L I_L}=\frac{1900}{380\times 10}=0.5$$

$$|\psi_{uCA}-\psi_{iB}|=\arccos 0.5=60°$$

又从相量图上可得出 $|\psi_{uCA}-\psi_{iB}|+\varphi+30°=120°$，所以

$$\varphi=30°$$

$$Z_\triangle=\frac{\dot{U}_{BC}}{\dot{I}_{BC}}=\frac{380\angle(-120°)}{(10/\sqrt{3})\angle(-120°-\varphi)}=66\angle 30°\ \Omega$$

(2) 三相负载功率

$$P=\sqrt{3}U_L I_L\cos\varphi=\sqrt{3}\times 380\times 10\times\cos 30°=5700\ \text{W}$$

$$Q=\sqrt{3}U_L I_L\sin\varphi=\sqrt{3}\times 380\times 10\times\sin 30°=3291\ \text{var}$$

(3) 当 $\cos\varphi'=0.95$ 时，$\varphi'=18.19°$，所以

$$Q'=P\tan\varphi'=5700\times 0.3287=1873.5\ \text{var}$$

由电容供给的无功功率

$$|Q_C|=|Q'-Q|=|1873.5-3291|=1417.5\ \text{var}$$

用三个电容按三角形接法接入电路，如图 5-22(b)所示。每个电容的容量为

$$C=\frac{|Q_C|}{3\omega U_L^2}=\frac{1417.5}{3\times 314\times 380^2}=10.42\ \mu\text{F}$$

4. 如图 5-23 所示，对称三相电源的相电压为 220 V，三相感性负载的功率为 3.2 kW，功率因数为 0.8。

(1) 求线电流及负载的阻抗角；

(2) 若为对称星形负载，求负载阻抗 Z_Y；

(3) 若为对称三角形负载，求负载阻抗 $Z_\triangle$。

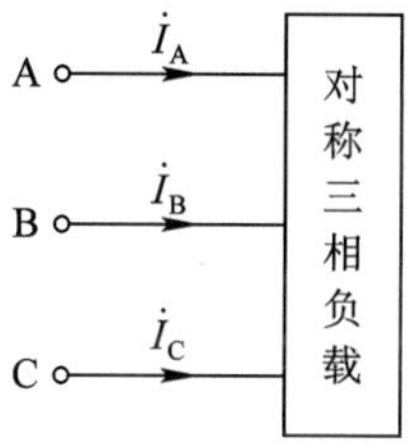

图 5-23

解　(1) 依题意，电路得线电压

$$U_L=\sqrt{3}U_P=(\sqrt{3}\times 220)\ \text{V}=380\ \text{V}$$

负载的阻抗角

$$\varphi=\arccos 0.8=36.87°$$

又

$$P=\sqrt{3}U_L I_L\cos\varphi$$

则线电流

$$I_L=\frac{P}{\sqrt{3}U_L\cos\varphi}=\frac{3200}{\sqrt{3}\times 380\times 0.8}\ \text{A}=6.077\ \text{A}$$

(2) 若为对称星形负载，则

$$Z_Y=\frac{U_P}{I_L}\angle\varphi=\frac{220}{6.077}\angle 36.87°\ \Omega=36.1\angle 36.87°\ \Omega$$

(3) 若为对称三角形负载，则

$$Z_\triangle=\frac{U_L}{I_L/\sqrt{3}}\angle\varphi=\frac{380}{6.077/\sqrt{3}}\angle 36.87°\ \Omega=108.3\angle 36.87°\ \Omega$$

5. 如图 5-24 所示的对称三相电路，已知线电压为 380 V，星形负载的功率为 10 kW，功率因数 $\lambda_1=0.85$(感性)；三角形负载的功率为 20 kW，功率因数 $\lambda_2=0.8$ (感性)。试求：

(1) 三相电源端的线电流；

(2) 三相电源端的视在功率、有功功率、无功功率及功率因数。

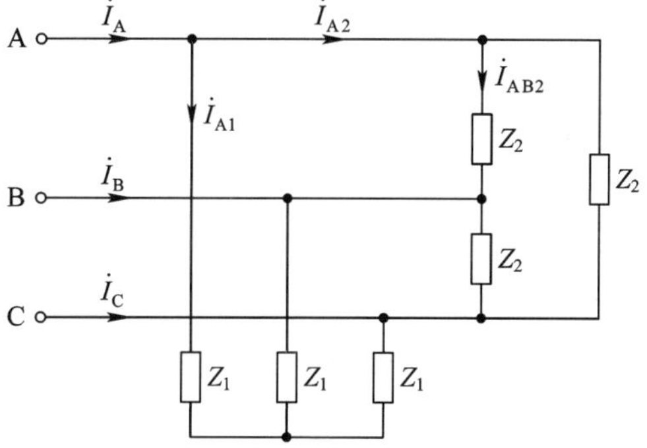

图 5-24

解　(1) 设 $\dot{U}_{AB}=380\angle 0°$ V，则

$$\dot{U}_A=\frac{1}{\sqrt{3}}\dot{U}_{AB}\angle(-30°)=220\angle(-30°)\ \text{V}$$

对星形负载，有

$$P_1 = 3U_{AN} I_{A1} \cos\varphi_1$$

则

$$I_{A1} = \frac{P_1}{3U_A \cos\varphi_1} = \frac{10\times 10^3}{3\times 220\times 0.85}\ \text{A} = 17.83\ \text{A}$$

而

$$\varphi_1 = \arccos 0.85 = 31.79°$$

故

$$\dot{I}_{A1} = 17.83\angle(-30° - 31.79°)\ \text{A} = 17.83\angle(-61.79°)\ \text{A}$$

对三角形负载，有

$$P_2 = 3U_{AB} I_{AB2} \cos\varphi_2$$

则

$$I_{AB2} = \frac{P_2}{3U_{AB} \cos\varphi_2} = \frac{20\times 10^3}{3\times 380\times 0.8}\ \text{A} = 21.93\ \text{A}$$

而

$$\varphi_2 = \arccos 0.80 = 36.87°$$

故

$$\dot{I}_{AB2} = 21.93\angle(-36.87°)\ \text{A}$$

$$\dot{I}_{A2} = \sqrt{3}\dot{I}_{AB2}\angle(-30°) = (\sqrt{3}\angle(-30°)\times 21.93\angle(-36.87°))\ \text{A} = 37.98\angle(-66.87°)\ \text{A}$$

所以

$$\dot{I}_A = \dot{I}_{A1} + \dot{I}_{A2} = (17.83\angle(-61.79°)\ \text{A} + 37.98\angle(-66.87°))\ \text{A} = 55.76\angle(-65.25°)\ \text{A}$$

根据电流对称的性质得

$$\dot{I}_B = 55.76\angle(-65.25° - 120°)\ \text{A} = 55.76\angle 174.75°\ \text{A}$$

$$\dot{I}_C = 55.76\angle(-65.25° + 120°)\ \text{A} = 55.76\angle 54.75°\ \text{A}$$

(2) 有功功率

$$P = P_1 + P_2 = 30\ \text{kW}$$

功率因数角

$$\varphi_1 = \arccos 0.85 = 31.79°$$

$$\varphi_2 = \arccos 0.80 = 36.87°$$

无功功率

$$Q_1 = P_1 \tan\varphi_1 = 10\tan 31.79°\ \text{var} = 6.20\ \text{kvar}$$

$$Q_2 = P_2 \tan\varphi_2 = 20\tan 36.87°\ \text{var} = 15\ \text{kvar}$$

$$Q = Q_1 + Q_2 = 21.20\ \text{kvar}$$

视在功率

$$S = \sqrt{P^2 + Q^2} = 36.73\ \text{kV}\cdot\text{A}$$

线电流

$$I_L = \frac{S}{\sqrt{3}U_L} = \frac{36.73\times 10^3}{\sqrt{3}\times 380}\ \text{A} = 55.8\ \text{A}$$

功率因数

$$\lambda=\cos\varphi=\cos\left(\arctan\frac{21.20}{30}\right)=0.817$$

6. 对称三相电路如图 5-25 所示，其中线电压 $U_{AB}=220$ V，$Z=(20+j20)$ Ω。

(1) 求负载端的总有功功率；

(2) 若用两表法测量三相总功率，其中一表已接好，画出另一表的接线图，并求出其读数。

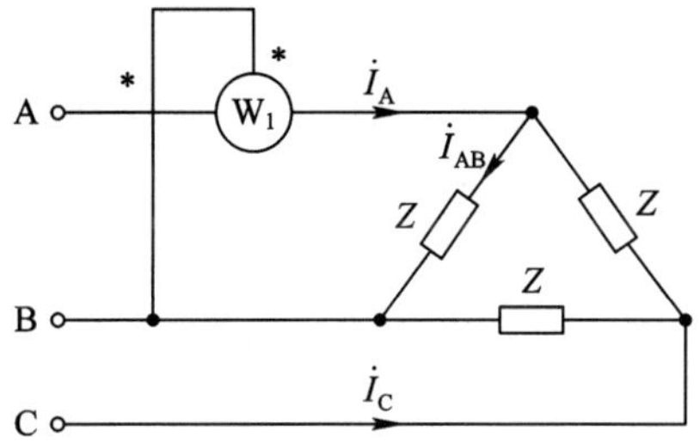

图 5-25

解　(1) 依题意，三相负载各相电流

$$I_P=\frac{U_P}{|Z|}=\frac{220}{\sqrt{20^2+20^2}}\ \text{A}=7.78\ \text{A}$$

又

$$\cos\varphi=\frac{\text{Re}[Z]}{|Z|}=\frac{20}{\sqrt{20^2+20^2}}=0.707$$

所以三相电路的总有功功率

$$P=3U_PI_P\cos\varphi=(3\times220\times7.78\times0.707)\ \text{W}=3.63\ \text{kW}$$

(2) 另一表的接线如图 5-26 所示。

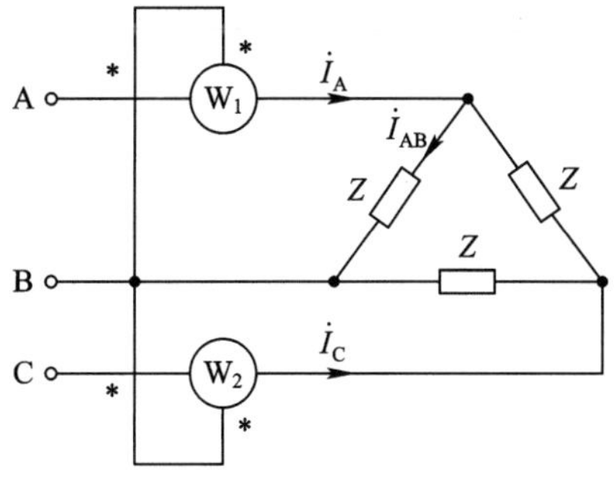

图 5-26

设 $\dot{U}_{AB}=220\angle0°$ V，则

$$\dot{U}_{BC}=220\angle(-120°)\ \text{V}$$

$$\dot{U}_{CB}=-\dot{U}_{BC}=220\angle60°\ \text{V}$$

而

$$\dot{I}_{AB}=\frac{\dot{U}_{AB}}{Z}=\frac{220\angle0°}{20+j20}\ \text{A}=7.78\angle(-45°)\ \text{A}$$

$$\dot{I}_A=\sqrt{3}\dot{I}_{AB}\angle(-30°)=(\sqrt{3}\angle(-30°)\times 7.78\angle(-45°))\ \text{A}=13.47\angle(-75°)\ \text{A}$$

则

$$\dot{I}_C=\dot{I}_A\times 1\angle 120°=13.47\angle 45°\ \text{A}$$

功率表 W_1 的读数

$$P_1=\text{Re}[\dot{U}_{AB}\dot{I}_A^*]=\{220\times 5.5\sqrt{6}\times\cos[0°-(-75°)]\}\ \text{W}=767.1\ \text{W}$$

功率表 W_2 的读数

$$P_2=\text{Re}[\dot{U}_{CB}\dot{I}_C^*]=[220\times 5.5\sqrt{6}\times\cos(60°-45°)]\ \text{W}=2862.9\ \text{W}$$

7. 对称三相电路如图 5-27 所示，线电压为 U_L，功率表 W_1 的读数为 833.33 W，功率表 W_2 的读数为 1666.67 W，试求对称三相感性负载的有功功率、无功功率及功率因数。

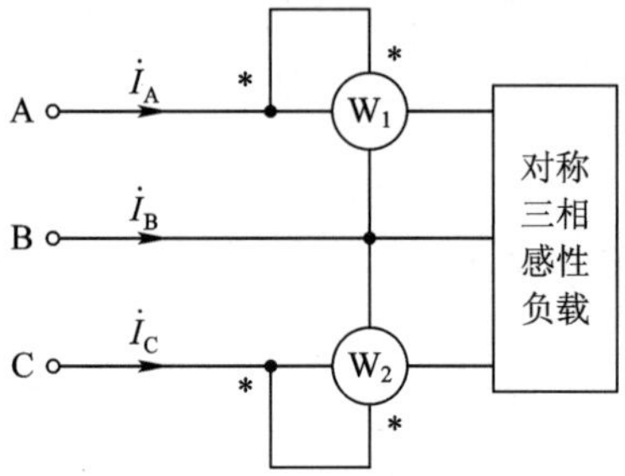

图 5-27

解 设 $\dot{U}_A=U_P\angle 0°$ V，三相负载的阻抗角为 φ。则

$$\dot{U}_{AB}=U_L\angle 30°$$

$$\dot{U}_{BC}=U_L\angle(-90°)$$

$$\dot{U}_{CB}=-\dot{U}_{BC}=U_L\angle 90°$$

$$\dot{I}_A=I_L\angle(-\varphi)$$

$$\dot{I}_C=I_L\angle(-\varphi+120°)$$

三相负载吸收的有功功率

$$P=P_1+P_2=2500\ \text{W}$$

$$P_1=\text{Re}[\dot{U}_{AB}\dot{I}_A^*]=U_{AB}I_A\cos[30°-(-\varphi)]=U_LI_L\cos(\varphi+30°)$$

$$P_2=\text{Re}[\dot{U}_{CB}\dot{I}_C^*]=U_{CB}I_C\cos[90°-(-\varphi+120°)]=U_LI_L\cos(\varphi-30°)$$

又

$$\cos(\varphi-30°)-\cos(\varphi+30°)=2\sin 30°\sin\varphi=\sin\varphi$$

则负载的无功功率

$$Q=\sqrt{3}(P_2-P_1)=[\sqrt{3}\times(1666.67-833.33)]\ \text{var}=1443.39\ \text{var}$$

功率因数角

$$\varphi=\arctan\frac{Q}{P}=\arctan\frac{1443.39}{2500}=30°$$

电路的功率因数

$$\cos\varphi=\cos30°=0.866$$

8. 如图 5-28 所示的电路，对称三相电源的线电压为 380 V，负载 $Z_1=(50+j80)\ \Omega$。电动机 M 的有功功率 $P=1600$ W，功率因数 $\cos\varphi=0.8$（滞后）。

（1）求三相电源发出的有功功率和无功功率；

（2）画出用两表法测三相电源有功功率的接线图，并求出各表读数。

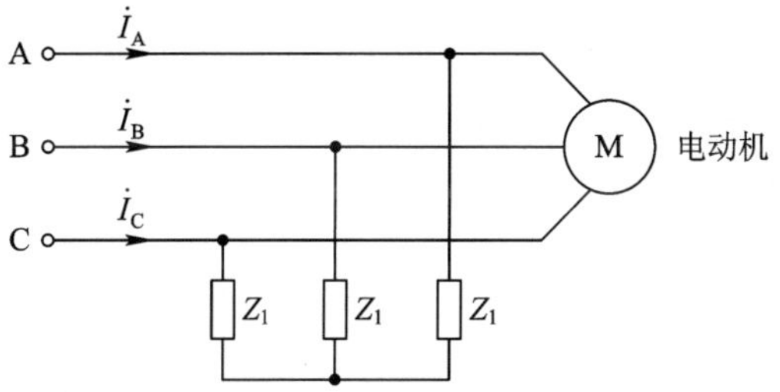

图 5-28

解　（1）电动机可以看成星形三相对称负载，则原电路的一相等效电路如图 5-29 所示。

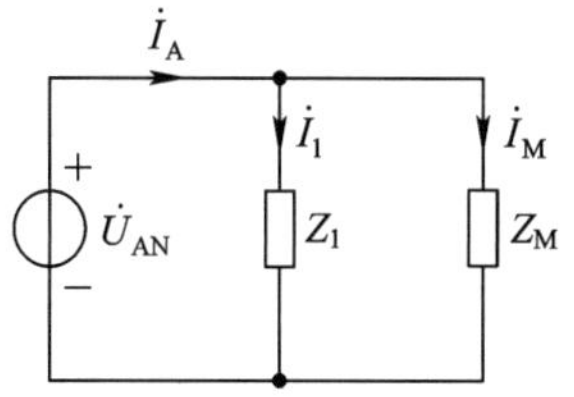

图 5-29

令 $\dot{U}_{AN}=220\angle0°$ V，则

$$\dot{I}_1=\frac{\dot{U}_{AN}}{Z_1}=\frac{220\angle0°}{50+j80}\ \text{A}=2.33\angle(-57.99°)\ \text{A}$$

$$I_M=\frac{P}{3U_{AN}\cos\varphi}=\frac{1600}{3\times220\times0.8}\ \text{A}=3.03\ \text{A}$$

又由于 $\cos\varphi=0.8$，所以 $\varphi=36.87°$，故 $\dot{I}_M=3.03\angle(-36.87°)$ A，因此

$$\begin{aligned}\dot{I}_A&=\dot{I}_1+\dot{I}_M=(2.33\angle(-57.99°)+3.03\angle(-36.87°))\ \text{A}\\&=5.27\angle(-46.00°)\ \text{A}\end{aligned}$$

三相电源发出的有功功率和无功功率分别为

$$P=3U_{AN}I_A\cos\varphi'=(3\times220\times5.27\cos46.00°)\ \text{W}=2416.16\ \text{W}$$

$$Q=3U_{AN}I_A\sin\varphi'=(3\times220\times5.27\sin46.00°)\ \text{var}=2502.00\ \text{var}$$

（2）两表测电源总功率的接线图如图 5-30 所示。

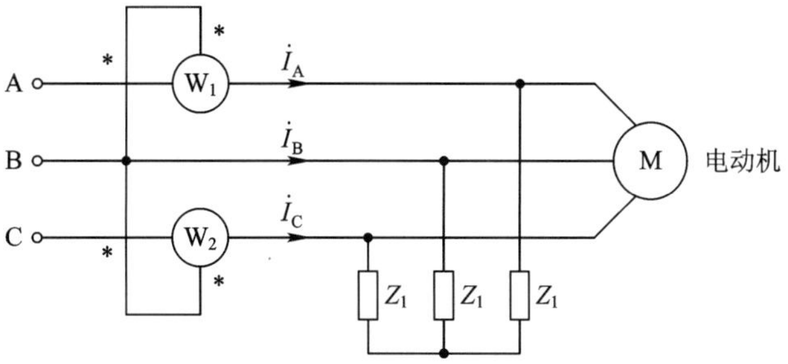

图 5-30

功率表 W_1 的读数

$$P_1=\mathrm{Re}[\dot{U}_{AB}\overset{*}{I}_A]=\{380\times5.27\times\cos[30^\circ-(-46.00^\circ)]\}\ \mathrm{W}=484.47\ \mathrm{W}$$

功率表 W_2 的读数

$$P_2=\mathrm{Re}[\dot{U}_{CB}\overset{*}{I}_C]=\{380\times5.27\times\cos[90^\circ-(-46.04^\circ+120^\circ)]\}\ \mathrm{W}=1925.02\ \mathrm{W}$$

9. 三相电路如图 5-31 所示。对称三相电源的线电压 $U_L=380$ V，电路接有两组三相负载，一组为星形连接的对称三相负载，每相阻抗 $Z_1=(30+\mathrm{j}40)\ \Omega$；另一组是三角形连接的不对称三相负载，$Z_A=100\ \Omega$，$Z_B=-\mathrm{j}200\ \Omega$，$Z_C=\mathrm{j}380\ \Omega$。

(1) 求图中交流电流表 A_1 和 A_2 的读数；

(2) 计算三相电源发出的平均功率。

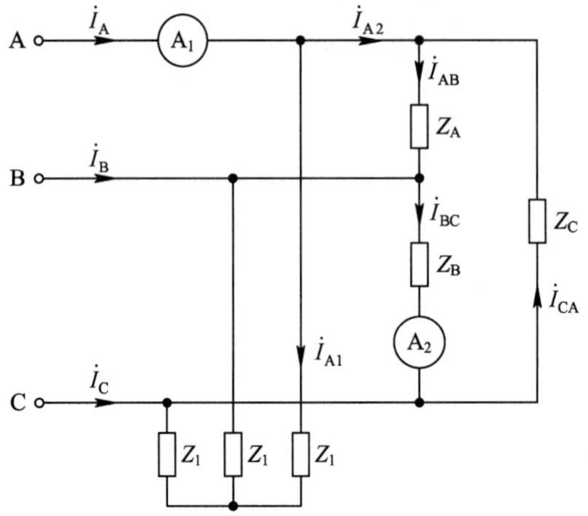

图 5-31

解 (1) 依题意，设 $\dot{U}_{AN}=220\angle0^\circ$ V，则对称三相负载的线电流为

$$\dot{I}_{A1}=\frac{\dot{U}_{AN}}{Z_1}=\frac{220\angle0^\circ}{30+\mathrm{j}40}\ \mathrm{A}=4.4\angle(-53.13^\circ)\ \mathrm{A}$$

不对称三相负载的相电流分别为

$$\dot{I}_{AB}=\frac{\dot{U}_{AB}}{Z_A}=\frac{380\angle30^\circ}{100}\ \mathrm{A}=3.8\angle30^\circ\ \mathrm{A}$$

$$\dot{I}_{BC}=\frac{\dot{U}_{BC}}{Z_B}=\frac{380\angle(-90^\circ)}{-\mathrm{j}200}\ \mathrm{A}=1.9\angle0^\circ\ \mathrm{A}$$

$$\dot{I}_{CA}=\frac{\dot{U}_{CA}}{Z_C}=\frac{380\angle150^\circ}{\mathrm{j}380}\ \mathrm{A}=1\angle60^\circ\ \mathrm{A}$$

A 相总电流为

$$\begin{aligned}\dot{I}_A&=\dot{I}_{A1}+\dot{I}_{AB}-\dot{I}_{CA}\\&=(4.4\angle(-53.13^\circ)+3.8\angle30^\circ-1\angle60^\circ)\ \mathrm{A}\\&=5.97\angle(-24.63^\circ)\ \mathrm{A}\end{aligned}$$

所以，电流表 A_1 的读数为 5.97 A，A_2 的读数为 1.9 A。

(2) 注意到 Z_B 和 Z_C 都不消耗平均功率，则三相电源发出的平均功率

$$P=3I_{A_1}^2\mathrm{Re}[Z_1]+\frac{\dot{U}_{AB}}{Z_A}=\left(3\times4.4^2\times30+\frac{380^2}{100}\right)\mathrm{W}=3185.4\ \mathrm{W}$$

10. 电路如图 5-32 所示。对称三相电源线电压 $U_L=380$ V，接有两组对称三相负载。第一组为三相电动机，其额定参数 $U_N=380$ V，输入功率 $P_{1N}=4.5$ kW，$\cos\varphi_N=0.8$；第二组为电阻负载，每相电阻 $R=50\ \Omega$，线路阻抗 $Z_1=(3+\mathrm{j}5)\ \Omega$。试求三相总电流 $\dot{I}_A$、$\dot{I}_B$、$\dot{I}_C$ 及交流电压表的读数。

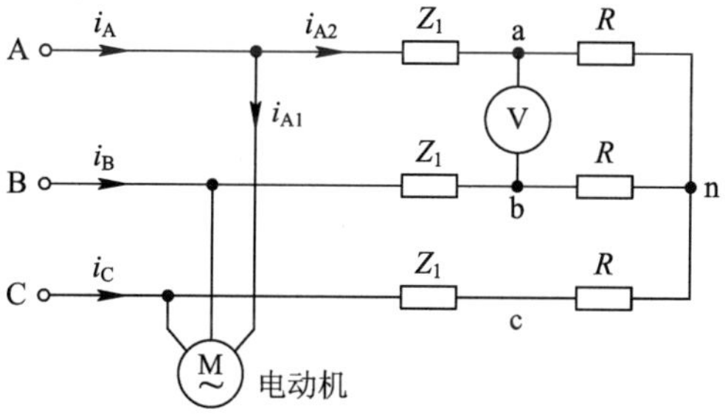

图 5-32

解　依题意，设 $\dot{U}_A=220\angle0°$ V。

电路为对称三相电路，对于电动机负载，有

$$I_{A1}=\frac{P_{1N}}{\sqrt{3}U_N\cos\varphi_N}=\frac{4500}{\sqrt{3}\times380\times0.8}\ \mathrm{A}=8.55\ \mathrm{A}$$

$$\varphi_N=\arccos0.8=36.87°$$

则

$$\dot{I}_{A1}=8.55\angle(-36.87°)\ \mathrm{A}$$

对于电阻负载，有

$$\dot{I}_{A2}=\frac{\dot{U}_{An}}{Z_1+R}=\frac{220\angle0°}{3+\mathrm{j}5+50}\ \mathrm{A}=4.13\angle(-5.39°)\ \mathrm{A}$$

则总线电流

$$\dot{I}_A=\dot{I}_{A1}+\dot{I}_{A2}=(8.55\angle(-36.87°)+4.13\angle(-5.39°))\ \mathrm{A}=12.26\angle(-26.75°)\ \mathrm{A}$$

由对称性得

$$\dot{I}_B=12.26\angle(-146.75°)\ \mathrm{A}$$

$$\dot{I}_C=12.26\angle93.25°\ \mathrm{A}$$

负载端相电压

$$\dot{U}_{an}=R\dot{I}_{A2}=(50\times4.13\angle(-5.39°))\ \mathrm{V}=206.5\angle(-5.39°)\ \mathrm{V}$$

负载端线电压

$$\dot{U}_{ab}=\sqrt{3}\dot{U}_{an}\angle30°=(\sqrt{3}\angle30°\times206.5\angle(-5.39°))\ \mathrm{V}=357.67\angle24.61°\ \mathrm{V}$$

所以，电压表读数为 357.67 V。

11. 如图 5-33 所示的电路，三相电动机接在对称三相电源上，电动机的额定参数输出功率 $P_{出}=7.5\ kW$，功率因数 $\cos\varphi=0.88$，机械效率 $\eta=0.875$，线电压 $U_L=380\ V$。求三相电动机在额定负载下的线电流及两只功率表的读数。

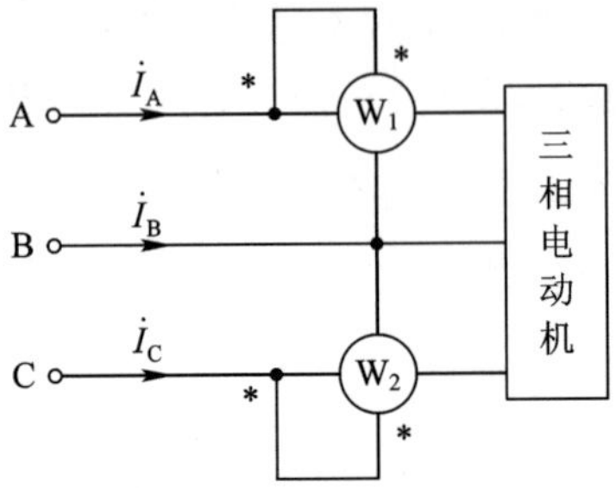

图 5-33

解 依题意，三相电动机在额定负载下的输入功率

$$P_{入}=\frac{P_{出}}{\eta}=\frac{7500}{0.875}\ W=8.57\ kW$$

设对称三相电源为星形接法，则

$$\dot{U}_A=220\angle 0^\circ\ V$$

$$\dot{U}_{AB}=380\angle 30^\circ\ V$$

$$\dot{U}_{BC}=380\angle(-90^\circ)\ V$$

$$\dot{U}_{CB}=-\dot{U}_{BC}=380\angle 90^\circ\ V$$

$$I_L=\frac{P_{入}}{\sqrt{3}U_L\cos\varphi}=\frac{8570}{\sqrt{3}\times 380\times 0.88}\ A=14.8\ A$$

$$\varphi=\arccos 0.88=28.36^\circ$$

因此，可得

$$\dot{I}_A=14.8\angle(-28.36^\circ)\ A$$

$$\dot{I}_B=14.8\angle(-148.36^\circ)\ A$$

$$\dot{I}_C=14.8\angle 91.64^\circ\ A$$

$$P_1=\mathrm{Re}[\dot{U}_{AB}\dot{I}_A^*]=[380\times 14.8\times\cos(30^\circ+28.36^\circ)]\ W=2.95\ kW$$

$$P_2=\mathrm{Re}[\dot{U}_{CB}\dot{I}_C^*]=[380\times 14.8\times\cos(90^\circ-91.64^\circ)]\ W=5.62\ kW$$

12. 如图 5-34 所示的电路，对称三相电源的相电压 $U_P=220\ V$，$\omega L=\frac{1}{\omega C}=100\ \Omega$，$R=\frac{1}{\sqrt{3}}\omega L$，$R_1=55\ \Omega$。

(1) 求三相电源发出的复功率；

(2) 若 $R=\omega L=\frac{1}{\omega C}=100\ \Omega$，$R_2=100\ \Omega$，求流过电阻 R_2 的电流 $\dot{I}_{DE}$。

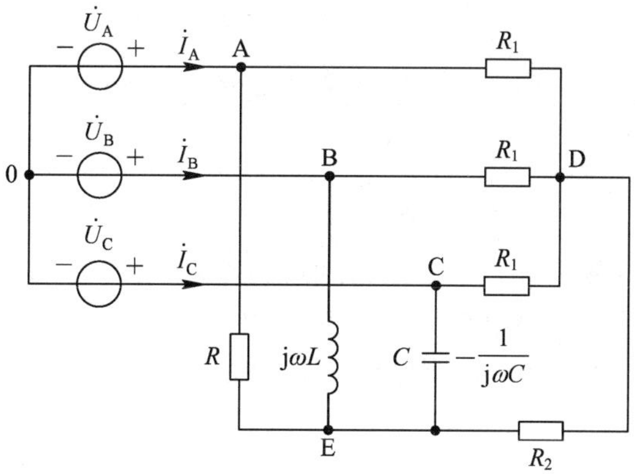

图 5 - 34

解　(1) 电路的结点电压方程如下：

$$\left(\frac{3}{R_1}+\frac{1}{R_2}\right)\dot{U}_D-\frac{1}{R_2}\dot{U}_E=\frac{1}{R_1}(\dot{U}_A+\dot{U}_B+\dot{U}_C)$$

$$-\frac{1}{R_2}\dot{U}_D+\left(\frac{1}{R_2}+\frac{1}{R}+j\omega C-j\frac{1}{\omega L}\right)\dot{U}_E=\frac{1}{R}\dot{U}_A-j\frac{1}{\omega L}\dot{U}_B+j\omega C\dot{U}_C$$

由于三相电源对称，则

$$\frac{1}{R_1}(\dot{U}_A+\dot{U}_B+\dot{U}_C)=0$$

$$\frac{1}{R}\dot{U}_A-j\frac{1}{\omega L}\dot{U}_B+j\omega C\dot{U}_C=\omega C\left[\sqrt{3}\dot{U}_A+j(\dot{U}_C-\dot{U}_B)\right]=0$$

于是 $\dot{U}_D=\dot{U}_E=0$。

设 $\dot{U}_A=220\angle 0^\circ$ V，则

$$\dot{I}_A=\frac{\dot{U}_A}{R}+\frac{\dot{U}_A}{R_1}=(3.81\angle 0^\circ+4\angle 0^\circ)\text{ A}=7.81\angle 0^\circ\text{ A}$$

$$\dot{I}_B=\frac{\dot{U}_B}{R_1}-j\frac{1}{\omega L}\dot{U}_B=(4\angle(-120^\circ)-j2.2\angle(-120^\circ))\text{ A}=4.57\angle(-148.81^\circ)\text{ A}$$

三相电源发出的复功率

$$\begin{aligned}\tilde{S}&=\dot{U}_{AC}\dot{I}_A^*+\dot{U}_{BC}\dot{I}_B^*\\&=(381\angle(-30^\circ)\times 7.81+381\angle(-90^\circ)\times 4.57\angle(-148.81^\circ))\text{ V}\cdot\text{A}\\&=3478\text{ V}\cdot\text{A}\end{aligned}$$

该结果说明，三相电源的无功功率为零。

(2) 将元件参数代入结点电压方程，有

$$\left(\frac{3}{55}+\frac{1}{100}\right)\dot{U}_D-\frac{1}{100}\dot{U}_E=0$$

$$-\frac{1}{100}\dot{U}_D+\frac{2}{100}\dot{U}_E=\left(\frac{1}{100}-\frac{\sqrt{3}}{100}\right)\times 220$$

从方程解出

$$\dot{U}_D = -13.52\angle 0^\circ\ \text{V}$$

$$\dot{U}_E = -87.29\angle 0^\circ\ \text{V}$$

则流过 R_2 的电流

$$\dot{I}_{DE} = \frac{1}{R_2}(\dot{U}_D - \dot{U}_E) = 0.74$$

13. 如图 5-35 所示的三相(四线)制电路中，$Z_1=-\text{j}10\ \Omega$，$Z_2=(5+\text{j}12)\ \Omega$，对称三相电源的线电压为 380 V，图中电阻 R 吸收的功率为 24 200 W(S 闭合时)。

(1) 试求开关 S 闭合时图中各表的读数。根据功率表的读数能否求得整个负载吸收的总功率?

(2) 开关 S 打开时图中各表的读数有无变化，功率表的读数有无意义?

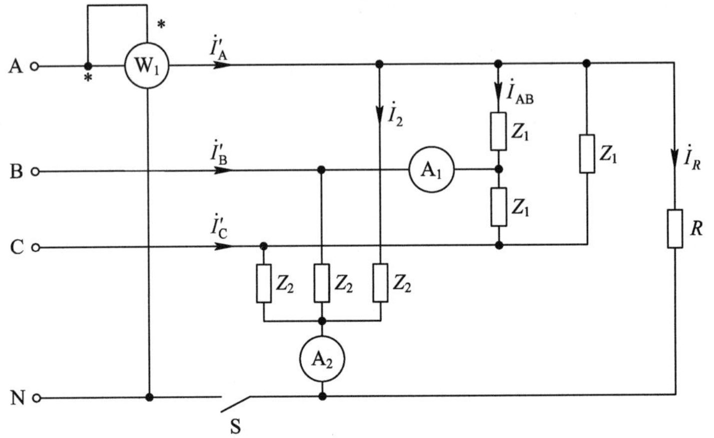

图 5-35

解 (1) S 闭合时，电阻 R 跨接在 AN 端，即跨接在相电压 $\dot{U}_A$ 上，不影响负载端的对称性，但线电流 $\dot{I}'_A$ 中增加了 $\dot{I}_R$ 的分量。

设一组对称星形电压源的 $\dot{U}_A=220\angle 0^\circ$ V。图中各表的读数计算如下：

三角形负载中的相电流

$$\dot{I}_{AB} = \frac{\dot{U}_{AB}}{Z_1} = \frac{380\angle 30^\circ}{-\text{j}10}\ \text{A} = 38\angle 120^\circ\ \text{A}$$

星形负载中的相电流

$$\dot{I}_2 = \frac{\dot{U}_A}{Z_2} = \frac{220\angle 0^\circ}{5+\text{j}12}\ \text{A} = 16.92\angle(-67.38)^\circ\ \text{A}$$

表 A_1 的读数为 $\sqrt{3}\times 38$ A=65.82 A，表 A_2 的读数为 0 A；表 W 的读数为

$$P = \text{Re}\left[\dot{U}_A\left(\dot{I}_2 + \dot{I}_R + \sqrt{3}\,\dot{I}_{AB}\angle(-30^\circ)\right)^*\right]$$

从上式中括号内的表达式可以看出，它表示 A 相电源 $\dot{U}_A$ 发出的复功率，式中各项为

$$\text{Re}\left[\dot{U}_A\dot{I}_2^*\right] = (16.92)^2\times 5\ \text{W} = 1431.43\ \text{W}$$

$$\mathrm{Re}[\dot{U}_A \dot{I}_R^*]=24\ 200\ \mathrm{W}$$

$$\mathrm{Re}\left[\dot{U}_A \sqrt{3}\dot{I}_{AB}\angle(-90°)\right]=0$$

所以，表 W 的读数为 25 631.43 W，则整个系统吸收的功率

$$P=3\mathrm{Re}[\dot{U}_A \dot{I}_2^*]+24\ 200\approx 28\ 494.29\ \mathrm{W}$$

(2) S 打开时，电阻 R 跨接(经表 A_2)在星形负载 Z_2 的 A 相上，对三角形负载无影响，所以表 A_1 的读数 65.82 A 不变，而表 W 仍跨接在 $\dot{U}_A$ 电源上，表示 $\dot{U}_A$ 发出的功率，但读数发生了变化。跨接电阻($R=2\ \Omega$)后的状态等效于在原对称状态上叠加如图 5-36 所示的状态。根据等效电路可解得

$$\dot{I}=\frac{\dot{U}_A}{3R+Z_2}=\frac{220\angle 0°}{6+(5+\mathrm{j}12)}\ \mathrm{A}=13.51\angle(-47.49°)\ \mathrm{A}$$

则表 A_2 的读数为 13.51×3 A=40.53 A，而表 W 的读数为

$$P=\mathrm{Re}[\dot{U}_A(\dot{I}_2+2\dot{I})^*]=(1431.43+4017.51)\ \mathrm{W}=5448.94\ \mathrm{W}$$

可以证明

$$3(P-4017.51)+\frac{3}{2}\times 4017.51=3P-1.5\times 4017.51=10\ 320.555\ \mathrm{W}$$

为整个电路吸收的功率，即 $\mathrm{Re}[3\dot{U}_A(\dot{I}_2+\dot{I})^*]$。

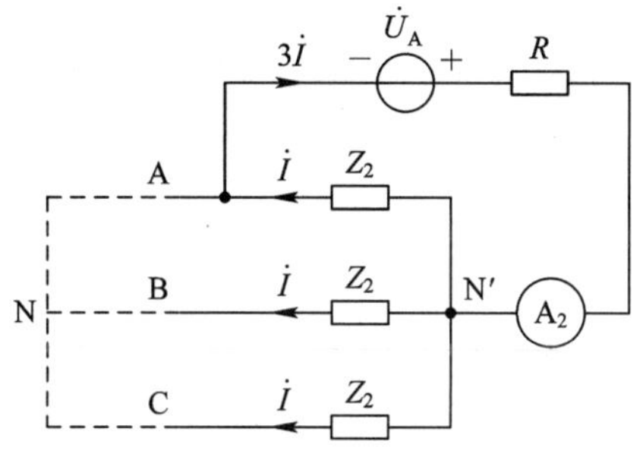

图 5-36

第6章

动态电路的时域分析

6.1 重点与难点

1. 重点

(1) 掌握两种储能元件(即电容和电感元件)的 VAR 特性、物理性质及串并联等效。

(2) 理解电路换路定则和初始条件的确定。

(3) 理解一阶线性动态电路的零输入响应、零状态响应和完全响应的基本概念与物理特性，能分析全响应的两种分解法。

(4) 应用三要素法求解直流激励下一阶动态电路的响应。

(5) 理解 *RLC* 二阶动态电路的零输入及零状态响应(应注意理解电路的结构和参数决定了电路的特征根(固有频率)，而电路的特征根决定了二阶动态电路的响应形式，即电路瞬态过程的性质)，掌握瞬态响应的 4 种状态(过阻尼、临界阻尼、欠阻尼、无阻尼)与响应过程(非振荡、临界非振荡、减幅振荡、等幅振荡)之间的关系。

2. 难点

应用三要素法求解直流激励下一阶动态电路的响应，运用 KCL、KVL 及元件的伏安关系式 VCR 列写以电容电压或电感电流为变量的二阶微分方程等知识点是本章的学习难点。

6.2 基本知识点

1. 过渡过程的产生

含有动态元件的电路称为动态电路。动态电路通常含有储存电场能量的电容元件或储存磁场能量的电感元件。

当动态电路的工作状态发生突然变化时，电路原有的工作状态需要经过一个过程逐步到达另一个新的稳定的工作状态，这个过程称为电路的暂态过程，在工程上也称为过渡过程。

原因：储能元件的能量不能跃变。

2. 微分方程的建立

描述动态电路的电路方程称为微分方程，动态电路方程的阶数等于电路中动态元件的个数。描述动态电路的微分方程有一阶、二阶和高阶微分方程。

以电容电压 $u_C(t)$ 或电感电流 $i_L(t)$ 为变量，应用 KCL、KVL、支路电流法、回路电流法对电路编写微分方程，凡是能够用一阶微分方程描述的动态电路都称为一阶电路。一阶电路通常含有一个动态元件，具有一个独立的初始条件。能够用二阶微分方程描述的动态电路称为二阶电路。二阶电路通常含有两个动态元件，具有两个独立的初始条件。本章主要研究电路的过渡过程，所以要熟练地应用 KCL 和 KVL 以及元件的电压、电流关系对动态电路列写方程，其方程是以电压或电流为变量的微分方程或微积分方程。

3. 电路初始值和稳态值的确定

动态元件的伏安关系是对时间变量 t 的积分或微分关系。求解电路的微分方程，初始条件极为重要。初始条件由储能元件的初始值来确定。电路变量的初始值是指电路变量在 $t=0_+$ 时刻的值。要熟练地应用电路的基本定律、定理和基本计算方法，根据 0_+ 等效电路图求解电路变量的初始值。通常利用如下换路定律来确定初始值：

$$\begin{cases} u_C(0_+)=u_C(0_-) \\ i_L(0_+)=i_L(0_-) \end{cases}$$

稳态值是指动态电路经历过渡过程后，达到新的稳定状态时所对应的电压、电流值，常用 $u(\infty)$、$i(\infty)$ 表示。

4. 一阶电路

1）一阶微分方程及其解

非齐次线性常系数微分方程的解由齐次解和特解两部分组成：

$$y(t)=y_{\mathrm{h}}(t)+y_{\mathrm{p}}(t)$$

利用齐次解、特解以及待定系数法求其全解。

2）一阶电路的零输入响应

没有外加激励，仅由电路初始储能引起的响应称为零输入响应。

(1) RC 电路的零输入响应：

$$u_C(t)=U_0\mathrm{e}^{-\frac{t}{\tau}} \quad (t\geqslant 0)$$

式中，$\tau=RC$ 是一阶 RC 电路的时间常数，τ 具有时间的量纲。

(2) RL 电路的零输入响应：

$$i_L(t)=I_0\mathrm{e}^{-\frac{t}{\tau}} \quad (t\geqslant 0)$$

式中，$\tau=\dfrac{L}{R}$是一阶 RL 电路的时间常数，也具有时间的量纲。

3）一阶电路的零状态响应

动态电路的初始储能为零，仅由外加激励产生的响应。

（1）RC 电路的零状态响应：

$$u_C(t)=U_S\left(1-e^{-\frac{t}{\tau}}\right)\quad(t\geqslant 0)$$

式中，$\tau=RC$ 是一阶 RC 电路的时间常数。

（2）RL 电路的零状态响应：

$$i_L(t)=I_S\left(1-e^{-\frac{t}{\tau}}\right)\quad(t\geqslant 0)$$

式中，$\tau=\dfrac{L}{R}$是一阶 RL 电路的时间常数。

4）一阶电路的全响应

一阶电路的全响应是零输入响应和零状态响应的叠加，其公式如下：

$$y(t)=y_{zi}(t)+y_{zs}(t)$$

其中，$y_{zi}(t)$表示零输入响应，$y_{zs}(t)$表示零状态响应。

5）三要素法

三要素法仅适用于一阶电路，且激励必须为恒定量（直流或正弦量）。当激励是直流时，其表达式为

$$f(t)=f(\infty)+[f(0_+)-f(\infty)]e^{-\frac{t}{\tau}}$$

式中，$f(0_+)$为电路变量的初始值；$f(\infty)$为电路变量的稳态值；τ 为电路时间常数（$\tau=RC$ 或 $\tau=\dfrac{L}{R}$）。

R_{eq} 是电路换路后从动态元件两端看进去的戴维南等效电路（或诺顿等效电路）的等效电阻。

温馨提示：

（1）对于一阶电路，如果要求解动态元件中的电流和电压，则可把电路简化为戴维南（或诺顿）等效电路。具体做法为：电路换路后，把动态元件去掉，从端口看进去，求其戴维南等效电路（求出其开路电压 u_{OC}、等效电阻 R_{eq}）或诺顿等效电路（求出其短路电流 i_{SC}、等效电导 G_{eq}）。这样就可得到一个简化的电路，进而容易求解。如果要求解原电路中的其他电压和电流，则要回到原电路中。

（2）阶跃响应可通过零状态响应来求解。对于任一线性电路来说，描述电路性状的方程是线性常系数常微分方程。由于冲激激励是阶跃激励的一阶导数，因此，冲激响应是阶跃响应的一阶导数。

5. 二阶电路

用二阶微分方程描述的电路称为二阶电路。

1) *RLC* 串联电路的零输入响应

RLC 串联电路的零输入响应是仅由电路初始储能引起的响应。

根据二阶线性常系数齐次微分方程的特征根形式，*RLC* 串联电路有如下几种情况：

当$\left(\frac{R}{2L}\right)^2>\frac{1}{LC}$，即$R>2\sqrt{\frac{L}{C}}$时，为过阻尼情况。

当$\left(\frac{R}{2L}\right)^2=\frac{1}{LC}$，即$R=2\sqrt{\frac{L}{C}}$时，为临界阻尼情况。

当$\left(\frac{R}{2L}\right)^2<\frac{1}{LC}$，即$R<2\sqrt{\frac{L}{C}}$时，为欠阻尼情况。

当$R=0$时，固有频率为一对共轭虚数，为无阻尼情况——*RC* 振荡电路。

2) *RLC* 串联电路的全响应和零状态响应

RLC 串联电路的全响应是由电路的初始储能和外加电源共同作用形成的。电路方程如下：

$$LC\frac{d^2u_C(t)}{dt^2}+RC\frac{du_C(t)}{dt}+u_C(t)=U_S$$

对其进行二阶微分方程求解即可。

RLC 串联电路的零状态响应是初始状态为零时所得到的响应，其求解方法类似于全响应。

工程案例 8　　工程案例 9　　工程案例 10

6.3 思维导图

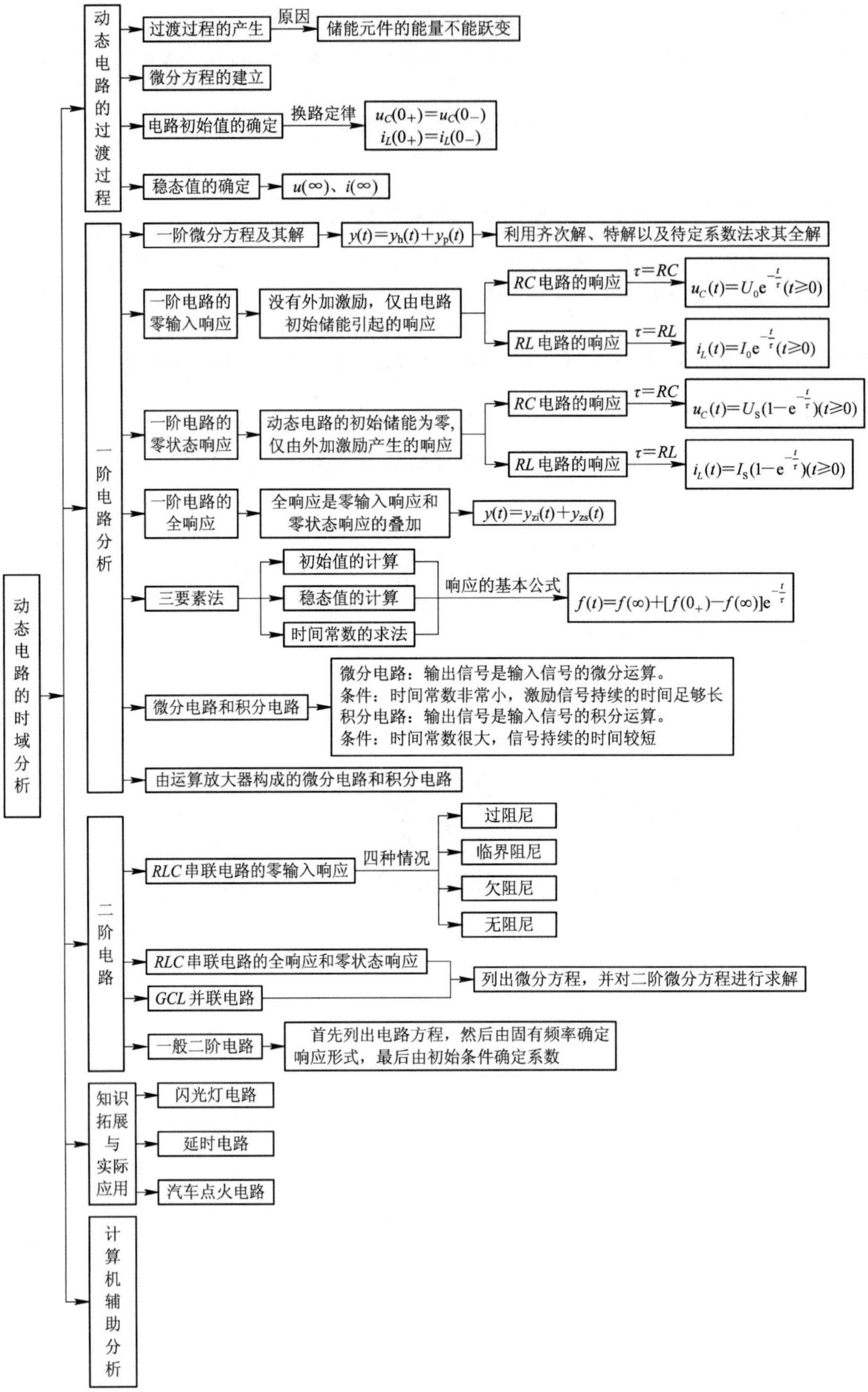

动态电路的时域分析
动态电路的过渡过程
过渡过程的产生
原因
储能元件的能量不能跃变
微分方程的建立
电路初始值的确定
换路定律
$u_C(0_+)=u_C(0_-)$
$i_L(0_+)=i_L(0_-)$
稳态值的确定
$u(\infty)$、$i(\infty)$
一阶电路分析
一阶微分方程及其解
$y(t)=y_h(t)+y_p(t)$
利用齐次解、特解以及待定系数法求其全解
一阶电路的零输入响应
没有外加激励，仅由电路初始储能引起的响应
RC电路的响应
$\tau=RC$
$u_C(t)=U_0 e^{-\frac{t}{\tau}}(t\geqslant 0)$
RL电路的响应
$\tau=RL$
$i_L(t)=I_0 e^{-\frac{t}{\tau}}(t\geqslant 0)$
一阶电路的零状态响应
动态电路的初始储能为零，仅由外加激励产生的响应
RC电路的响应
$\tau=RC$
$u_C(t)=U_S(1-e^{-\frac{t}{\tau}})(t\geqslant 0)$
RL电路的响应
$\tau=RL$
$i_L(t)=I_S(1-e^{-\frac{t}{\tau}})(t\geqslant 0)$
一阶电路的全响应
全响应是零输入响应和零状态响应的叠加
$y(t)=y_{zi}(t)+y_{zs}(t)$
三要素法
初始值的计算
稳态值的计算
时间常数的求法
响应的基本公式
$f(t)=f(\infty)+[f(0_+)-f(\infty)]e^{-\frac{t}{\tau}}$
微分电路和积分电路
微分电路：输出信号是输入信号的微分运算。
条件：时间常数非常小，激励信号持续的时间足够长
积分电路：输出信号是输入信号的积分运算。
条件：时间常数很大，信号持续的时间较短
由运算放大器构成的微分电路和积分电路
二阶电路
RLC串联电路的零输入响应
四种情况
过阻尼
临界阻尼
欠阻尼
无阻尼
RLC串联电路的全响应和零状态响应
GCL并联电路
列出微分方程，并对二阶微分方程进行求解
一般二阶电路
首先列出电路方程，然后由固有频率确定响应形式，最后由初始条件确定系数
知识拓展与实际应用
闪光灯电路
延时电路
汽车点火电路
计算机辅助分析

6.4　习题全解

一、选择题

1. 当流过纯电感线圈的电流瞬时值为最大值时，线圈两端的瞬时电压值为(　　)。

A. 零　　B. 最大值　　C. 有效值　　D. 不一定

答案：A

2. 下列各量中，(　　)可能在换路瞬间发生跃变。

A. 电容电压　　B. 电感电流　　C. 电容电荷量　　D. 电感电压

答案：D

3. 在电路暂态分析中，下列表述正确的是(　　)。

A. 换路瞬间通过电容的电流不变　　B. 换路瞬间通过电感的电流不变

C. 换路瞬间电感两端的电压不变　　D. 换路瞬间电阻两端的电压不变

答案：B

4. 表征一阶动态电路的电压、电流随时间变化快慢的参数是(　　)。

A. 电感 L　　B. 电容 C　　C. 初始值　　D. 时间常数 τ

答案：D

5. 在电路的暂态过程中，电路的时间常数 τ 越大，则电流和电压的增长或衰减(　　)。

A. 越快　　B. 越慢　　C. 无影响　　D. 保持不变

答案：B

6. 图 6-1 所示电路中的电压源电压恒定，且电路原已稳定。在开关 S 闭合瞬间，$i(0_+)$的值为(　　)。

A. 0.2 A　　B. 0.6 A　　C. 0 A　　D. 0.3 A

答案：C

7. 如图 6-2 所示，电路换路前处于稳态，$t=0$ 时 S 闭合，则 $i(0_+)=$(　　) mA。

A. 10　　B. 20　　C. 5　　D. 0

答案：A

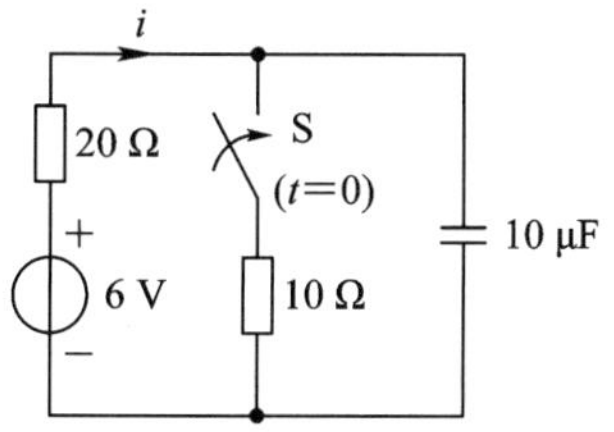

图 6-1

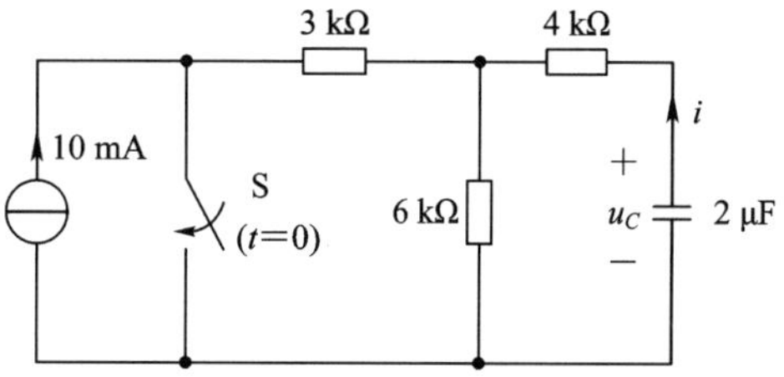

图 6-2

8. 直流电源、开关 S、电容 C 和灯泡组成串联电路。S 闭合前 C 未储能，当开关 S 闭合后灯泡(　　)。

A. 立即亮并持续　　B. 始终不亮

C. 由亮逐渐变为不亮　　D. 由不亮逐渐变亮

答案：C

9. 动态电路工作的全过程是(　　)。

A. 前稳态—过渡过程—换路—后稳态　　B. 前稳态—换路—过渡过程—后稳态

C. 换路—前稳态—过渡过程—后稳态　　D. 换路—前稳态—后稳态—过渡过程

答案：B

10. 换路后，只由储能元件的初始储能引起的响应称为(　　)。

A. 零输入响应　　B. 零状态响应　　C. 全响应　　D. 暂态响应

答案：A

11. 工程上通常认为电路的暂态过程从 $t=0$ 大致经过(　　)时间，就可认为到达稳定状态。

A. τ　　B. $3\tau-5\tau$　　C. $5\tau-10\tau$　　D. 10τ

答案：B

12. 零输入响应，从初始值开始，经过一个时间常数 τ 后，电容电压便下降到初始值的(　　)。

A. 5%　　B. 36.8%　　C. 63.2%　　D. 100%

答案：B

13. 图 6-3 所示的电路原已稳定，$t=0$ 时闭合开关 S 后，u_C 达到 47.51 V 的时间为(　　)。

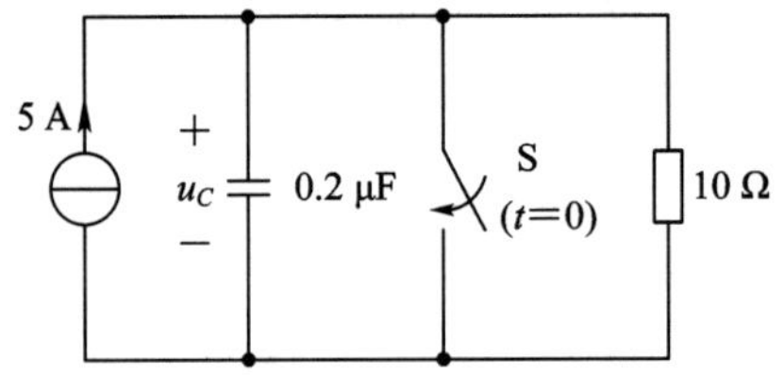

图 6-3

A. 6 μs　　B. 2 μs　　C. 4 μs　　D. 无限长

答案：A

14. RL 串联电路的时间常数 $\tau=$ (　　)。

A. RL　　B. $\frac{R}{L}$　　C. $\frac{L}{R}$　　D. $\frac{1}{RL}$

答案：C

15. RC 电路的时间常数(　　)。

A. 与 R、C 成正比　　B. 与 R、C 成反比

C. 与 R 成反比，与 C 成正比　　D. 与 R 成正比，与 C 成反比

答案：A

16. 电路的过渡过程是按照(　　)函数规律变化的。

A. 指数　　B. 对数　　C. 正弦　　D. 余弦

答案：A

17. 工程上认为 $R=25\ \Omega$、$L=50$ mH 的串联电路中发生暂态过程时将持续(　　)ms。

A. 30～50　　B. 37.5～62.5　　C. 6～10　　D. 12～20

答案：C

18. 一阶 RC 电路的全响应 $u_C(t)=6-8e^{-2t}$ V，则电路的零输入响应为(　　)。

A. $u_C(t)=-2e^{-2t}$ V　　B. $u_C(t)=6e^{-2t}$ V

C. $u_C(t)=-2(1-e^{-2t})$ V　　D. $u_C(t)=6(1-e^{-2t})$ V

答案：A

19. 1 Ω 电阻和 2 H 电感并联的一阶电路中，电路的零输入响应为(　　)。

A. $u_L(0_+)e^{-0.5t}$　　B. $u_L(0_+)e^{-2t}$

C. $u_L(0_+)(1-e^{-2t})$　　D. $u_L(0_+)(1-e^{-0.5t})$

答案：A

20. 一阶 RC 电路的全响应 $u_C(t)=6-8e^{-2t}$ V，则电路的零状态响应为(　　)。

A. $u_C(t)=-2e^{-2t}$ V　　B. $u_C(t)=6e^{-2t}$ V

C. $u_C(t)=-2(1-e^{-2t})$ V　　D. $u_C(t)=6(1-e^{-2t})$ V

答案：D

21. 一阶电路的全响应等于(　　)。

A. 稳态分量加零输入响应　　B. 稳态分量加瞬态分量

C. 稳态分量加零状态响应　　D. 瞬态分量加零输入响应

答案：B

22. 二阶电路的零输入响应存在振荡解的条件是(　　)。

A. 特征方程的判别式小于零　　B. 特征方程的判别式大于零

C. 特征方程的判别式等于零　　D. 特征方程的判别式大于等于零

答案：A

23. 二阶电路的微分方程 $\frac{d^2u_C}{dt^2}+2\frac{du_C}{dt}+3u_C=0$，则电路的动态过程是(　　)的。

A. 非振荡　　B. 振荡　　C. 临界　　D. 等幅振荡

答案：B

二、填空题

1. 如图 6-4 所示的电路中，$i_L(0_-)=0$，在 $t=0$ 时闭合开关 S 后，在 $t=0_+$ 时 $\frac{di_L}{dt}$ 应为________。

答案：$\frac{U_S}{L}$

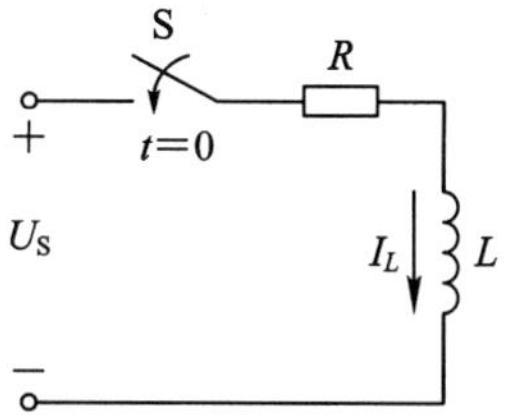

图 6-4

2. 在开关 S 闭合瞬间，图 6－5 所示电路中的 i_1、i_2、i_L 这三个变量中，发生跃变的量有________。

答案：i_1、i_2

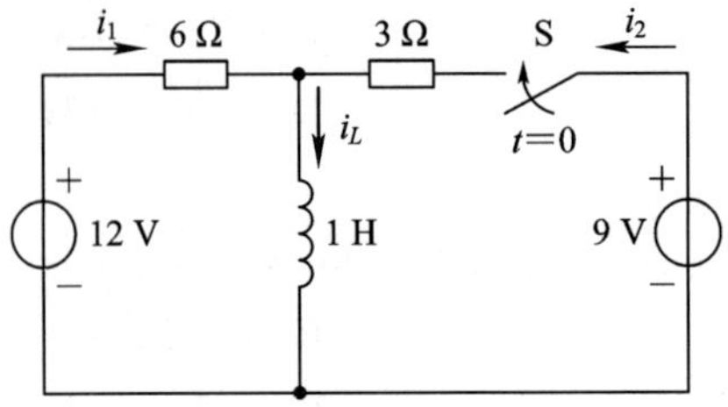

图 6－5

3. 图 6－6 所示电路中电压源的电压恒定，电路处于零状态，$t=0$ 时开关 S 闭合，则

(1) $i(0_+)=$________ A，$u_L(0_+)=$________ V；

(2) $u_{R1}(\infty)=$________ V，$i(\infty)=$________ A。

答案：$\dfrac{U_S}{R_1+R}$，$\dfrac{R_1U_S}{R_1+R}$，0，$\dfrac{U_S}{R}$

4. 图 6－7 所示电路中的 U_S 恒定，换路前电路已处于稳态，开关 S 断开后电流 i 的振荡角频率为________ rad/s，幅值为________ A。

答案：1000，2

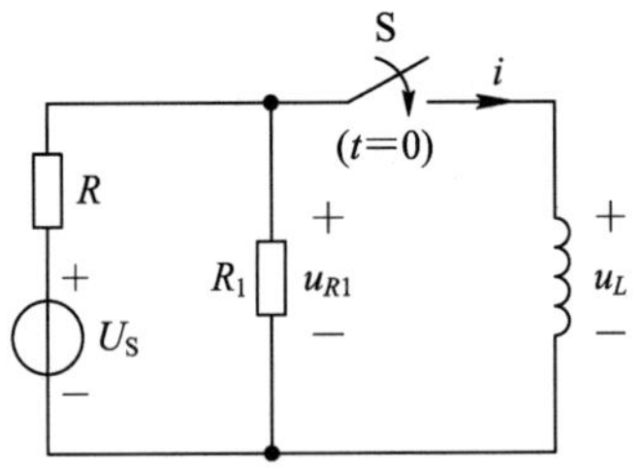

图 6－6

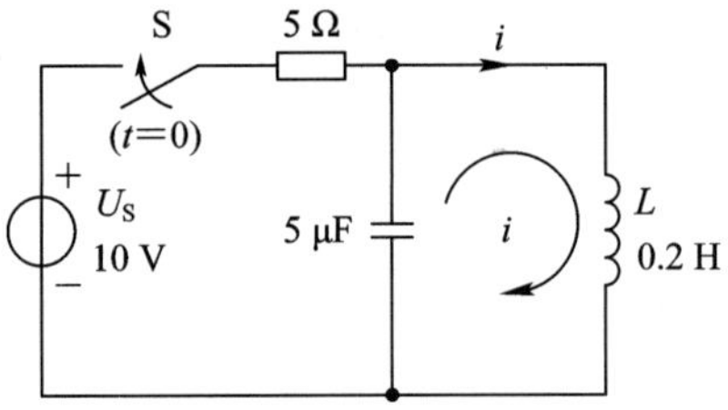

图 6－7

5. RC 电路中，已知 $R=2\ \text{M}\Omega$，如果要求时间常数为 10 s，则 C 值为________。

答案：5 μF

6. 图 6－8 所示电路中的开关在 $t=0$ 时闭合，如 $u_{C(0-)}=0$，则在 $t=0_+$ 时 a 点的电位为________ V。

答案：－6

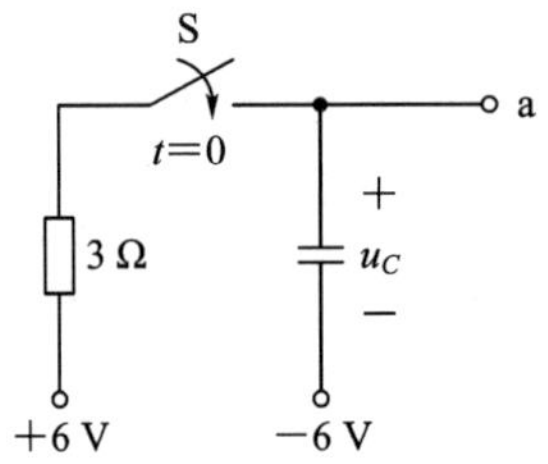

图 6－8

7. 图 6-9 所示的电路处于零状态，$t=0$ 时闭合开关 S，则电路的时间常数 $\tau=$________，电容电流的表达式 $i_C(t)=$________ A。

答案：$\left(\dfrac{R_1R_2}{R_1+R_2}+R_3\right)C$，$\dfrac{U_SR_2}{R_1R_2+R_2R_3+R_3R_1}e^{-\frac{t}{\tau}}$

8. 如图 6-10 所示的电路中，$i_L(0_-)=0$，$R=1\ \text{k}\Omega$，$L=1\ \text{mH}$，$U_S=10\ \text{V}$，在 $t=0$ 时闭合开关 S 后，τ 为________ μs，$i_L(t)$为________ A。

答案：1，$10^{-2}\left(1-e^{-\frac{t}{\tau}}\right)$

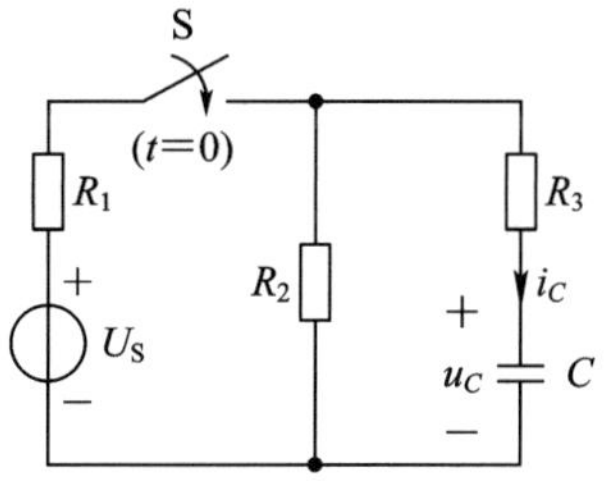

图 6-9

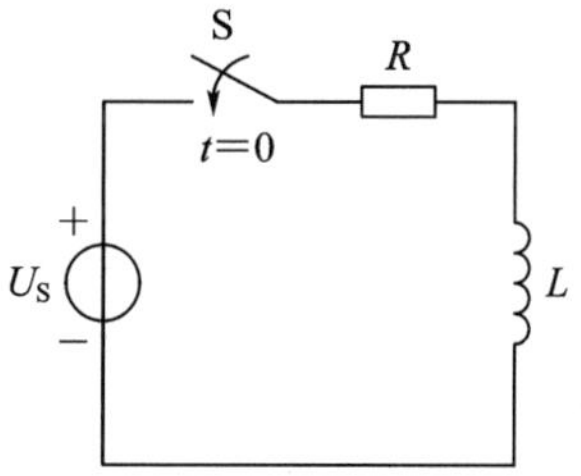

图 6-10

9. 图 6-11 所示电路中的 U 和 U_S 都不变。已知 $u_C(0_-)=52\ \text{V}$，欲使电路在换路后无过渡过程，则 $U=$________ V。

答案：60

10. 图 6-12 所示的电路中，$I_S=0.1\ \text{A}$ 和 $U_S=10\ \text{V}$ 皆不变，$u_C(0_-)=0$，则开关 S 闭合后 $u_C(t)=$________ V。

答案：0

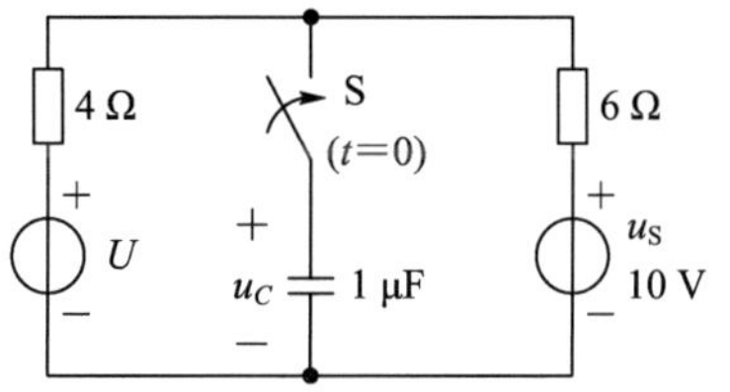

图 6-11

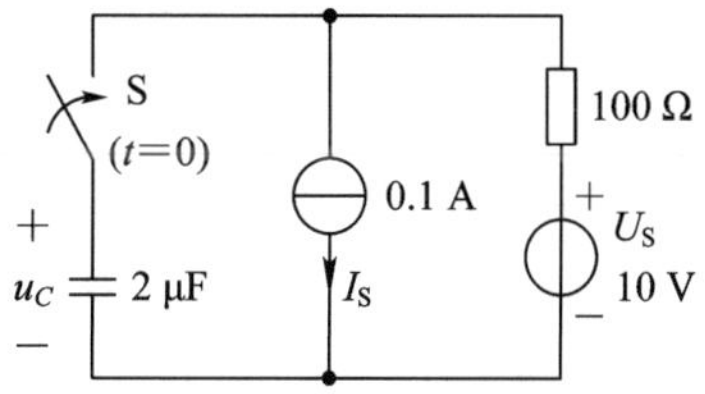

图 6-12

11. 图 6-13 所示电路中的 U_S、U_{S1} 都不变，$t=0$ 时开关 S 由位置 1 合至位置 2，已知 $t>0$ 后全响应 $i_L(t)=\left(5+2e^{-2t}\right)$ A。若 $i_L(0_+)$增加一倍，其他条件不变，则 $i_L(t)=$

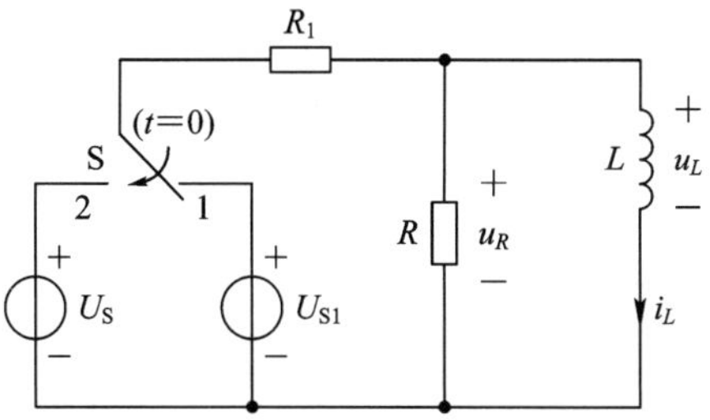

图 6-13

________ A；若 $U_S=0.5U_{S1}$，其他条件不变，则 $i_L(t)=$________ A。

答案：$5+9e^{-2t}$，$2.5+4.5e^{-2t}$

12. 图 6－14 所示的有源二端网络的伏安特性为 $u=20-500i$。在二端网络两端并联一个 40 μF 的电容时，电路的时间常数 $\tau=$________ ms，$u_C(\infty)=$________ V。

答案：20，20

13. 图 6－15 所示的电路中，电压源电压恒定，电流源电流恒定，电感无初始电流，$t=0$ 时开关 S 闭合，则 $i_L(t)=$________ A。

答案：0

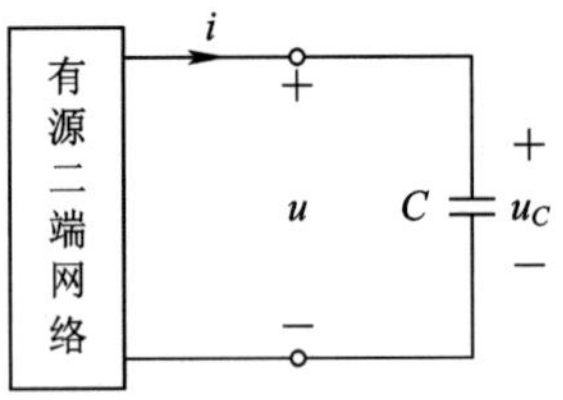

图 6－14

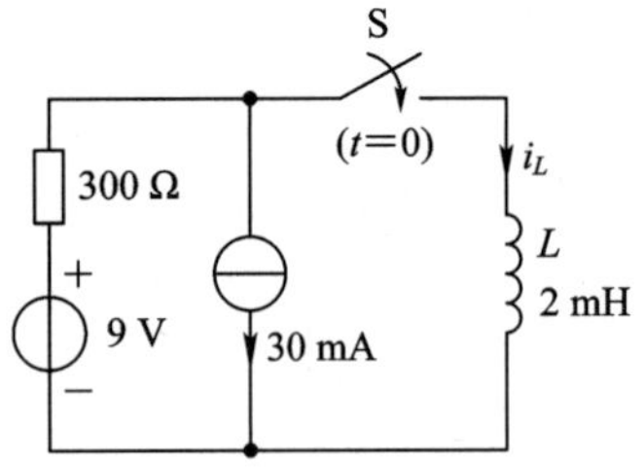

图 6－15

14. RC 串联支路处于零状态，$t=0$ 时与电压为 U_S 的直流电压源接通。

(1) 充电开始时电流为________ A。

(2) $t=\tau$ 时，电容电压为________ V。

答案：$\dfrac{U_S}{R}$，$0.632U_S$

15. 图 6－16 所示的电路中 U_S 恒定，电路已稳定。在开关 S 断开后，$u_C(0_+)=$________ V，$i_C(0_+)=$________ A，$\tau=$__________。

答案：0，$\dfrac{U_S}{R_1+R_2}$，$(R_1+R_2)C$

16. 图 6－17 所示的电路中电压源电压恒定，在开关 S 合上前，$u_C(0_-)=0$，$i_L(0_-)=0$，当 $t=0$ 时，开关 S 合上，则 $i_1(0_+)=$________ A，$u_L(0_+)=$________ V，$i_1(\infty)=$________ A，$u_C(\infty)=$________ V。

答案：2，4，1.25，6.25

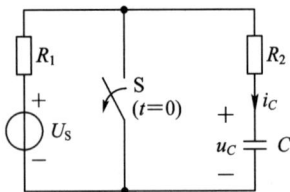

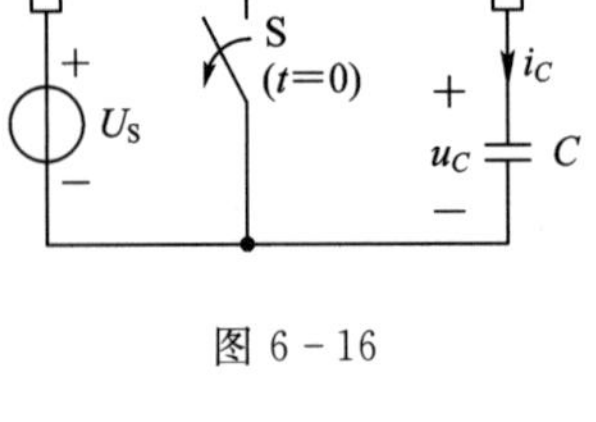

图 6－16

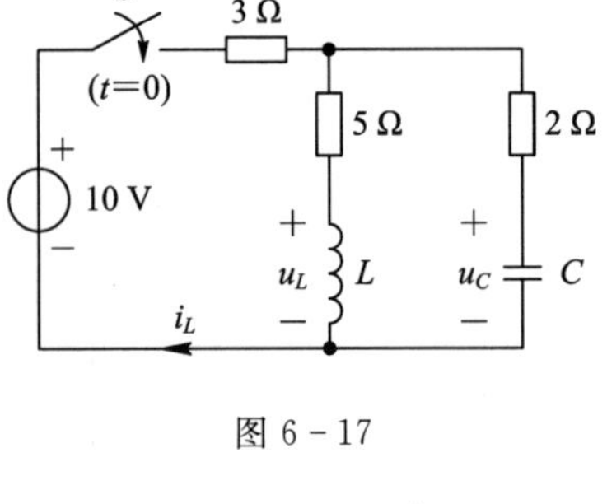

图 6－17

17. 如图 6－18 所示的电路，在换路前已处于稳定状态，$R_1=30\ \Omega$，$R_2=10\ \Omega$，$U_S=30$ V，$L=0.5$ H，当 $t=0$ 时开关 S 打开。开关 S 打开后，τ 为________ s，电流 $i_L(t)$ 为

__________ A。

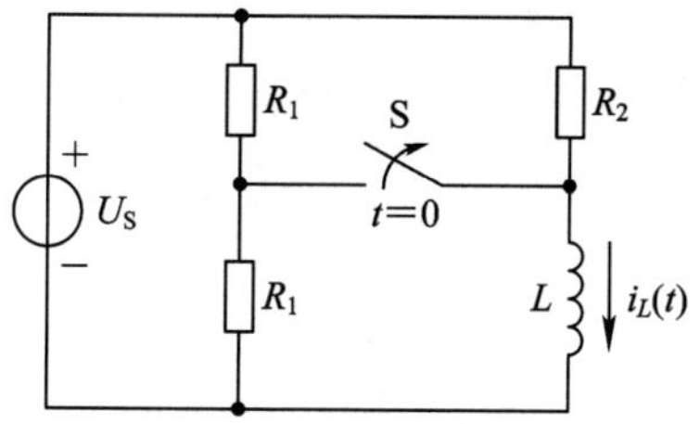

图 6-18

答案：0.05，$3+e^{-20t}$

三、分析计算题

1. 已知 $R_1=3\ \Omega$，$R_2=5\ \Omega$，$R_3=1\ \Omega$，$I_S=4$ A，$C=1$ F，电路如图 6-19 所示，电路原已处于稳态（电容原未充电），当 $t=0$ 时开关打开，求 $t\geqslant 0_+$ 时的 $i_1(t)$、$u_C(t)$。

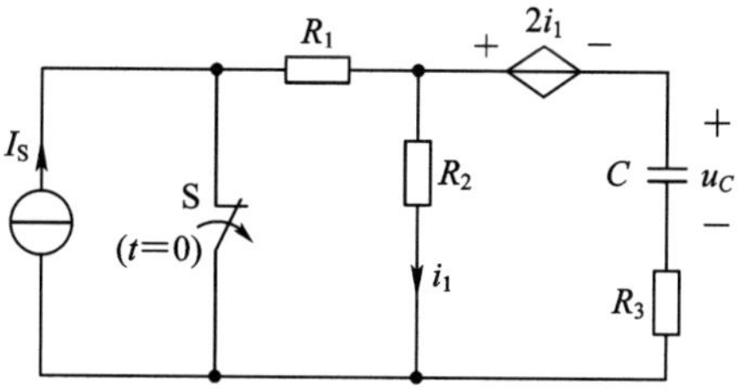

图 6-19

解　依题意，电容原未充电，所以

$$u_C(0_+)=u_C(0_-)=0\ \text{V}$$

作如图 6-20(a)所示的 0_+ 电路，求 $i_1(0_+)$。

由结点电压法得

$$\left(\frac{1}{1}+\frac{1}{5}\right)\times 5i_1(0_+)=4+\frac{2i_1(0_+)}{1}$$

从而

$$i_1(0_+)=1\ \text{A}$$

$t\geqslant 0_+$ 后，当电路达到稳态时，电容相当于开路，所以

$$i_1(\infty)=4\ \text{A}$$

$$u_C(\infty)=-2i_1(\infty)+5i_1(\infty)=12\ \text{V}$$

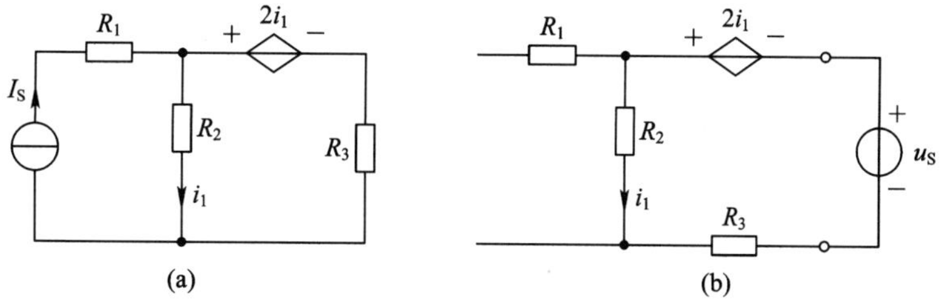

图 6-20

如图 6-20(b)所示，将电流源开路，应用加压求流法求从电容两端看去的等效电阻，有

$$\begin{cases}i=i_1\\u_S=-2i_1+5i_1+i_1=4i_1\end{cases}$$

$$R_{eq}=\frac{u_S}{i}=4\ \Omega$$

从而时间常数

$$\tau=R_{eq}C=(4\times1)\text{ s}=4\text{ s}$$

因此，RC 电路的零状态响应

$$u_C(t)=u_C(\infty)\left(1-e^{-\frac{t}{\tau}}\right)=12\left(1-e^{-\frac{t}{4}}\right)\text{ V}\quad(t\geqslant0_+)$$

电流

$$i_1(t)=i_1(\infty)+[i_1(0_+)-i_1(\infty)]e^{-\frac{t}{\tau}}=\left(4-3e^{-\frac{t}{4}}\right)\text{A}\quad(t\geqslant0_+)$$

2. 已知 $R_1=5\ \Omega$，$R_2=2\ \Omega$，$I_S=3$ A，$C=0.05$ F，电路如图 6-21 所示，电路原已处于稳态，$t=0$ 时开关由位置 1 打向位置 2，求 $t\geqslant0_+$ 时的 $u_C(t)$。

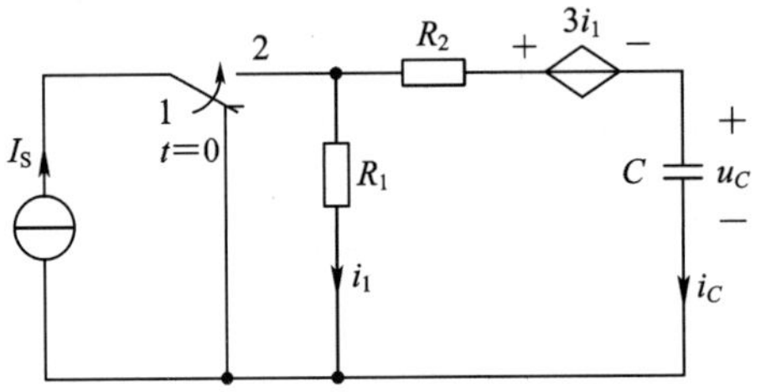

图 6-21

解 $t<0$ 时电路已达稳态，电容相当于开路，所以

$$u_C(0_+)=u_C(0_-)=0\text{ V}$$

$t\geqslant0_+$ 后，电路达到稳态时，电容仍相当于开路，所以

$$i_1(\infty)=3\text{ A}$$

$$u_C(\infty)=-3i_1(\infty)+5i_1(\infty)=6\text{ V}$$

如图 6-22 所示，将电流源开路，应用加压求流法求电容两端看去的等效电阻，有

$$\begin{cases}i=i_1\\u_S=-3i_1+2i_1+5i_1=4i_1\end{cases}$$

$$R_{eq}=\frac{u_S}{i}=4\ \Omega$$

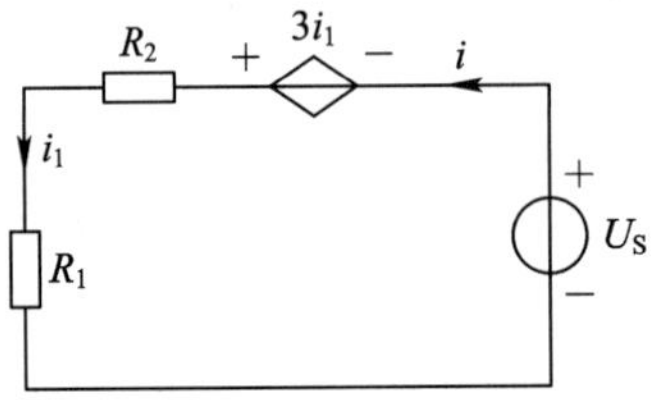

图 6-22

从而时间常数

$$\tau = R_{eq}C = (4\times0.05)\ \text{s} = 0.2\ \text{s}$$

因此，RC 电路的零状态响应

$$u_C(t) = u_C(\infty)\left(1-e^{-\frac{t}{\tau}}\right) = 6\left(1-e^{-5t}\right)\ \text{V}\quad (t\geqslant 0_+)$$

3. 已知 $R_1=R_2=R_3=2\ \Omega$，$I_S=1$ A，$U_S=8$ V，$L=2$ H，电路如图 6-23 所示，电路原已稳态，$t=0$ 时开关闭合，求 $u_L(t)$。

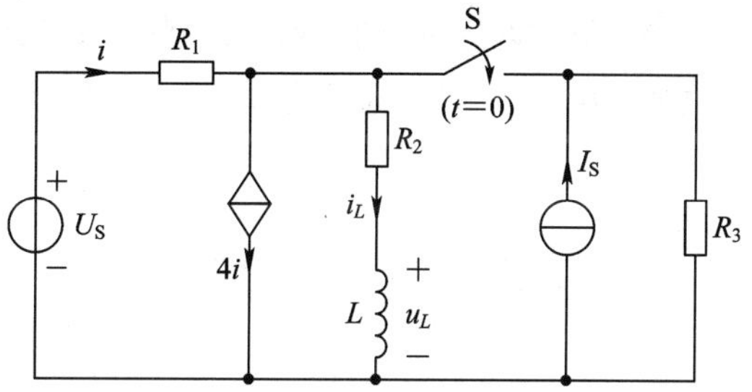

图 6-23

解　$t<0$ 时电路已达稳态，电感相当于短路，所以

$$\begin{cases}8=2i(0_-)+2i_L(0_-)\\ i(0_-)=4i(0_-)+i_L(0_-)\Rightarrow i_L(0_-)=-3i(0_-)\end{cases}$$

解得 $i_1(0_-)=-2$ A，从而

$$i_L(0_+)=i_L(0_-)=-3i(0_-)=6\ \text{A}$$

$t\geqslant 0_+$ 后，电路达到稳态时，电感仍相当于短路，稳态电路如图 6-24(a)所示，有

$$\begin{cases}8=2i(\infty)+2i_L(\infty)\\ i(\infty)+1=4i(\infty)+i_L(\infty)+i_L(\infty)\end{cases}$$

解得 $i_L(\infty)=11$ A。

如图 6-24(b)所示，将电流源开路，电压源短路，应用加流求压法求从电感两端看去的等效电阻，有

$$\begin{cases}u=2i_S-2i\\ i_S=4i-i-i=2i\end{cases}$$

$$R_{eq}=\frac{u}{i_S}=1\ \Omega$$

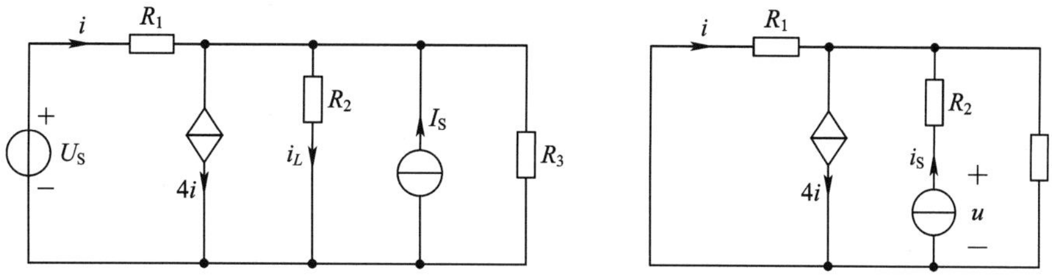

(a)　(b)

图 6-24

从而时间常数

$$\tau=\frac{L}{R_{eq}}=2\ \text{s}$$

因此，RL 电路的全响应

$$i_L(t)=i_L(\infty)+[i_L(0_+)-i_L(\infty)]e^{-\frac{t}{\tau}}=(11-5e^{-0.5t})\ \text{A}\quad (t\geqslant 0_+)$$

$$u_L(t)=L\frac{di_L}{dt}=5e^{-0.5t}\ \text{V}\quad (t\geqslant 0_+)$$

4. 已知 $R_1=3\ \text{k}\Omega$，$R_2=2\ \text{k}\Omega$，$R_3=1\ \text{k}\Omega$，$R_4=2\ \text{k}\Omega$，$U_S=300\ \text{V}$，$C=5\ \mu\text{F}$，电路如图 6-25 所示，电路原已稳定，在 $t=0$ 时开关闭合，在 $t=100$ ms 时开关又打开，求 u 并绘制出波形图。

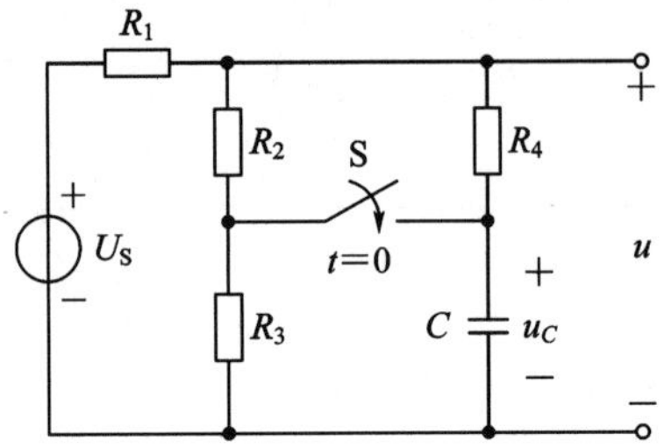

图 6-25

解　$t<0$ 时电路已达稳态，电容相当于开路

$$u_C(0_+)=u_C(0_-)=\left(\frac{2+1}{3+2+1}\times 300\right)\ \text{V}=150\ \text{V}$$

当 $t=0_+$ 时，电路如图 6-26(a)所示，有

$$u_C(0_+)=\left[\frac{\frac{2\times 2}{2+2}}{3+\frac{2\times 2}{2+2}}\times(300-150)+150\right]\ \text{V}=187.5\ \text{V}$$

当 $0_+\leqslant t\leqslant 100_-$ ms 时，开关闭合。

稳态时，有

$$u'_C(\infty)=\frac{1}{3+\frac{2\times 2}{2+2}+1}\times 300\ \text{V}=60\ \text{V}$$

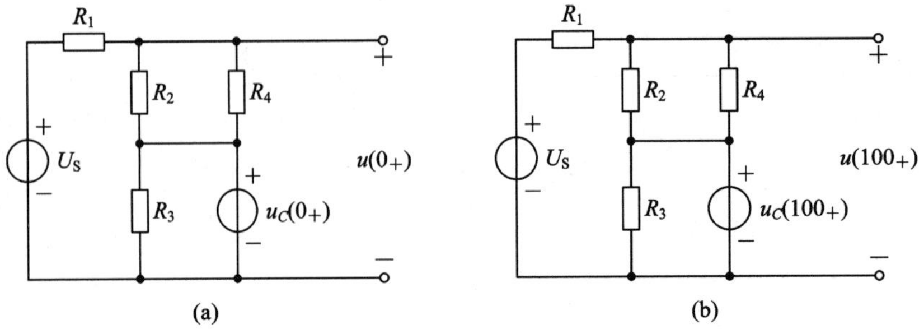

图 6-26

$$u'(\infty)=\frac{\frac{2\times2}{2+2}+1}{3+\frac{2\times2}{2+2}+1}\times300\ \text{V}=120\ \text{V}$$

等效电阻

$$R_{\text{eq1}}=\frac{\left(\frac{2\times2}{2+2}+3\right)\times1}{\left(\frac{2\times2}{2+2}+3\right)+1}\ \text{k}\Omega=0.8\ \text{k}\Omega$$

因此时间常数

$$\tau_1=R_{\text{eq1}}C=(0.8\times10^3\times5\times10^{-6})\ \text{s}=4\ \text{ms}$$

从而电容电压 $u_C(t)$ 和电压 u 分别为

$$u(t)=u'(\infty)+[u(0_+)-u'(\infty)]\text{e}^{-\frac{t}{\tau_1}}=(120+67.5\text{e}^{-250t})\ \text{V}\quad(0_+\leqslant t\leqslant100_-\ \text{ms})$$

$$u_C(t)=u'_C(\infty)+[u_C(0_+)-u'_C(\infty)]\text{e}^{-\frac{t}{\tau_1}}=(60+90\text{e}^{-250t})\ \text{V}\quad(0_+\leqslant t\leqslant100_-\ \text{ms})$$

$$u(100_-)=(120+67.5\text{e}^{-250\times100\times10^{-3}})\ \text{V}=120\ \text{V}$$

当 $t\geqslant100_+$ ms 时，开关打开。

当 $t=100$ ms 时，有

$$u_C(100_+)=u_C(100_-)=(60+90\text{e}^{-250\times100\times10^{-3}})\ \text{V}=60\ \text{V}$$

当 $t=100_+$ 时，电路如图 6-26(b)所示，有

$$\left(\frac{1}{3}+\frac{1}{1+2}+\frac{1}{2}\right)u(100_+)=\frac{300}{3}+\frac{60}{2}\Rightarrow u(100_+)=111.43\ \text{V}$$

稳态时

$$u''(\infty)=\left(\frac{1+2}{3+2+1}\times300\right)\ \text{V}=150\ \text{V}$$

等效电阻

$$R_{\text{eq2}}=\left[\frac{3\times(2+1)}{3+(2+1)}+2\right]\ \text{k}\Omega=3.5\ \text{k}\Omega$$

因此时间常数

$$\tau_2=R_{\text{eq2}}C=17.5\ \text{ms}$$

从而电压

$$u(t)=u''(\infty)+[u(100_+)-u''(\infty)]\text{e}^{-\frac{t}{\tau_2}}$$
$$=[150-38.57\text{e}^{-57.14(t-0.1)}]\ \text{V}\quad(t\geqslant100_-\ \text{ms})$$

5. 电路如图 6-27 所示，已知 $U_\text{S}=12$ V，$R=4\ \Omega$，$C=0.25$ F，$L=1$ H，$r=2\ \Omega$，开关断开前电路已处于稳定状态。$t=0$ 时开关断开，试求 $i_L(t)$、$u_C(t)$ 和 $u_{\text{ab}}(t)$。

解　$t<0$ 时电路已达稳态，电容相当于开路，电感相当于短路，所以

$$\begin{cases}i_L(0_+)=i_L(0_-)=\dfrac{U_\text{S}}{\dfrac{R\times R}{R+R}}=6\ \text{A}\\ u_C(0_+)=u_C(0_-)=ri_L(0_-)+U_\text{S}=24\ \text{V}\end{cases}$$

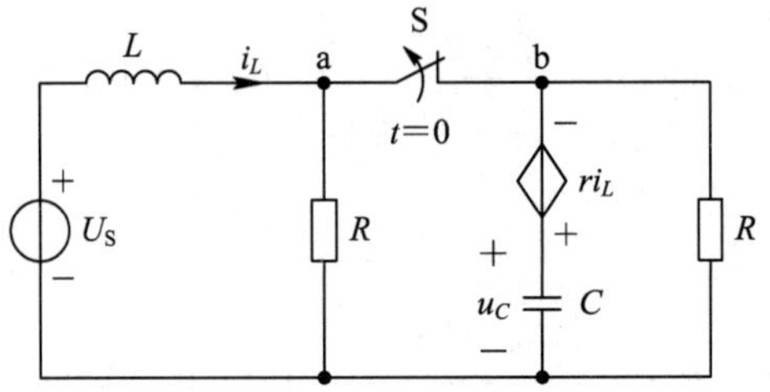

图 6-27

$t\geqslant 0_+$ 后，电路达到稳态时，电容仍相当于开路，电感仍相当于短路，所以

$$\begin{cases} i_L(\infty)=\dfrac{U_S}{R}=3\ \text{A} \\ u_C(\infty)=ri_L(\infty)=6\ \text{V} \end{cases}$$

对于 RL 电路，时间常数

$$\tau_1=\frac{L}{R}=0.25\ \text{s}$$

从而电感电流

$$i_L(t)=i_L(\infty)+[i_L(0_+)-i_L(\infty)]\text{e}^{-\frac{t}{\tau}}=(3+3\text{e}^{-4t})\ \text{V}\quad (t\geqslant 0_+)$$

对于 RC 电路，时间常数

$$\tau_2=RC=1\ \text{s}$$

从而电容电压

$$u_C(t)=u_C(\infty)+[u_C(0_+)-u_C(\infty)]\text{e}^{-\frac{t}{\tau}}=(6+18\text{e}^{-t})\ \text{V}\quad (t\geqslant 0_+)$$

电压

$$u_{ab}(t)=Ri_L-u_C+ri_L=6i_L-u_C=[12+18(\text{e}^{-4t}-\text{e}^{-t})]\ \text{V}\quad (t\geqslant 0_+)$$

6. 电路如图 6-28 所示，已知 $R_1=3\ \Omega$，$R_2=R_3=2\ \Omega$，$I_S=1$ A，$L=1$ H，$C=0.5$ F，$u_C(0_-)=1$ V，$i_L(0_-)=2$ A，$t=0$ 时开关由位置 1 打向位置 2，求 $t\geqslant 0_+$ 时的响应 $u(t)$。

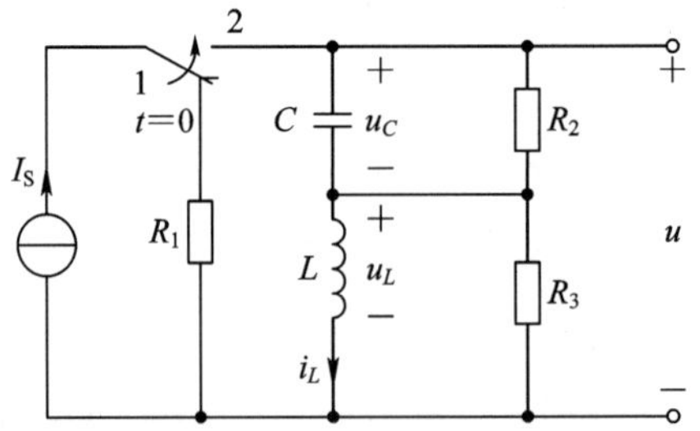

图 6-28

解　根据换路定律，有

$$u_C(0_+)=u_C(0_-)=1\ \text{V},\ i_L(0_+)=i_L(0_-)=2\ \text{A}$$

$t\geqslant 0_+$ 后，电路达到稳态时，电容相当于开路，电感相当于短路，所以

$$u_C(\infty)=(1\times 2)\ \text{V}=2\ \text{V},\ i_L(\infty)=1\ \text{A}$$

对于 RC 电路，时间常数

$$\tau_1=(2\times0.5)\ \text{s}=1\ \text{s}$$

对于 RL 电路，时间常数

$$\tau_2=\frac{1}{2}\ \text{s}=0.5\ \text{s}$$

因此

$$u_C(t)=u_C(\infty)+[u_C(0_+)-u_C(\infty)]\text{e}^{-\frac{t}{\tau}}=(2-\text{e}^{-t})\ \text{V}\quad(t\geqslant0_+)$$

$$i_L(t)=i_L(\infty)+[i_L(0_+)-i_L(\infty)]\text{e}^{-\frac{t}{\tau}}=(1+\text{e}^{-2t})\ \text{V}\quad(t\geqslant0_+)$$

所以

$$u(t)=u_C(t)+1\times\frac{\text{d}i_L}{\text{d}t}=(2-\text{e}^{-t}-2\text{e}^{-2t})\ \text{V}\quad(t\geqslant0_+)$$

7. 电路如图 6-29 所示，已知 $R_1=1\ \Omega$，$R_2=2\ \Omega$，$R_3=3\ \Omega$，$U_S=1\ \text{V}$，$I_S=2\ \text{A}$，$C=0.2\ \text{F}$。当 $t<0$ 时，开关 S_1 断开，开关 S_2 闭合，电路处于稳态；当 $t=0$ 时，开关 S_1 闭合，开关 S_2 断开。采用三要素法，试求 $t\geqslant0_+$ 时的电压 U_C 和电流 i。

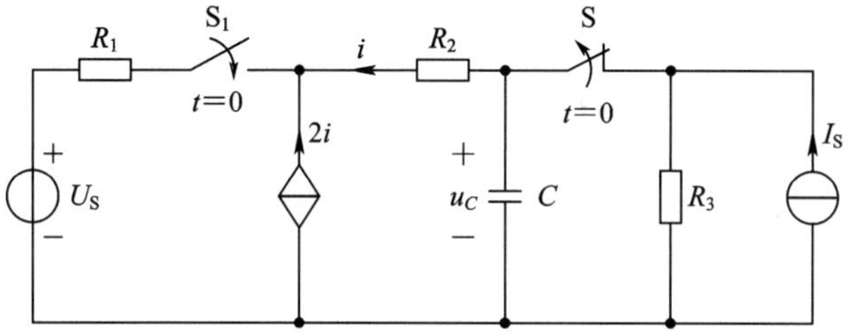

图 6-29

解 $t<0$ 时电路已达稳态，电容相当于开路，所以

$$i+2i=0\Rightarrow i=0\ \text{A}$$

$$u_C(0_+)=u_C(0_-)=(2\times3)\ \text{V}=6\ \text{V}$$

$t\geqslant0_+$ 后，电路达到稳态时，电容仍相当于开路，所以

$$i=0\ \text{A}$$

$$u_C(\infty)=1\ \text{V}$$

如图 6-30 所示，将电压源短路，应用加压求流法求从电容两端看进去的等效电阻，有

$$u_S=2i+1\times(i+2i)=5i$$

$$R_{\text{eq}}=\frac{u_S}{i}=5\ \Omega$$

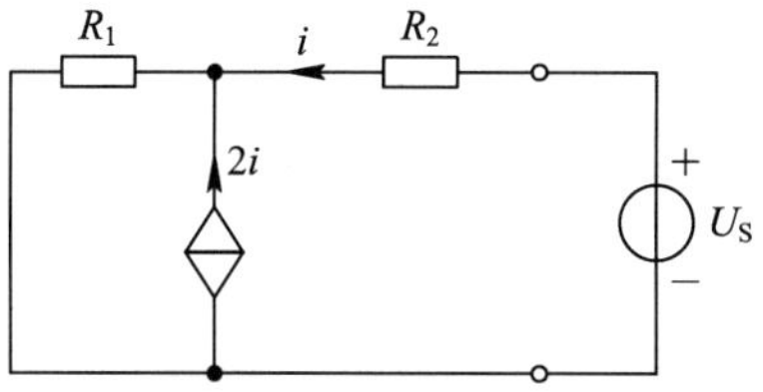

图 6-30

从而时间常数

$$\tau = R_{eq}C = 1\ \text{s}$$

因此 RC 电路的全响应

$$u_C(t) = u_C(\infty) + [u_C(0_+) - u_C(\infty)]e^{-\frac{t}{\tau}} = (1 + 5e^{-t})\ \text{V}\quad (t \geqslant 0_+)$$

$$i = -C\frac{du_C}{dt} = e^{-t}\ \text{A}\quad (t \geqslant 0_+)$$

8. 电路如图 6-31 所示，已知 $R_1 = 30\ \text{k}\Omega$，$R_2 = 50\ \text{k}\Omega$，$R_3 = 20\ \text{k}\Omega$，$I_{S1} = 10\ \text{mA}$，$I_{S2} = 15\ \text{mA}$，$C = 0.016\ \mu\text{F}$，开关已在位置 a 很长时间，$t = 0$ 时开关打到位置 b，求 $t \geqslant 0_+$ 时的 u_C 和 i。

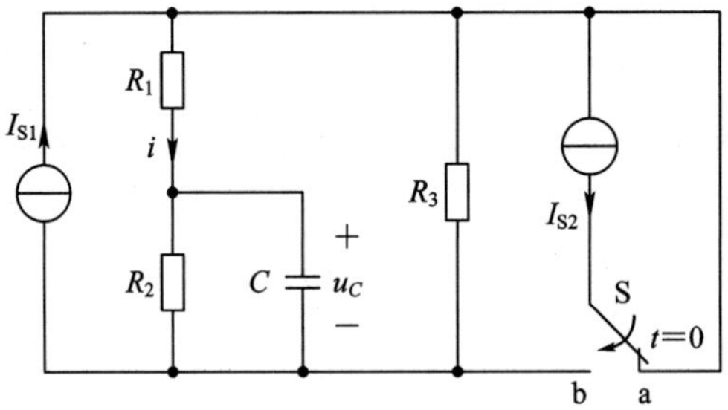

图 6-31

解　$t < 0$ 时电路已达稳态，电容相当于开路，所以

$$i(0_-) = \left(\frac{20}{30 + 50 + 20} \times 10\right)\ \text{mA} = 2\ \text{mA}$$

$$u_C(0_+) = u_C(0_-) = i(0_-) \times 50 \times 10^3 = 100\ \text{V}$$

$t = 0_+$ 时，电路如图 6-32(a)所示，应用电源等效变换得到图 6-32(b)所示的电路，从而

$$i(0_+) = \left(-\frac{100 + 100}{30 + 20}\right)\ \text{mA} = -4\ \text{mA}$$

$t \geqslant 0_+$ 后，将电流源开路，从电容两端向电路看去的等效电阻

$$R_{eq} = \left[\frac{(20 + 30) \times 50}{(20 + 30) + 50}\right]\ \text{k}\Omega = 25\ \text{k}\Omega$$

从而时间常数

$$\tau = R_{eq}C = 0.4\ \text{ms}$$

$t \geqslant 0_+$ 后，电路达到稳态时，电容仍相当于开路，所以

$$i(\infty) = \left[\frac{20}{20 + 30 + 50} \times (10 - 15)\right]\ \text{mA} = -1\ \text{mA}$$

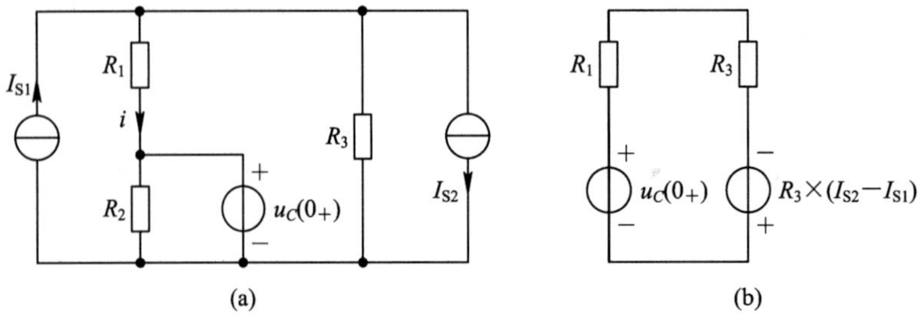

图 6-32

$$u_C(\infty)=i(\infty)\times 50=-50\ \text{V}$$

因此 RC 电路的全响应

$$u_C(t)=u_C(\infty)+[u_C(0_+)-u_C(\infty)]e^{-\frac{t}{\tau}}=(-50+150e^{-2500t})\ \text{V}\quad(t\geqslant 0_+)$$

$$i(t)=i(\infty)+[i(0_+)-i(\infty)]e^{-\frac{t}{\tau}}=(-1-3^{-2500t})\ \text{mA}\quad(t\geqslant 0_+)$$

9. 已知 $R_1=30\ \text{k}\Omega$，$R_2=120\ \text{k}\Omega$，$R_3=60\ \text{k}\Omega$，$R_4=40\ \text{k}\Omega$，$C=\frac{10}{3}$ nF，电路如图 6-33 所示，电容已充电至 300 V。$t=0$ 时开关 S_1 闭合，电容放电；开关 S_1 闭合 200 μs 后，开关 S_2 关闭。求开关 S_1 闭合 300 μs 后，开关 S_2 中的电流方向和大小。

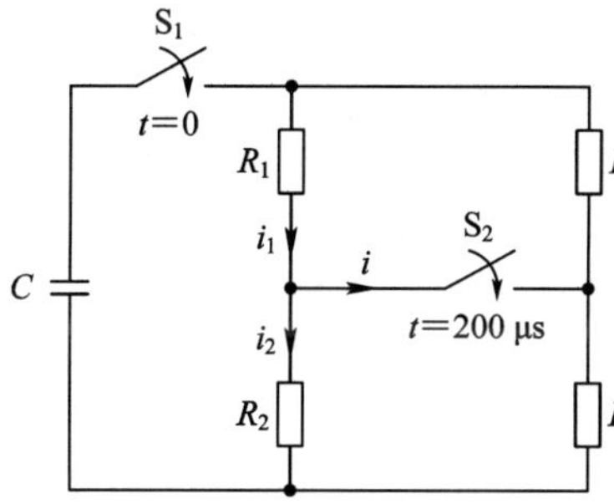

图 6-33

解　当 $0_+\leqslant t\leqslant 200_-\ \mu$s 时，有

$$u_C(0_+)=u_C(0_-)=300\ \text{V}$$

$$R_{eq1}=\left[\frac{(30+120)\times(60+40)}{(30+120)+(60+40)}\right]\text{k}\Omega=60\ \text{k}\Omega$$

时间常数

$$\tau_1=R_{eq}C=(2\times 10^{-4})\ \text{s}$$

RC 零输入响应

$$u_C(t)=u_C(0_+)e^{-\frac{t}{\tau_1}}=300e^{-5000t}\ \text{V}\quad(0_+\leqslant t\leqslant 200_-\ \mu\text{s})$$

当 $t=200\ \mu$s 时，有

$$u_C(200_+)=u_C(200_+)=300e^{-5000\times 200\times 10^{-6}}\ \text{V}=300e^{-1}\ \text{V}=110.4\ \text{V}$$

当 $t\geqslant 200_+\ \mu$s 时，有

$$R_{eq2}=\left[\frac{30\times 60}{30+60}+\frac{120\times 40}{120+40}\right]\text{k}\Omega=50\ \text{k}\Omega$$

时间常数

$$\tau_2=R_{eq2}C=\left(\frac{5}{3}\times 10^{-4}\right)\ \text{s}$$

RC 零输入响应

$$u_C(t)=110.4e^{-\frac{t-2\times 10^{-4}}{\tau_2}}\ \text{V}=110.4e^{-6000(t-2\times 10^{-4})}\ \text{V}\quad(t\geqslant 200_+\ \mu\text{s})$$

当 $t=300\ \mu$s 时，有

$$u_C(300_+)=110.4e^{-6000\times(300-200)\times 10^{-6}}\ \text{V}=110.4e^{-0.6}\ \text{V}=60.6\ \text{V}$$

$$i_1=\frac{\dfrac{\dfrac{30\times 60}{30+60}}{\dfrac{30\times 60}{30+60}+\dfrac{120\times 40}{120+40}}\times 60.6}{30}\ \text{mA}=0.808\ \text{mA}$$

$$i_2=\frac{\dfrac{\dfrac{120\times 40}{120+40}}{\dfrac{30\times 60}{30+60}+\dfrac{120\times 40}{120+40}}\times 60.6}{120}\ \text{mA}=0.303\ \text{mA}$$

$$i=i_1-i_2=0.505\ \text{mA}$$

10. 电路如图 6-34 所示，$R_1=3\ \Omega$，$R_2=R_3=6\ \Omega$，$U_1=U_2=12\ \text{V}$，$L=2\ \text{H}$，当 $t=0$ 时，开关 S 由 a 闭合至 b，换路前电路已处于稳态，求换路后的 i 和 i_L。

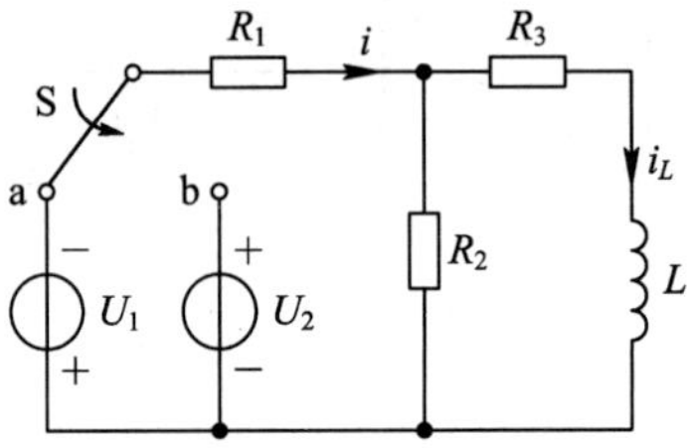

图 6-34

解 用三要素法求解。

(1) 求独立初始值 $i_L(0_+)$ 和非独立初始值 $i_L(0_+)$。

换路前电路已处于稳态，电感相当于短路，$t=0_-$ 时的等效电路如图 6-35(a)所示。由图 6-35(a)可得

$$i(0_-)=\frac{-12}{3+\dfrac{6\times 6}{6+6}}=-2\ \text{A}$$

根据分流原理

$$i_L(0_-)=-2\times\frac{6}{6+6}=-1\ \text{A}$$

根据换路定则，求得独立初始值

$$i_L(0_+)=-1\ \text{A}$$

根据图 6-35(b)所示的 $t=0_+$ 时的等效电路求解非独立初始值 $i_L(0_+)$。

由图 6-35(b)所示的电路对左边网孔列写 KVL 方程，得

$$-12+3i(0_+)+6[i(0_+)-i(0_+)]=0$$

即

$$9i(0_+)=6i_L(0_+)+12$$

代入 $i_L(0_+)$ 的值，可得

$$i(0_+)=\frac{2}{3}\ \text{A}$$

(2) 求稳态值 $i(\infty)$ 和 $i_L(\infty)$。

当 $i=\infty$ 时，电路达到新的稳态，等效电路如图 6-35(c)所示。根据该等效电路，可得

$$i(\infty)=\frac{12}{3+\dfrac{6\times 6}{6+6}}=2\ \text{A},\ i_L(\infty)=i(\infty)\times\frac{6}{6+6}=1\ \text{A}$$

(3) 求 τ。

当开关 S 闭合至 b 后，从电感两端看进去的戴维南等效电路的电阻

$$R_0=6+\frac{6\times 3}{6+3}=8\ \Omega$$

故

$$\tau=\frac{L}{R_0}=\frac{1}{4}\ \text{s}$$

综合上述计算结果，由三要素公式可分别求得 $i(t)$ 和 $i_L(t)$，即

$$i(t)=i(\infty)+[i(0_+)-i(\infty)]e^{-\frac{t}{\tau}}=2+\left(\frac{2}{3}-2\right)e^{-4t}=2-\frac{4}{3}e^{-4t}$$

$$i_L(t)=i_L(\infty)+[i_L(0_+)-i_L(\infty)]e^{-\frac{t}{\tau}}=1+(-1-1)e^{-4t}=1-2e^{-4t}$$

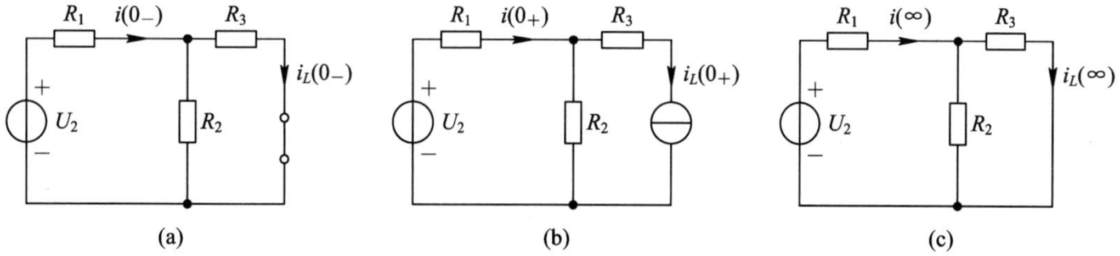

图 6-35

11. 电路如图 6-36 所示，已知 $U_S=9$ V，$L=100$ mH，$C=1\ \mu$F，$R_1=10$ kΩ，$R_2=3$ kΩ，$R_3=3$ kΩ，$R_4=1.5$ kΩ。开关 S 闭合前电路处于稳态，试求当 S 闭合后的 $i_C(t)$ 和 $u_L(t)$。

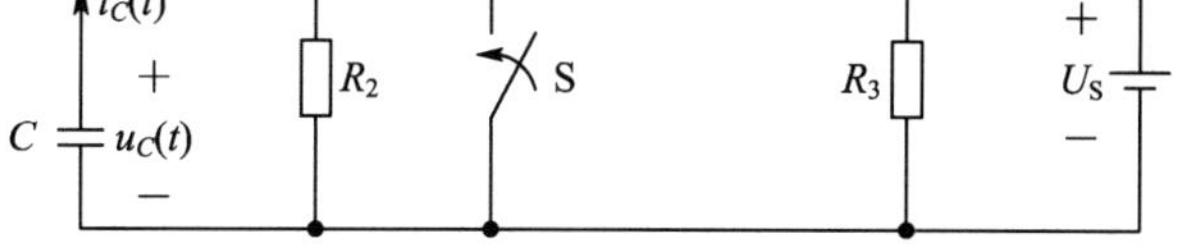

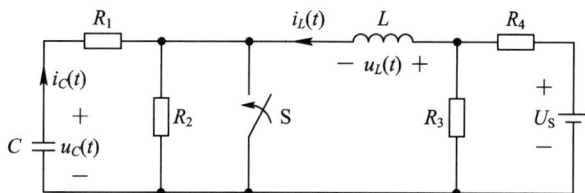

图 6-36

解　设 S 闭合时间为 $t=0$。先由 S 闭合前的电路计算初始值，得

$$i_L(0_-)=\frac{3}{3+3}\ \frac{9}{1.5+(3/\!/3)}=1.5\ \text{mA}$$

$$u_C(0_-)=3i_L(0_-)=4.5\ \text{V}$$

$t>0$ 后，S 闭合，电路被分为两个一阶电路，用三要素法求解。

(1) RC 电路部分。根据电路求得

$$u_C(0_+)=u_C(0_-)=4.5\ \text{V}$$
$$u_C(\infty)=0$$
$$\tau_1=RC=10\times10^3\times10^{-6}=0.01\ \text{s}$$

所以

$$u_C(t)=u_C(0_+)\text{e}^{-\frac{t}{\tau_1}}=4.5\text{e}^{-100t}\ \text{mA}$$
$$i_C(t)=C\ \frac{\text{d}u_C(t)}{\text{d}t}=-0.45\text{e}^{-100t}\ \text{mA}$$

(2) RL 电路部分。根据电路求得

$$i_L(0_+)=i_L(0_-)=1.5\ \text{mA}$$
$$i_L(\infty)=\frac{9}{1.5}=6\ \text{mA}$$
$$R_{\text{eq}}=(3/\!/1.5)\times10^3=10^3\ \Omega$$
$$\tau_2=\frac{L}{R_{\text{eq}}}=100\times\frac{10^{-3}}{10^3}=10^{-4}\ \text{s}$$

所以

$$i_L(t)=i_L(\infty)+[i_L(0_+)-i_L(\infty)]\text{e}^{-\frac{t}{\tau_2}}=6-4.5\text{e}^{10^{-4}t}\ \text{mA}$$
$$u_L(t)=L\ \frac{\text{d}i_L(t)}{\text{d}t}=4.5\text{e}^{10^{-4}t}\ \text{V}$$

12. 电路如图 6-37 所示，已知 $R_1=8\ \text{k}\Omega$，$R_2=20\ \text{k}\Omega$，$R_3=12\ \text{k}\Omega$，$C=5\ \mu\text{F}$，$i_S(t)=[10+15\varepsilon(t)]\ \text{mA}$，求 $u_C(t)$。

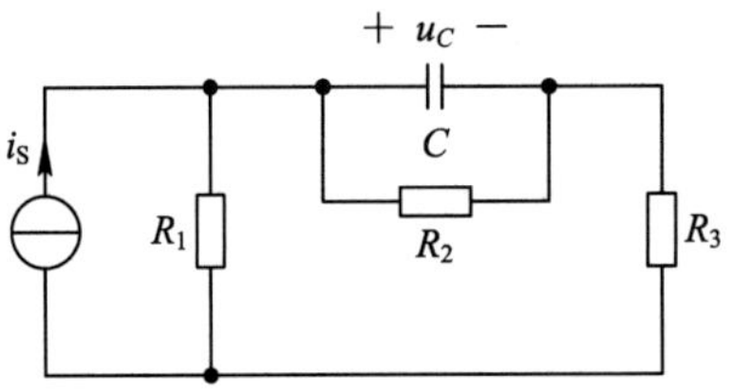

图 6-37

解 应用叠加定理将 $u_C(t)$分为两部分。

(1) 当 10 mA 单独作用于电路时，电容开路，有

$$u_C^{(1)}(\infty)=\left(\frac{8}{8+20+12}\times10\times20\right)\ \text{V}=40\ \text{V}$$
$$u_C^{(1)}(t)=u_C^{(1)}(\infty)=40\ \text{V}$$

(2) 当 $15\varepsilon(t)$ mA 单独作用于电路时，有

$$u_C^{(2)}(0_+)=0\ \text{V},\ u_C^{(2)}(\infty)=\left(\frac{8}{8+20+12}\times15\times20\right)\ \text{V}=60\ \text{V}$$
$$R_{\text{eq}}=\left[\frac{20\times(8+12)}{20+(8+12)}\right]\ \text{k}\Omega=10\ \text{k}\Omega\Rightarrow\tau=R_{\text{eq}}C=0.05\ \text{s}$$
$$u_C^{(2)}(t)=u_C^{(2)}(\infty)+[u_C^{(2)}(0_+)-u_C^{(2)}(\infty)]\text{e}^{-\frac{t}{\tau}}=60(1-\text{e}^{-20t})\varepsilon(t)\ \text{V}$$

即

$$u_C(t)=u_C^{(1)}(t)+u_C^{(2)}(t)=[40+60(1-e^{-20t})\varepsilon(t)]\ \text{V}$$

13. RC 电路如图 6-38 所示，已知 $R=2\ \Omega$，$u(t)=5\varepsilon(t-2)$ V，$u_C(0)=10$ V，求电流 $i(t)$。

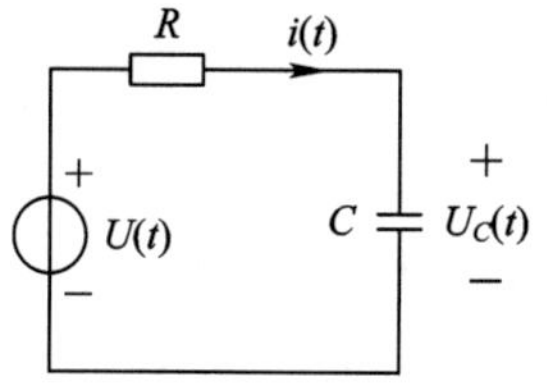

图 6-38

解　先求零输入响应。电容的初始电压相当于以"输入信号"在 $t=0$ 时作用于电路，故得

$$i'(t)=-\frac{u_C(0)}{R}e^{-\frac{t}{\tau}}\varepsilon(t)=-5e^{-0.5t}\varepsilon(t)$$

其中，$\tau=RC=2\times2$ s。

再求零状态响应。阶跃函数在 $t=2$ s 时作用于电路，电容电压的零状态响应

$$u''_C(t)=5\left(1-e^{-\frac{t-2}{\tau}}\right)\varepsilon(t-2)$$

得

$$i''(t)=C\frac{du''_C(t)}{dt}=2.5e^{-0.5(t-2)}\varepsilon(t-2)$$

利用叠加定理，可得

$$i(t)=i'(t)+i''(t)=-5e^{-0.5t}\varepsilon(t)+2.5e^{-0.5(t-2)}\varepsilon(t-2)\ \text{A}$$

由波形可得，在 $t=2$ s 时电流是不连续的。

14. 电路如图 6-39 所示，已知 $U_{S1}=6$ V，$U_{S2}=3$ V，$L=0.5$ H，$R_1=2\ \Omega$，$R_2=6\ \Omega$，$R_3=3\ \Omega$，开关 S 闭合前电路已稳定。求 S 闭合后，$2\ \Omega$ 电阻中电流随时间变化的规律 $i_R(t)$。

解　用三要素法求全响应。首先由 S 闭合前的电路计算 $i_L(0_-)$，由于是直流稳态，所以

$$i_L(0_-)=\frac{3}{6}=0.5\ \text{A}$$

作 $t=0_+$ 时的电路，如图 6-40 所示，由换路定则有

$$i_L(0_+)=i_L(0_-)=0.5\ \text{A}$$

计算得 $i_L(0_+)=1.5$ A。

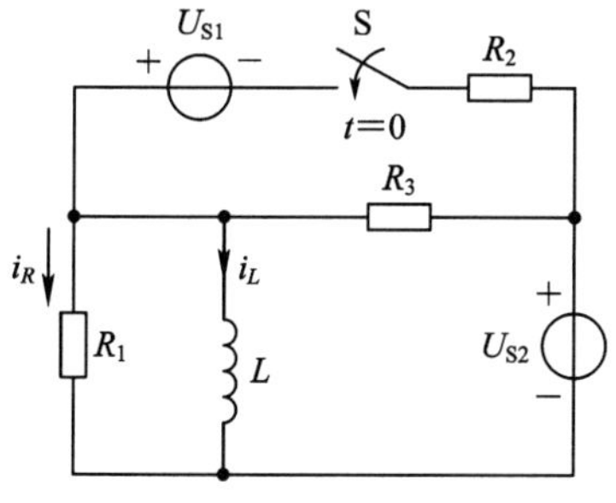

图 6-39

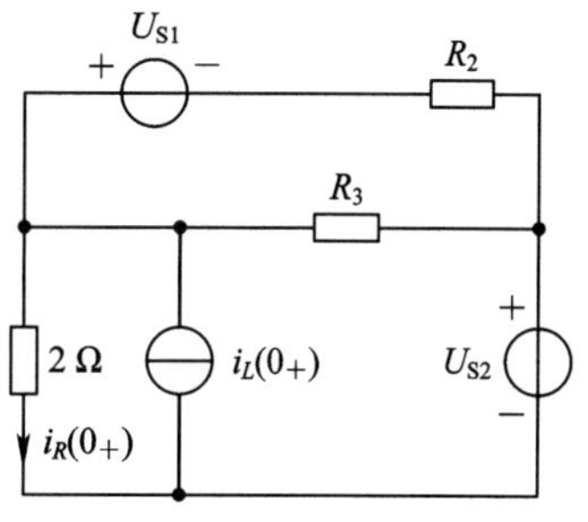

图 6-40

当 $t=\infty$ 时，L 视为短路，故

$$i_R(\infty)=0$$

从 L 两端看进去的一端口网络的等效电阻

$$R_{eq}=2/\!/6/\!/3=1\ \Omega$$

时间常数

$$\tau=\frac{L}{R_{eq}}=0.5\ \text{s}$$

所以

$$i_R(t)=i_R(\infty)+[i_R(0_+)-i_R(\infty)]e^{-\frac{t}{\tau}}=1.5e^{-2t}\ \text{A}$$

15. 电路如图 6－41 所示，已知 $u_C(0_-)=5$ V，$u_S(t)=[30\varepsilon(t)-30\varepsilon(t-2)]$ V，$C=0.5$ V，$R_1=R_2=5\ \Omega$，$R_3=15\ \Omega$，试求全响应 $u_C(t)$。

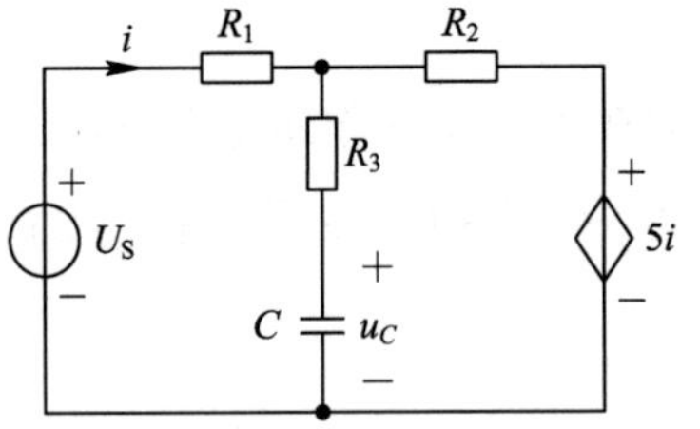

图 6－41

解 应用戴维南定理将电容以外的电路进行简化，得到图 6－42(a)所示的等效电路。根据图 6－42(b)求开路电压 u_{OC}，有

$$u_S=(R_1+R_2)i+5i \Rightarrow i=\frac{1}{15}u_S$$

$$u_{OC}=R_2 i+5i=10i=\frac{2}{3}u_S=[20\varepsilon(t)-20\varepsilon(t-2)]\ \text{V}$$

应用开路电压短路电流法求解等效电阻 R_{eq}，根据图 6－42(c)求短路电流 i_{SC}，有

$$\left.\begin{aligned}&i=i_{SC}+i_2\\&u_S=R_1 i+R_3 i_{SC}\\&R_3 i_{SC}=R_2 i_2+5i\end{aligned}\right\}\Rightarrow i_{SC}=\frac{1}{25}u_S$$

所以等效电阻

$$R_{eq}=\frac{u_{OC}}{i_{SC}}=\frac{50}{3}\ \Omega$$

从而时间常数

$$\tau=R_{eq}C=\frac{25}{3}\ \text{s}$$

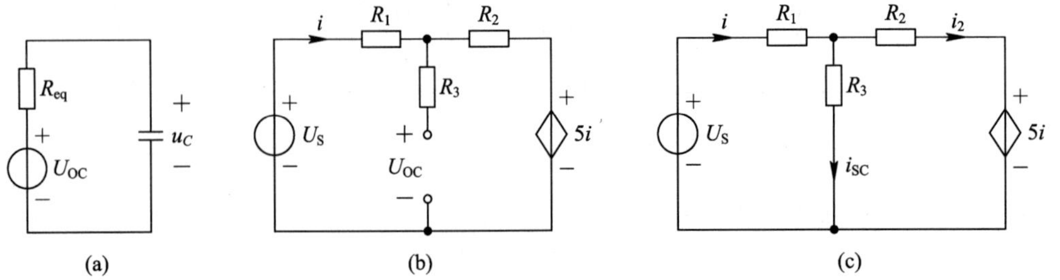

图 6－42

方法一：把电路看成先充电后放电的过程，分步求解。

当 $0\leqslant t\leqslant 2_-$ s 时

$$u_C(0_+)=u_C(0_-)=5\ \text{V}$$

稳态时

$$30=(R_1+R_2)i+5i \Rightarrow i=2\ \text{A}$$

从而

$$u'_C(\infty)=R_2 i+5i=20\ \text{V}$$

又 $\tau=\dfrac{25}{3}$ s，因此 RC 全响应

$$u_C(t)=20+(5-20)\text{e}^{-\frac{t}{\tau}}=(20-15\text{e}^{-0.24})\ \text{V}\quad (0\leqslant t\leqslant 2_-\ \text{s})$$

当 $t\geqslant 2_+$ 时

$$u_C(2_+)=u_C(2_-)=(20-15\text{e}^{-0.24})\ \text{V}=8.2\ \text{V}$$

稳态时

$$u''_C(\infty)=0\ \text{V}$$

又 $\tau=\dfrac{25}{3}$ s，因此 RC 零输入响应

$$u_C(t)=8.2\text{e}^{-\frac{t-2}{\tau}}=8.2\text{e}^{-0.12(t-2)}\ \text{V}\quad (2\ \text{s}\leqslant t<+\infty)$$

综合起来

$$u_C(t)=\begin{cases}(20-15\text{e}^{-0.12t})\ \text{V} & (0\leqslant t\leqslant 2_-\ \text{s})\\ 8.2\text{e}^{-0.12(t-2)}\ \text{V} & (t\geqslant 2_+)\end{cases}$$

方法二：先求出在 $u_S^{(1)}(t)=30\varepsilon(t)$ V 单独作用下，$u_C^{(1)}(t)=(20-15\text{e}^{-0.12t})\varepsilon(t)$ V，则在 $u_S^{(2)}(t)=-30\varepsilon(t-2)$ V 单独作用下，$u_C^{(2)}(t)=-[20-15\text{e}^{-0.12(t-2)}]\varepsilon(t-2)$ V。

从而 RC 响应

$$\begin{aligned}u_C(t)&=\{(20-15\text{e}^{-0.12t})\varepsilon(t)-[20-15\text{e}^{-0.12(t-2)}]\varepsilon(t-2)\}\ \text{V}\\&=\begin{cases}(20-15\text{e}^{-0.12t})\ \text{V} & (0\leqslant t\leqslant 2_-\ \text{s})\\ 8.2\text{e}^{-0.12(t-2)}\ \text{V} & (t\geqslant 2_+\ \text{s})\end{cases}\end{aligned}$$

16. 电路如图 6-43(a)所示，已知 $R_1=3\ \Omega$，$R_2=6\ \Omega$，$R_3=3\ \Omega$，$C=2$ F，其中电压 $u_S(t)$的波形如图 6-43(b)所示，求电容电压 $u_C(t)$。

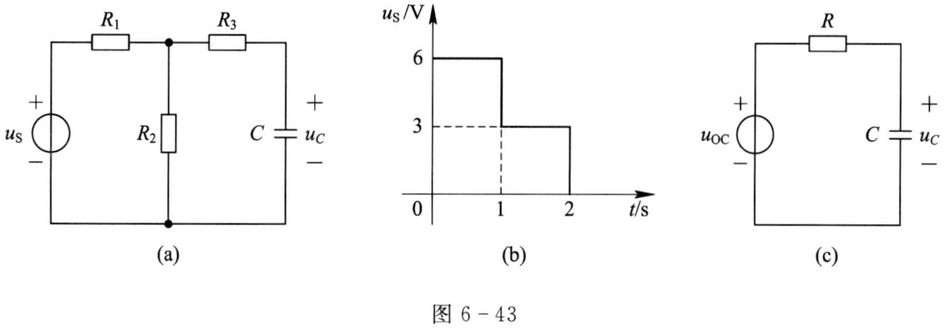

图 6-43

解　从电容两端看进去，电路的戴维南等效电路如图 6-43(c)所示，其等效电阻 R_{eq}、开路电压 u_{OC} 分别为

$$R_{eq}=R_3+\frac{R_1R_2}{R_1+R_2}=\left(3+\frac{3\times 6}{3+6}\right)\ \Omega=5\ \Omega$$

$$u_{OC}=\frac{6}{3+6}\times u_S=\frac{2}{3}u_S$$

u_S 可用阶跃函数表示为

$$u_S(t)=[6\varepsilon(t)-3\varepsilon(t-1)-3\varepsilon(t-2)]\ \mathrm{V}$$

则

$$u_{OC}=\frac{2}{3}u_S=[4\varepsilon(t)-2\varepsilon(t-1)-2\varepsilon(t-2)]\ \mathrm{V}$$

当电压源为单位阶跃激励时，有

$$u'_C(0^+)=0,\ u'_C(\infty)=1\ \mathrm{V},\ \tau=R_{eq}C=10\ \mathrm{s}$$

故电容电压的单位阶跃响应

$$u'_C(t)=(1-e^{-0.1t})\varepsilon(t)\ \mathrm{V}$$

而 $u_{OC}=\frac{2}{3}u_S$ 作用于图 6-43(c)时，应用叠加定理，有

$$u_C(t)=\{4(1-e^{-0.1t})\varepsilon(t)-2[1-e^{-0.1(t-1)}]\varepsilon(t-1)-2[1-e^{-0.1(t-2)}]\varepsilon(t-2)\}\ \mathrm{V}$$

6.5　考研真题详解

1. 如图 6-44 所示的电路中，$u_{C1}(0_-)=15$ V，$u_{C2}(0_-)=6$ V，$R=300\ \Omega$，$C_1=8\ \mu$F，$C_2=4\ \mu$F，当 $t=0$ 时闭合开关 S 后，τ 为________ μs，为 $u_{C1}(t)=$________ V。

答案：800，$12+3e^{-1.25\times 10^3 t}$

2. 图 6-45 所示的电路中，$L=10$ H，$R_1=10\ \Omega$，$R_2=100\ \Omega$ 将电路开关 S 闭合后 τ 为________ s，电流 $i_{R2}(t)$为________ A，直至稳态，那么在这段时间内电阻 R_2 上消耗的焦耳热为________ J。

答案：1.1，$2e^{\frac{t}{1.1}}$，220

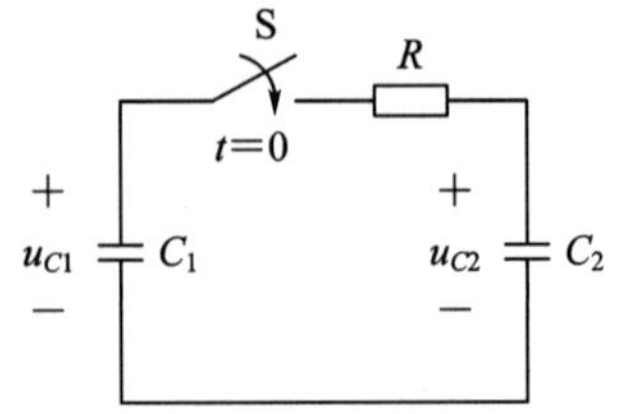

图 6-44

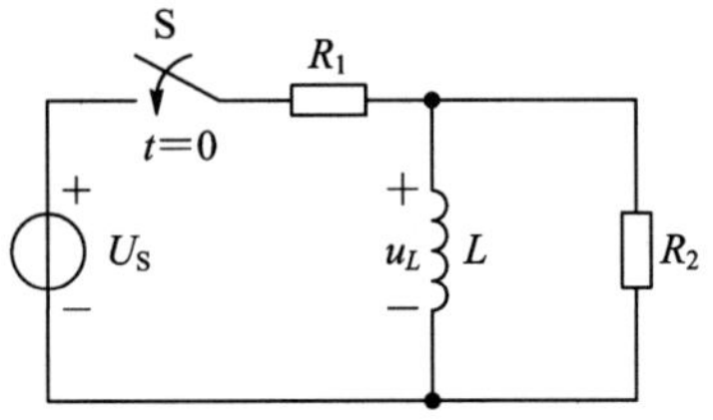

图 6-45

3. 电路如图 6-46 所示，已知 $R_1=5\ \Omega$，$R_2=R_3=10\ \Omega$，$U_S=45$ V，$I_S=1$ A，$L=1$ H，电路原已稳定，求开关闭合后的 i_L。

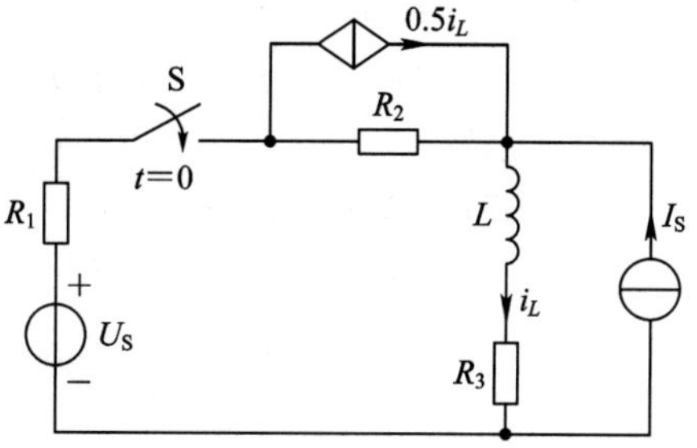

图 6－46

解　$t<0$ 时，电路已达稳态，电感相当于短路，有

$$i_L(0_+)=i_L(0_-)=1\ \text{A}$$

$t\geqslant 0_+$ 后，将电感断开，则电压源短路、电流源开路，应用加压求流法求等效电阻 R_{eq}，如图 6－47(a)所示，有

$$\begin{cases} i_L=-i \\ u_S=10(i+0.5i_L)+(10+5)i=20i \end{cases}$$

所以等效电阻为

$$R_{eq}=\frac{u_S}{i}=20\ \Omega$$

从而时间常数

$$\tau=\frac{L}{R_{eq}}=0.05\ \text{s}$$

当 $t\geqslant 0_+$ 后，电路达到稳态时，电感仍相当于短路，稳态电路如图 6－47(b)所示。根据后电压法，有

$$\begin{cases} \left(\dfrac{1}{5}+\dfrac{1}{10}\right)u_{n1}-\dfrac{1}{10}u_{n2}=\dfrac{45}{5}-0.5i_L(\infty) \\ -\dfrac{1}{10}u_{n1}+\left(\dfrac{1}{10}+\dfrac{1}{10}\right)u_{n2}=0.5i_L(\infty)+1 \\ i_L(\infty)=\dfrac{u_{n2}}{10} \end{cases} \Rightarrow \begin{cases} u_{n2}=30\ \text{V} \\ i_L(\infty)=3\ \text{A} \end{cases}$$

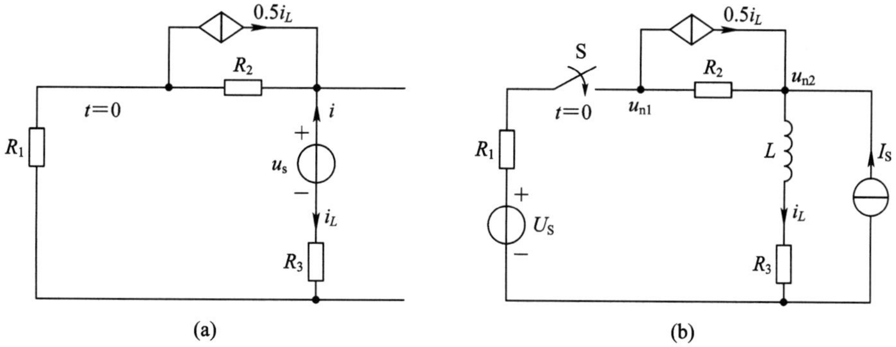

图 6－47

4. 电路如图 6-48 所示，其中 $u_S=5$ V，$C=10$ μF，$R_1=25$ kΩ，$R_2=100$ kΩ，$R_3=100$ kΩ。开关 S 在位置 1 已久，$t=0$ 时合向位置 2，求 $u_C(t)$ 和 $i(t)$。

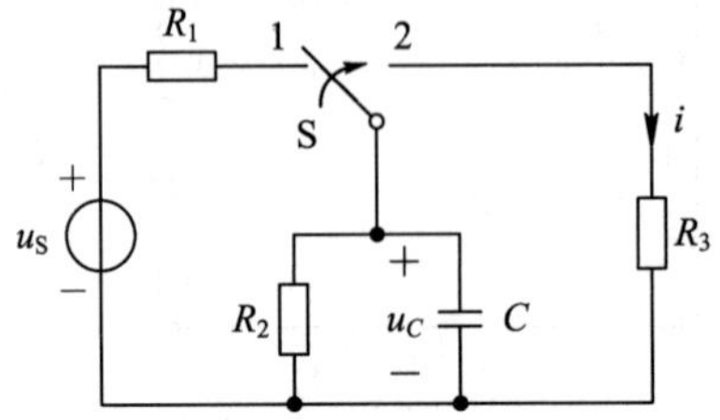

图 6-48

解 开关合在位置 1 时的电路如图 6-49(a)所示。可解得

$$u_C(0_-)=\frac{5}{100+25}\times 100\ \text{V}$$

根据换路定则，可得电容电压的初始值为

$$u_C(0_+)=u_C(0_-)=4\ \text{V}$$

$t>0$ 后的电路如图 6-49(b)所示，这是一个一阶 RC 零输入电路。从电容两端看进去的等效电阻

$$R_{eq}=\frac{100\times 100}{100+100}\ \text{k}\Omega=50\ \text{k}\Omega$$

故时间常数

$$\tau=R_{eq}C=50\times 10^3\times 10\times 10^{-6}=\frac{1}{2}\ \text{s}$$

电容电压

$$u_C(t)=u_C(0_+)e^{-\frac{t}{\tau}}=4e^{-2t}\ \text{V}$$

电流

$$i(t)=\frac{u_C(t)}{100}=0.04e^{-2t}\ \text{mA}$$

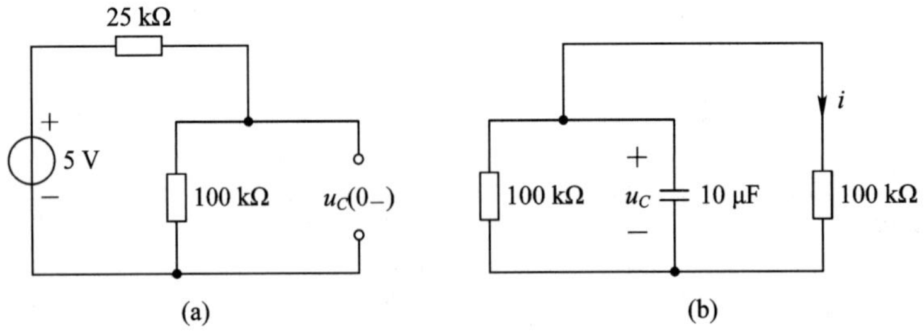

图 6-49

5. 如图 6-50 所示的电路中，$U_S=60$ V，$L=0.1$ H，$C=20$ μF，$R_1=100$ Ω，$R_2=150$ Ω，$R_3=100$ Ω。若 $t=0$ 时开关 S 闭合，求电流 i。

解 $t=0$ 时，电路处于稳定状态，电容看作开路，电感相当于短路，电路如图 6-51(a)所示。由图 6-51(a)可得

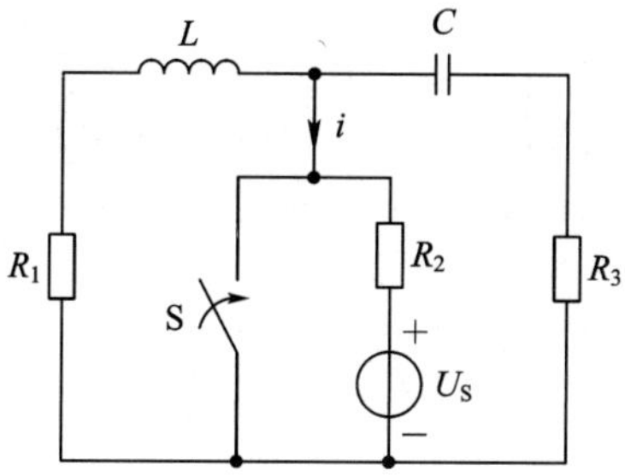

图 6 - 50

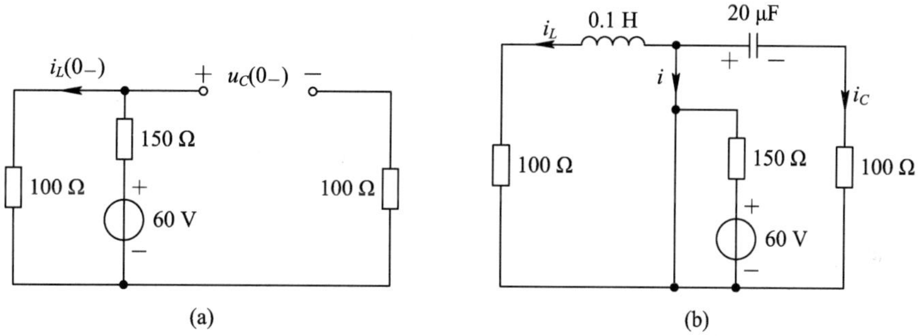

图 6 - 51

$$i_L(0_-)=\frac{60}{100+150}\ \text{A}=0.24\ \text{A}$$

$$u_C(0_+)=100\times i_L(0_-)=100\times 0.24\ \text{V}=24\ \text{V}$$

换路时，由于电容电压和电感电流不能跃变，所以有

$$i_L(0_+)=i_L(0_-)=0.24\ \text{A}$$

$$u_C(0_+)=u_C(0_-)=24\ \text{V}$$

$t>0$ 后的电路如图 6 - 51(b)所示，短路线把电路分成了三个相互独立的回路。由 R、L 串联回路可得

$$i_L(t)=i(0_+)\text{e}^{-\frac{t}{\tau}}=0.24\text{e}^{-\frac{100}{0.1}t}\ \text{A}=0.24\text{e}^{-1000t}\ \text{A}$$

由 RC 串联回路可得

$$u_C(t)=u_C(0_+)\text{e}^{-\frac{t}{RC}}=24\text{e}^{-\frac{t}{20\times 10^{-6}\times 100}}\ \text{V}=24\text{e}^{-500t}\ \text{V}$$

$$i_C=-\frac{u_C(t)}{100}=-\frac{24\text{e}^{-500t}}{100}\ \text{A}=-0.24\text{e}^{-500t}\ \text{A}$$

故根据 KCL，电流

$$i(t)=-[i_L(t)+i_C(t)]=0.24(\text{e}^{-500t}-\text{e}^{-1000t})\ \text{A}$$

6. 如图 6 - 52 所示的电路中，$C=0.5$ F，$R_1=4$ Ω，$R_2=15$ Ω。已知电容电压 $u_C(0_-)=10$ V，$t=0$ 时开关 S 闭合，求 $t\geqslant 0$ 时的电流 $i(t)$。

解　这是一个含有受控源的一阶 RC 零输入电路，首先求电容以外电路的等效电阻 R_{eq}。用外施电源法，在端口 a、b 端施加电流源 i_S，并设电流源两端的电压为 u，电路如图 6 - 53 所示。

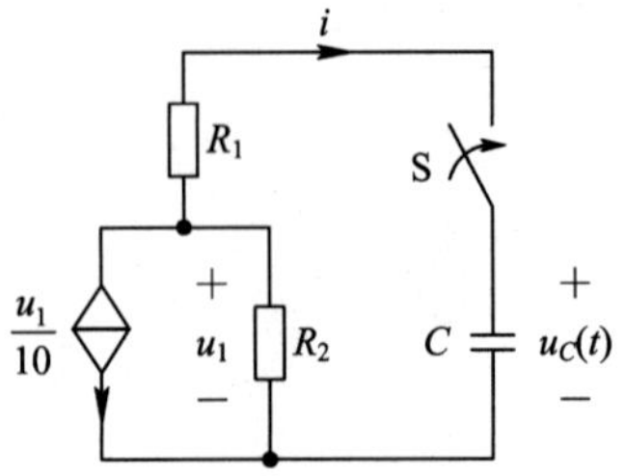

图 6-52

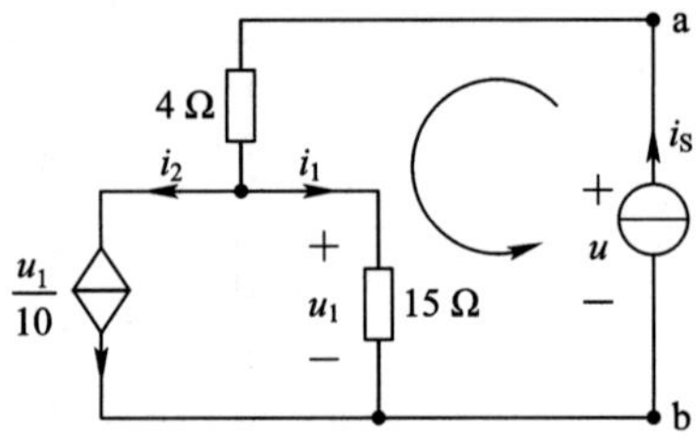

图 6-53

因为

$$u_1=15i_1$$

$$i_2=\frac{u_1}{10}=\frac{15i_1}{10}=1.5i_1$$

$$i_S=i_1+i_2=i_1+1.5i_1=2.5i_1$$

解得

$$i_1=\frac{1}{2.5}i_S$$

对图 6-53 所示的回路列 KVL 方程，有

$$4i_S+15i_1=u$$

$$4i_S+15\times\frac{1}{2.5}i_S=u$$

$$(4+6)i_S=u$$

即

$$R_{eq}=\frac{u}{i_S}=10\ \Omega$$

$$\tau=R_{eq}C=10\times0.5\ s=5\ s$$

$$u_C(t)=10e^{-\frac{1}{5}t}$$

$$i(t)=C\frac{du}{dt}=0.5\frac{d}{dt}\left(10e^{-\frac{1}{5}t}\right)=-e^{-\frac{1}{5}t}\ A$$

7. 在如图 6-54 所示电路中，若 $t=0$ 时开关 S 打开，求 u_C 和电流源发出的功率。

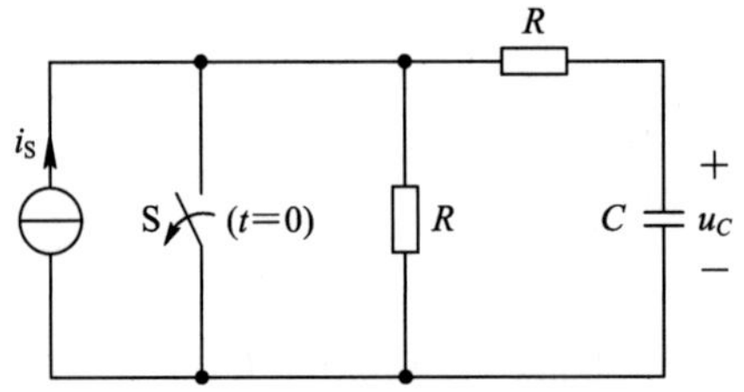

图 6-54

解 $t<0$ 时，由于电流源被短路，所以可得电容的初始电压值

$$u_C(0_+)=u_C(0_-)=0$$

$t>0$ 后的电路如图 6-55(a)所示，故这是一个求零状态响应的问题。一阶 RC 零状态电路满足初始条件的微分方程的解为

$$u_C(t)=u_C(\infty)(1-\mathrm{e}^{-\frac{t}{\tau}})$$

式中，$u_C(\infty)$是 $t\to\infty$ 电路达到稳定状态时，电容上的电压，τ 为电路的时间常数。本题中，当 $t\to\infty$时，电容相当于开路，如图 6-55(b)所示，则

$$u_C(\infty)=Ri_S$$

时间常数

$$\tau=R_{eq}C=(R+R)C=2RC$$

所以有

$$u_C(t)=Ri_S\left(1-\mathrm{e}^{-\frac{t}{2RC}}\right)\ \mathrm{V}$$

$$i_C(t)=C\frac{\mathrm{d}u_C(t)}{\mathrm{d}t}=C\left(-Ri_S\mathrm{e}^{-\frac{1}{2RC}}\right)\left(-\frac{1}{2RC}\right)\ \mathrm{A}=\frac{1}{2}i_S\mathrm{e}^{-\frac{1}{2RC}}\ \mathrm{A}$$

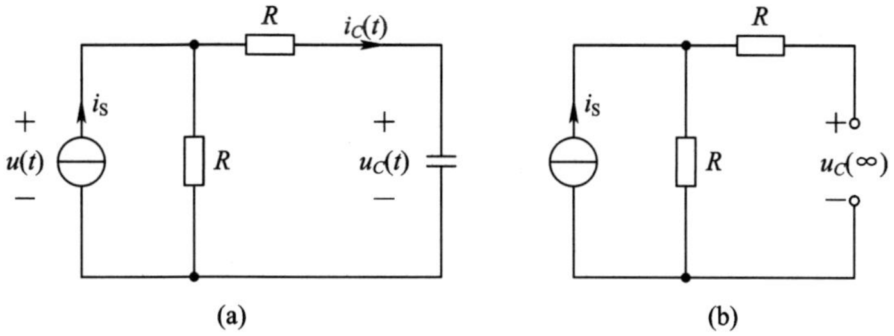

图 6-55

电流源两端的电压

$$u(t)=Ri_C(t)+u_C(t)=R\times\frac{1}{2}i_S\mathrm{e}^{-\frac{1}{2RC}}+Ri_S\left(1-\mathrm{e}^{-\frac{1}{2RC}}\right)\ \mathrm{V}$$

$$=Ri_S\left(1-\frac{1}{2}\mathrm{e}^{-\frac{1}{2RC}}\right)\ \mathrm{V}$$

则电流源发出的功率

$$p=i_Su(t)=Ri_S^2\left(1-\frac{1}{2}\mathrm{e}^{-\frac{1}{2RC}}\right)\ \mathrm{W}$$

8. 在如图 6-56 所示的电路中，开关 S 闭合前电容无初始储能，其中 $u_S=2$ V，$C=3$ μF，$R_1=1$ Ω，$R_2=2$ Ω。当 $t=0$ 时开关 S 闭合，求 $t\geqslant0$ 时的电容电压 $u_C(t)$。

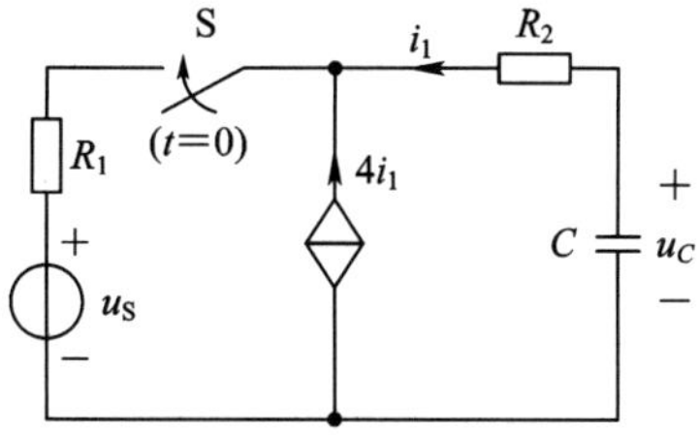

图 6-56

解　由题意知 $u_C(0_+)=u_C(0_-)=0$，这是一个求零状态响应问题。当 $t\to\infty$ 时，电容看作开路，电路如图 6－57 所示。由于电流 $i_1=0$，所以受控电流源的电流为零，故有

$$u_C(\infty)=2\ \text{V}$$

求 a、b 端口的等效电阻。由于有受控源，所以用开路短路法求。把 a、b 端子短路，有

$$2i_1+(4i_1+i_1)\times 1+2=0$$

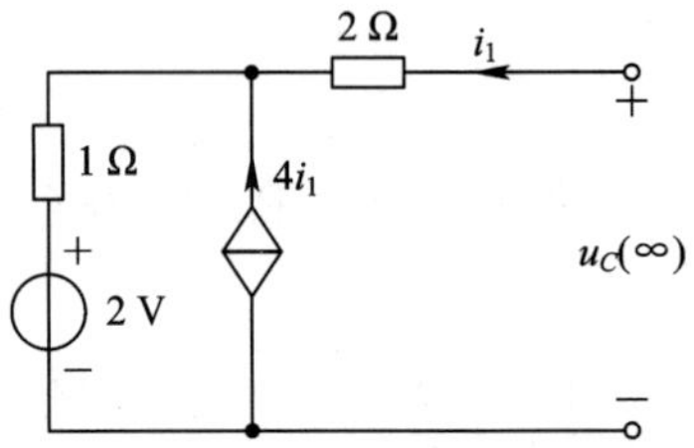

图 6－57

解得短路电流

$$i_{SC}=-i_1=\frac{2}{7}\ \text{A}$$

则等效电阻

$$R_{eq}=\frac{u_C(\infty)}{i_{SC}}=\frac{2}{\frac{2}{7}}\ \Omega=7\ \Omega$$

故时间常数

$$\tau=R_{eq}C=7\times 3\times 10^{-6}\ \text{s}=21\times 10^{-6}\ \text{s}$$

所以 $t>0$ 后，电容电压

$$u_C(t)=u_C(\infty)\left(1-e^{-\frac{t}{\tau}}\right)=2\left(1-e^{-\frac{10^6 t}{21}}\right)\ \text{V}$$

9. 在如图 6－58 所示的电路中，$u_S=20$ V，$C=0.1$ F，$R_1=R_2=2$ Ω。已知 $u_C(0_-)=0$，当 $t=0$ 时开关闭合，求 $t\geqslant 0$ 时的电压 $u_C(t)$ 和电流 $i_C(t)$。

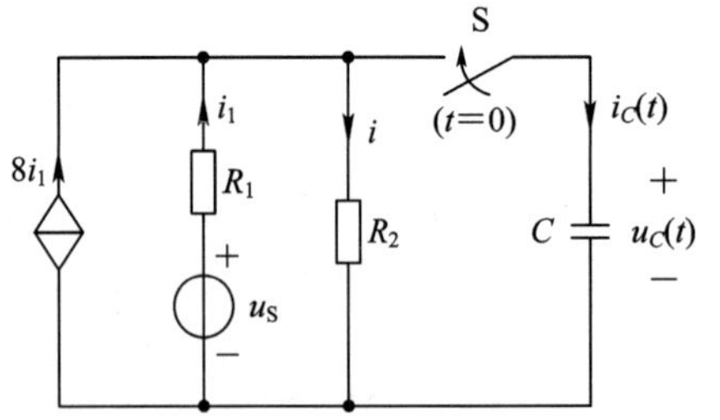

图 6－58

解　已知 $u_C(0_-)=0$，当 $t=0$ 时开关闭合，电路的响应为零状态响应。

首先求电容以外电路的戴维南等效电路，求等效电路中的 u_{OC} 和 R_{eq} 的电路分别如图 6－59(a)、(b)所示。图中：

$$u_{OC}=2i$$

$$i=8i_1+i_1=9i_1$$

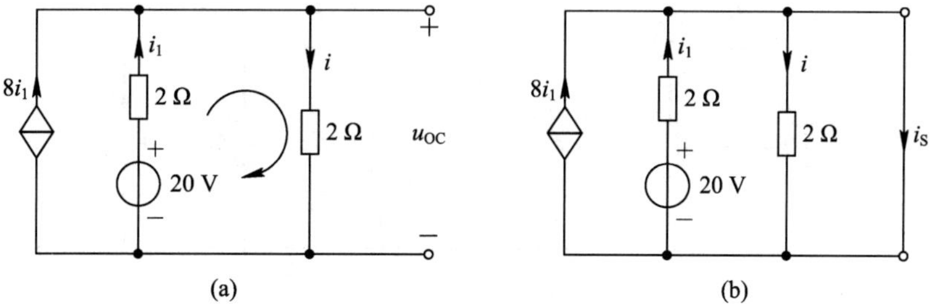

图 6-59

列出图 6-59(a)所示回路的 KVL 方程，有

$$2i+2i_1=20$$

解得

$$i=9\ \text{A}$$

$$u_{OC}=2i=2\times 9\ \text{V}=18\ \text{V}$$

求 R_{eq} 时，设端口短路电流为 i_{SC}，有

$$i_{SC}=i_1+8i_1=9i_1$$

而

$$i_1=\frac{20}{2}\ \text{A}=10\ \text{A}$$

所以

$$i_{SC}=9i_1=90\ \text{A}$$

$$R_{eq}=\frac{u_{OC}}{i_{SC}}=\frac{18}{90}\ \Omega=0.2\ \Omega$$

又因为

$$u_C(\infty)=u_{OC}=18\ \text{V}$$

$$\tau=R_{eq}C=0.2\times 0.1\ \text{s}=0.02\ \text{s}$$

所以

$$u_C(t)=18\left(1-e^{-\frac{1}{0.02}t}\right)\ \text{V}=18(1-e^{-50t})\ \text{V}$$

$$i_C(t)=C\,\frac{du_C}{dt}=90e^{-50t}\,\text{A}$$

10. 如图 6-60 所示的电路中各参数已给定，其中 $u_S=3$ V，$i_S=9$ A，$C=0.5$ F，$L=1$ H，$R_1=1$ Ω，$R_2=2$ Ω，$R_3=6$ Ω，$R_4=3$ Ω，开关 S 打开前电路为稳态。当 $t=0$ 时开关 S 打开，求开关打开后的电压 $u(t)$。

解　由图 6-60 所示的电路可求得开关打开前，有

$$u_C(0_-)=0$$

$$i_L(0_-)=\left(\frac{3}{1}+9\times\frac{3}{6+3}\right)\ \text{A}=6\ \text{A}$$

开关打开后，开关两边的电路分别是 RC 电路的零状态响应和 RL 电路的全响应。

由于

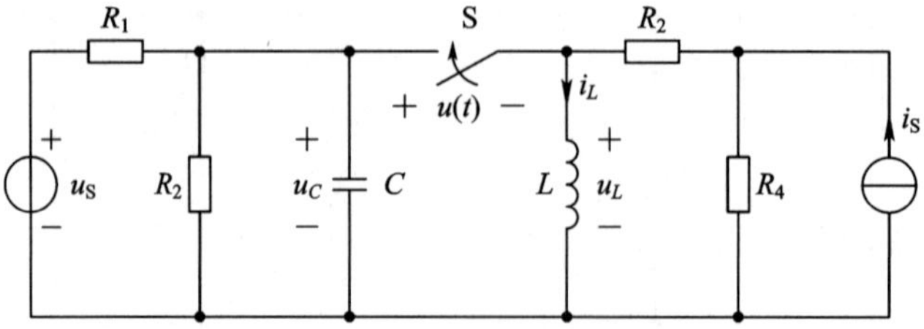

图 6 - 60

$$u_C(0_+)=u_C(0_-)=0$$

$$u_C(\infty)=\frac{3}{1+2}\times 2\ \text{V}=2\ \text{V}$$

$$\tau=\frac{1\times 2}{1+2}\times 0.5\ \text{s}=\frac{1}{3}\ \text{s}$$

所以

$$u_C(t)=2(1-\mathrm{e}^{-3t})\ \text{V}$$

对于 RL 的全响应电路，有

$$i_L(0_+)=i_L(0_-)=6\ \text{A}$$

$$i_L(\infty)=9\times\frac{3}{6+3}\ \text{A}=3\ \text{A}$$

$$\tau=\frac{1}{6+3}\times 1\ \text{s}=\frac{1}{9}\ \text{s}$$

所以

$$i_L(t)=[3+(6-3)\mathrm{e}^{-9t}]\ \text{A}=(3+3\mathrm{e}^{-9t})\ \text{A}$$

$$u_L(t)=L\ \frac{\mathrm{d}L}{\mathrm{d}t}=-27\mathrm{e}^{-9t}\ \text{V}$$

$$u(t)=u_C(t)-u_L(t)=[2(1-\mathrm{e}^{-3t})+27\mathrm{e}^{-9t}]\ \text{V}$$

11. 在如图 6 - 61 所示的电路中，$U_S=6$ V，$I_S=1$ A，$C=10\ \mu$F，$L=0.1$ H，$R_1=10$ kΩ，$R_2=3\ \Omega$，$R_3=3\ \Omega$。开关 S 闭合前电路已达稳态，求 S 闭合后电感电流 i_L 和电压 u_C 随时间的变化规律。

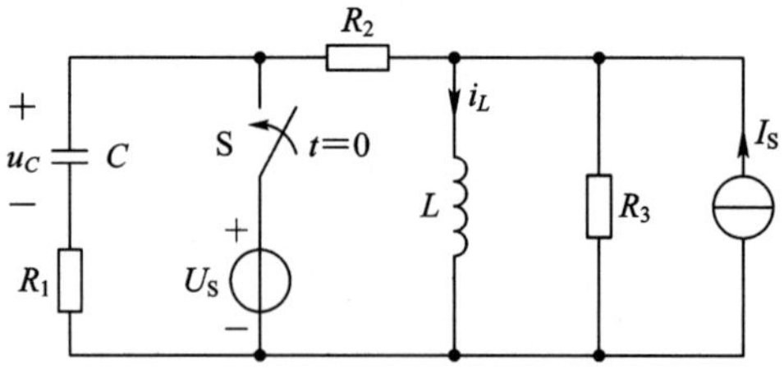

图 6 - 61

解 由于 S 闭合后电路变为两个一阶电路，所以用三要素法分别计算全响应 i_L 与 u_C。先由 S 闭合前的电路计算 $u_C(0_-)$、$i_L(0_-)$。由于 $t=0_-$ 时为直流稳态，所以

$$u_C(0_-)=0,\ i_L(0_-)=1\ \text{A}$$

由换路定则知

$$u_C(0_+)=u_C(0_-)=0$$

$$i_L(0_+)=i_L(0_-)=1\ \text{A}$$

由换路后的电路计算时间常数和 $u_C(\infty)$、$i_L(\infty)$，如图 6-62 所示，应用等效变换将电路划分为两个部分。

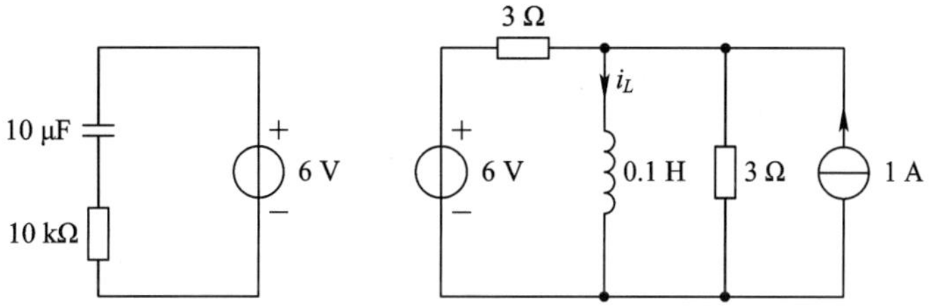

图 6-62

由图 6-52 可得

$$u_C(\infty)=6\ \text{V}$$

$$i_L(\infty)=1+\left(\frac{6}{3}\right)=3\ \text{A}$$

$$\tau_1=RC=10\times10^3\times10\times10^{-6}=0.1\ \text{s}$$

$$\tau_2=\frac{L}{R_{eq}}=\frac{0.1}{3/\!/3}=\frac{1}{15}\ \text{s}$$

所以

$$u_C=u_C(\infty)+[u_C(0_+)-u_C(\infty)]\text{e}^{-\frac{t}{\tau_1}}=6(1-\text{e}^{-10t})\ \text{V}$$

$$i_L=i_L(\infty)+[i_L(0_+)-i_L(\infty)]\text{e}^{-\frac{t}{\tau_2}}=3-2\text{e}^{-15t}\ \text{A}$$

12. 在如图 6-63 所示的电路中，已知 $R_1=100\ \Omega$，$R_2=200\ \Omega$，$L=0.5\ \text{H}$，$C=20\ \mu\text{F}$，$U_S=100\ \text{V}$。开关 S 原为断开，电路已达稳态。当 $t=0$ 时闭合开关 S，求通过开关 S 的电流 $i_S(t)$。

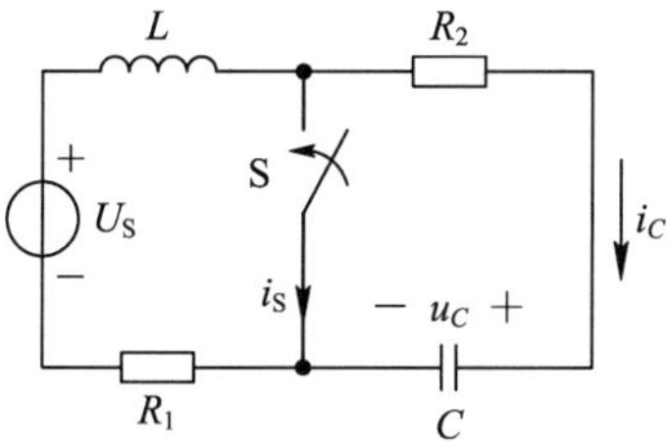

图 6-63

解　计算初始值

$$u_C(0_-)=U_S=100\ \text{V},\ i_L(0_-)=0$$

换路后，闭合的开关形成通路将电路分为两个一阶电路，用三要素法计算，有

$$u_C(0_+)=u_C(0_-)=100\ \text{V}$$

$$\tau_1=R_2C=4\times10^{-3}\ \text{s}$$

$$u_C(\infty)=0$$

所以

$$u_C=u_C(0_+)e^{-\frac{t}{\tau_1}}=100e^{-250t}\ \text{V}$$

$$i_C=C\frac{du_C}{dt}=-0.5e^{-250t}\ \text{A}$$

又

$$i_L(0_+)=i_L(0_-)=0$$

$$i_L(\infty)=\frac{U_S}{R_1}=1\ \text{A}$$

$$\tau_2=\frac{L}{R_1}=5\times10^{-3}\ \text{s}$$

所以

$$i_L=1-e^{-200t}\ \text{A}$$

由 KVL 得出

$$i_S=i_L-i_C=1-e^{-200t}+0.5e^{-250t}\ \text{A}$$

13. 如图 6-64 所示的电路在开关不闭合时处于稳态。其中 $U_S=60$ V，$L=0.1$ H，$C=20\ \mu$F，$R_1=100\ \Omega$，$R_2=150\ \Omega$，$R_3=100\ \Omega$。

(1) 若开关在 0 s 时合到端子 1，则 u_C 和 i_L 各为多少？

(2) 若开关在 0 s 时合到端子 2，则 u_C 和 i_L 各为多少？

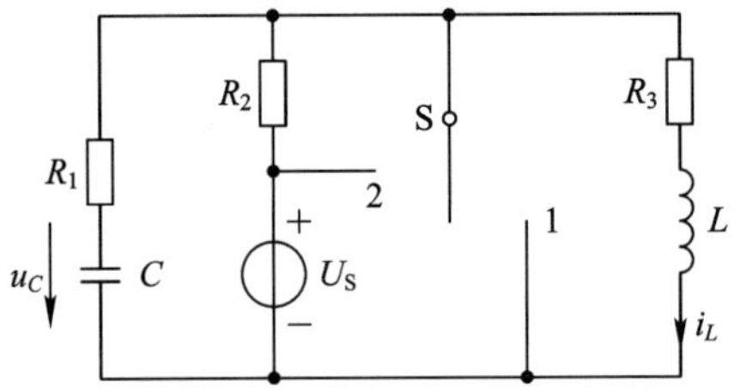

图 6-64

解 计算初始值

$$u_C(0_-)=\frac{100}{150+100}\times60=24\ \text{V}$$

$$i_L(0_-)=\frac{60}{150+100}=0.24\ \text{A}$$

(1) 开关在 $t=0$ 时合到端子 1，电路被分为两个一阶电路，用三要素法计算两个零输入响应，得

$$u_C(\infty)=0,\ i_L(\infty)=0$$

$$u_C(0_+)=u_C(0_-)=24\ \text{V},\ i_L(0_+)=i_L(0_-)=0.24\ \text{A}$$

$$\tau_1=R_1C=2\times10^{-3}\ \text{s},\ \tau_2=\frac{L}{R_2}=10^{-3}\ \text{s}$$

所以

$$u_C(t)=u_C(0_+)e^{-\frac{t}{\tau_1}}=24e^{-500t}\ \text{V}$$

$$i_L(t)=i_L(0_+)e^{-\frac{t}{\tau_2}}=0.24e^{-1000t}\ \text{A}$$

(2) 开关在 $t=0$ 时合到端子 2，电路也被分为两个一阶电路，用三要素法计算全响应。其中时间常数、初始值均与(1)中的值相同，而

$$u_C(\infty)=60\ \text{V},\ i_L(\infty)=\frac{60}{100}=0.6\ \text{A}$$

所以全响应

$$u_C(t)=u_C(\infty)+[u_C(0_+)-u_C(\infty)]e^{-\frac{t}{\tau_1}}=60-36e^{-500t}\ \text{V}$$

$$i_L(t)=i_L(\infty)+[i_L(0_+)-i_L(\infty)]e^{-\frac{t}{\tau_2}}=0.6-0.36e^{-1000t}\ \text{A}$$

14. 如图 6-65 所示的电路在开关 S 打开前电路已处于稳态，其中 $U_S=10$ V，$L=1$ H，$C=0.5$ F，$R_1=2\ \Omega$，$R_2=3\ \Omega$，$R_3=6\ \Omega$。求 S 打开时的电压 $u_{AB}(t)$。

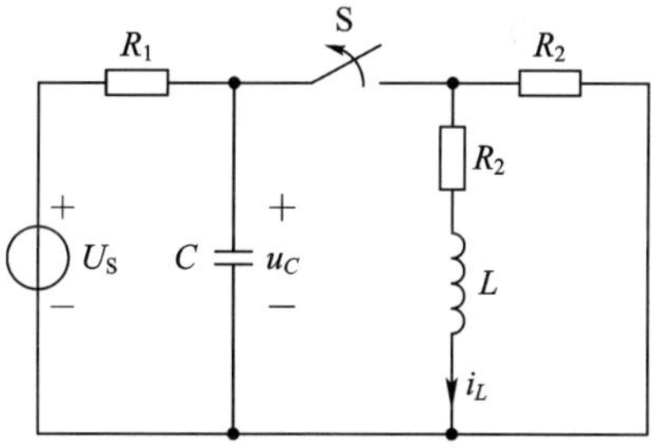

图 6-65

解　设 $t=0$ 时开关 S 打开，S 打开后，电路被分为两个一阶电路，分别用三要素法求解。先由 $t<0$ 的电路求初始值，得

$$u_C(0_-)=\frac{3/\!/6}{2+3/\!/6}\times 10=5\ \Omega$$

$$i_L(0_-)=\frac{u_C(0_-)}{3}=1.67\ \text{A}$$

由 RC 电路部分求 $u_C(t)$

$$u_C(0_+)=u_C(0_-)=5\ \text{V}$$

$$u_C(\infty)=10\ \text{V}$$

$$\tau_1=R_1C=2\times 0.5=1\ \text{s}$$

所以

$$u_C=u_C(\infty)+[u_C(0_+)-u_C(\infty)]e^{-\frac{t}{\tau_1}}=10-5e^{-1}\ \text{V}$$

由 RL 电路部分求 u_{R_3}，有

$$i_L(0_+)=i_L(0_-)=1.67\ \text{A},\ i_L(\infty)=0$$

$$\tau_2=\frac{L}{(R_2+R_3)}=\frac{1}{(3+6)}=0.11\ \text{s}$$

所以

$$i_L=i_L(0_+)e^{-\frac{t}{\tau_2}}=1.67e^{-9t}\ \text{A}$$

$$u_{R_3}=-R_3i_L=-10e^{-9t}\ \text{V}$$

按 KVL 得

$$u_{AB}=u_C-u_{R_3}=(10-5e^{-t}+10e^{-9t})\ V$$

15. 在如图 6-66 所示的电路中，已知 $u_S(t)=70.7\sqrt{2}\sin(\omega t+36.9°)$ V，$\omega=1000$ rad/s，$R_1=150\ \Omega$，$R_2=50\ \Omega$，$L=0.2$ H，$C=5\ \mu F$。开关动作前电路已达稳态。当 $t=0$ 时闭合 S，求开关动作后的 $i_L(t)$ 和 $u_C(t)$。

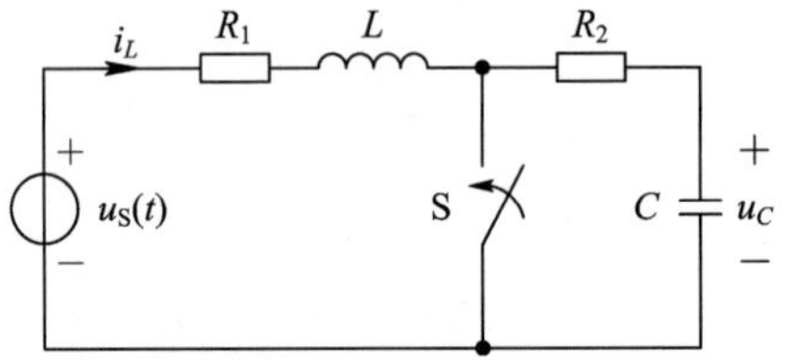

图 6-66

解　开关 S 闭合后，电路被分为两个一阶电路。与前面各题不同的是，本题电源不是直流，而是正弦电压源。由于是一阶电路，因此仍用三要素法求解最简单，只是在求初始值和稳态值时用相量法来计算。

由 $t<0$ 计算电路的初始值：

$$\dot{I}_L=\frac{\dot{U}_S}{R_1+R_2+j\left(\omega L-\frac{1}{\omega C}\right)}=\frac{70.7\angle 36.9°}{150+50+j(200-200)}$$

$$=0.3535\angle 36.9°\ A$$

$$\dot{U}_C=-j200\dot{I}_L=-j70.7\angle 36.9°=70.7\angle(-53.1°)\ V$$

所以

$$i_L(t)=0.3535\sqrt{2}\sin(\omega t+36.9°)\ A\quad (t<0)$$

$$i_L(0_-)=0.3535\sqrt{2}\sin 36.9°=0.3\ A$$

同理求出

$$u_C(0_-)=70.7\sqrt{2}\sin(-53.1°)=-80\ V$$

$t>0$ 后，由 RC 电路部分求正弦电源激励的全响应。先用相量法求特解 $i'_L(t)$，得

$$\dot{I}'_L=\frac{\dot{U}_S}{R_1+j\omega L}=\frac{70.7\angle 36.9°}{150+j200}=0.2828\angle(-16.23°)\ A$$

所以

$$i'_L(t)=0.2828\sqrt{2}\sin(\omega t-16.23°)=0.4\sin(\omega t-16.23°)\ A$$

$$i'_L(0_+)=0.4\sin(-16.23°)=-0.112\ A$$

又

$$i_L(0_+)=i_L(0_-)=0.3\ A$$

$$\tau=\frac{L}{R_1}=\frac{1}{750}\ s$$

按三要素法求得

$$i_L(t)=i'_L(t)+[i_L(0_+)-i'_L(0_+)]e^{-\frac{t}{\tau}}$$

$$=[0.4\sin(\omega t-16.23°)+0.412e^{-750t}]\ A\quad (t\geqslant 0)$$

16. 如图 6－67 所示的电路，其中 $U_{S1}=10\ V$，$R=10\ \Omega$，$U_{S2}=40\ V$。当 $t=0$ 时，开关由 a 投向 b，开关动作前电路已处稳态，求 $t\geqslant 0$ 时的 u_C。

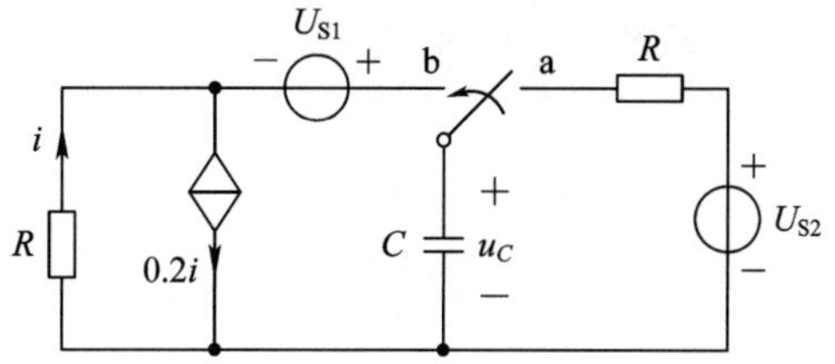

图 6－67

解　由换路前的电路计算，有

$$u_C(0_-)=40\ V$$

换路后的电路中包含有受控源，宜用等效变换的方法将电路化简之后再求解。为此将电容以左部分的电路用其戴维南等效电路代替，作出的等效电路如图 6－68(a)所示。其中的 U_{OC}、R_{eq} 经计算得

$$U_{OC}=10\ V,\ R_{eq}=12.5\ \Omega$$

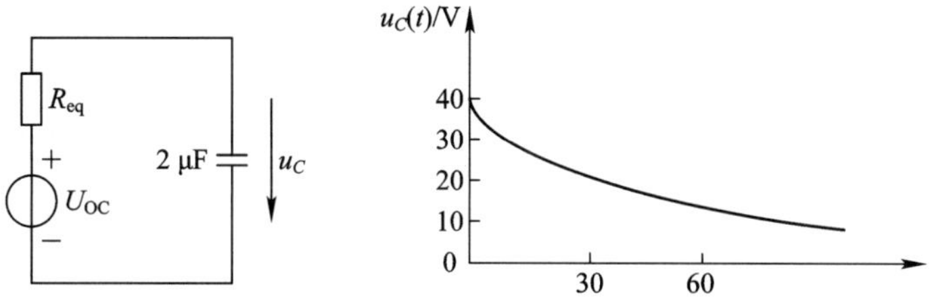

(a)　　(b)

图 6－68

用三要素法求全响应 u_C：

$$u_C(0_+)=u_C(0_-)=40\ V$$

$$u_C(\infty)=U_{OC}=10\ V$$

$$\tau=R_{eq}C=25\times 10^{-6}\ s$$

所以

$$u_C=10+(40-10)e^{-\frac{t}{25\times 10^{-6}}}=10+30e^{-4\times 10^4 t}\ V\quad (t\geqslant 0)$$

u_C 的曲线如图 6－68(b)所示。

17. 如图 6－69 所示的电路原处于稳态，其中 $I_{S1}=1\ A$，$I_{S2}=2\ A$，$C=1\ F$，$R_1=3\ \Omega$，$R_2=1\ \Omega$。当 $t=0$ 时扳断开关，求 $t>0$ 时的 $u_C(t)$。

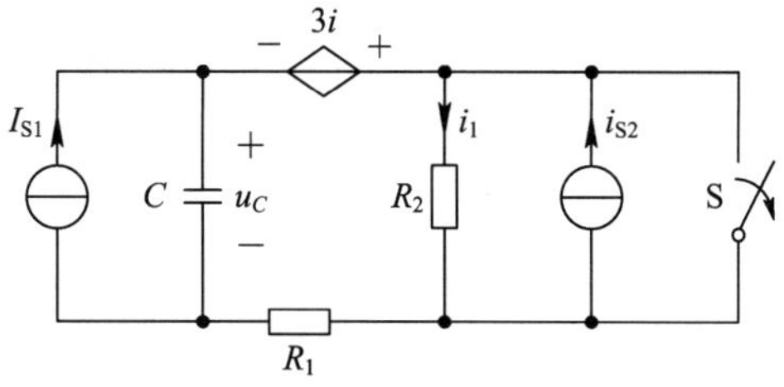

图 6－69

解　先求换路之前的电路 $u_C(0_-)$。由于此时 S 闭合，$3i_1=0$，所以

$$u_C(0_-)=3I_{S1}=3\ \text{V}$$

作出 $t>0$ 时的等效电路，如图 6-70 所示。经计算得 $U_{OC}=-3$ V，$R_{eq}=1\ \Omega$。用三要素法计算全响应 $u_C(t)$，得

$$u_C(0_+)=u_C(0_-)=3\ \text{V},\ u_C(\infty)=U_{OC}=-3\ \text{V}$$

$$\tau=R_{eq}C=1\ \text{s}$$

所以

$$u_C(t)=u_C(\infty)+[u_C(0_+)-u_C(\infty)]\text{e}^{-\frac{t}{\tau}}=(-3+6\text{e}^{-t})\ \text{V}\quad (t\geqslant 0)$$

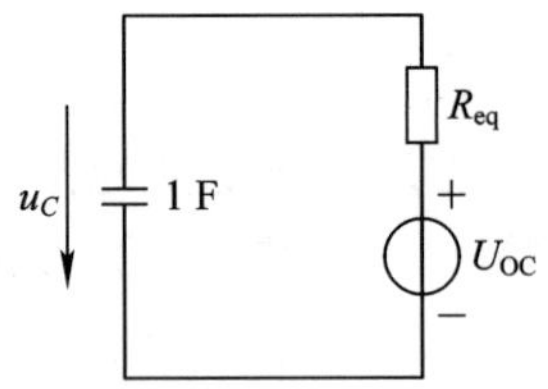

图 6-70

18. 图 6-71 所示的电路原来处于稳定状态，已知 $C=3\ \mu$F，$R_1=R_2=1$ kΩ，$R_3=R_4=2$ kΩ，$u_{S1}=12$ V，$u_{S2}=6$ V，当 $t=0$ 时闭合开关 S，试求电容电压 $u_C(t)$。

解　当 $t=0_-$ 时，$u_C(0_-)=\left(\dfrac{3}{4}\times 12-6\right)\ \text{V}=3\ \text{V}$，故有

$$u_C(0_+)=u_C(0_-)=3\ \text{V}$$

当 $t=0$ 时，开关合上，即电路换路后经过无穷长时间电路达到新的稳定状态，从动态元件两端看进去，其戴维南等效电路如图 6-72 所示，其开路电压

$$u_C(\infty)=u_{OC}=\left(\frac{12\times 1000}{3\times 1000}-6\right)\ \text{V}=-2\ \text{V}$$

等效电阻 $R=\dfrac{2}{3}\times 10^3\ \Omega$，而时间常数 $\tau=RC=2\times 10^{-3}$ s。

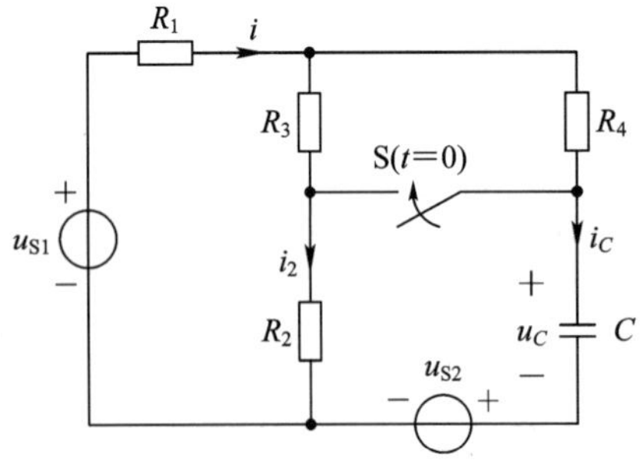

图 6-71

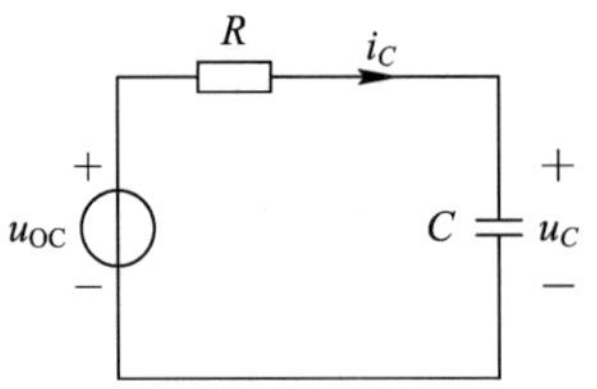

图 6-72

应用三要素法，有

$$u_C(t)=u_C(\infty)+[u_C(0_+)-u_C(\infty)]\text{e}^{-\frac{t}{\tau}}=(-2+5\text{e}^{-500t})\ \text{V}$$

而要求电流 i_2、i_C 和 i，则要回到原电路中去求，故

$$i_C(t)=C\frac{du}{dt}=(-7.5\times e^{-500t})\times10^{-3}\ A$$

$$i_2(t)=\frac{u_{S2}+u_C}{R_2}=(6-2+5e^{-500t})\times10^{-3}\ A=(4+5e^{-500t})\times10^{-3}\ A$$

于是

$$i(t)=i_2(t)+i_C(t)=(4+2.5e^{-500t})\times10^{-3}\ A$$

19. 在如图 6-73 所示的电路中，开关 S 在 $t=0$ 时闭合，$L=0.2$ H，$C=25$ μF，$R_1=2$ kΩ，$R_2=R_3=3$ kΩ，$R_4=40$ kΩ，$U_S=45$ V，已知开关闭合前电路已经达到稳态，求换路后的 $i(t)$。

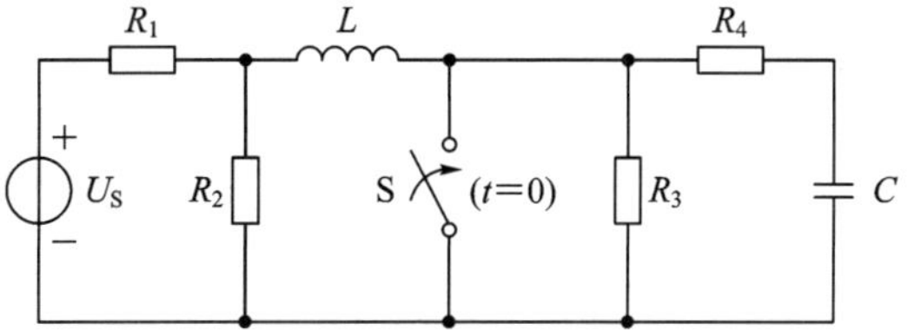

图 6-73

解　开关 S 闭合后电路变为两个一阶电路，如图 6-74(b)、(c)所示。先利用三要素法分别求出两个一阶电路的电流 $i_1(t)$和 $i_2(t)$，然后利用 KVL 求得 $i(t)=i_1(t)+i_2(t)$。

(1) 求初始值。当 $t<0$ 时开关 S 断开，电路为直流稳态，电容开路，电感短路，得到如图 6-74(a)所示 $t=0_-$ 的等效电路，由此求得

$$i_L(0_-)=\frac{3}{3+3}\times\frac{45}{2+3/\!/3}=\frac{45}{7}\ \text{mA}$$

$$u_C(0_-)=i_L(0_-)\times3=\frac{135}{7}\ \text{V}$$

根据换路定则，计算独立初始值，得

$$i_L(0_+)=i_L(0_-)=\frac{45}{7}\ \text{mA},\ u_C(0_+)=u_C(0_-)=\frac{135}{7}\ \text{V}$$

当 $t=0$ 时开关 S 闭合，将电容用电压源代替，电感用电流源代替，得到 $t=0_+$ 的等效电路，如图 6-74(d)和图 6-74(e)所示。计算非独立初始值，得

$$i_1(0_+)=i_L(0_+)=i_L(0_-)=\frac{45}{7}\ \text{mA}$$

$$i_2(0_+)=\frac{u_C(0_+)}{40}=\frac{135}{7\times40}=\frac{27}{56}=0.482\ \text{mA}$$

(2) 求稳态值。换路后，电感短路，电容开路，得到 $t=\infty$ 的等效电路，如图 6-74(f)和图 6-74(g)所示。

$$i_1(\infty)=\frac{45}{2}=22.5\ \text{mA},\ i_2(\infty)=0$$

(3) 求时间常数。由图 6-74(b)和图 6-74(c)可知，容易求得时间常数分别如下：

$$\tau_1=\frac{L}{R}=\frac{25}{2/\!/3}=20.833\ \text{s}$$

$$\tau_2=RC=25\times10^{-6}\times40\times10^{3}=1\ \text{s}$$

(4) 根据三要素法，求得 $i(t)$，有

$$i_1(t)=i_1(\infty)+[i_1(0_+)-i_1(\infty)]e^{-\frac{t}{\tau_1}}=22.5-16.07e^{-\frac{t}{20.833}}\ \text{mA}\quad (t\geqslant 0_+)$$

$$i_2(t)=i_2(\infty)+[i_2(0_+)-i_2(\infty)]e^{-\frac{t}{\tau_2}}=0.482e^{-t}\ \text{mA}\quad (t\geqslant 0_+)$$

$$i(t)=i_1(t)+i_2(t)=22.5-16.07e^{-\frac{t}{20.833}}+0.482e^{-t}\ \text{mA}\quad (t\geqslant 0_+)$$

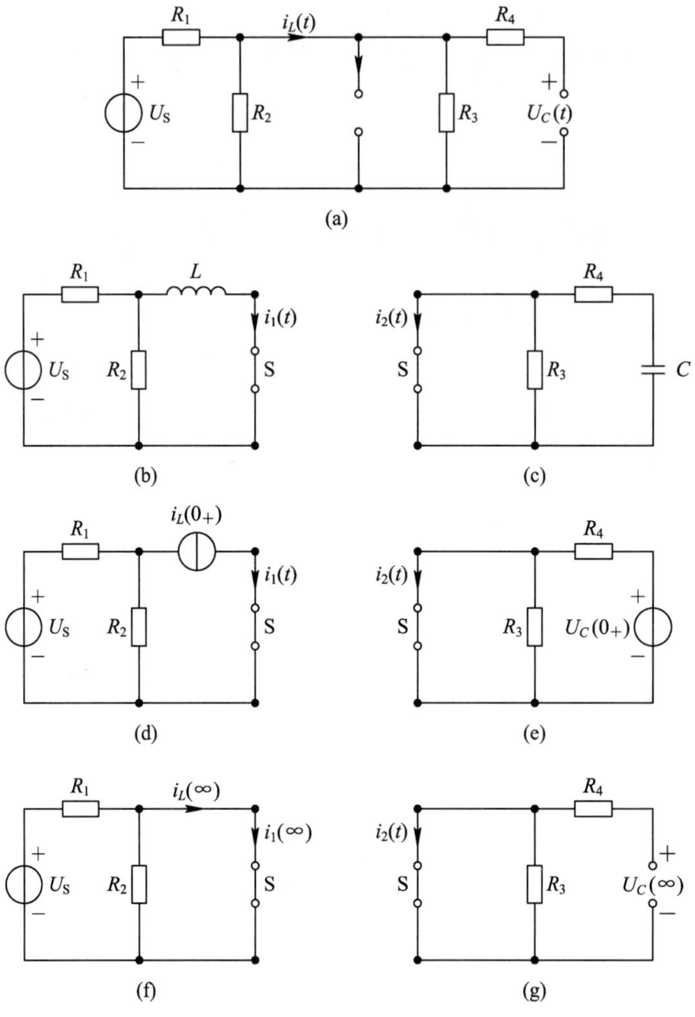

图 6-74

第 7 章

耦合电感、理想变压器及双口网络

7.1 重点与难点

1. 重点

（1）理解耦合电感系数、同名端概念及耦合电感的 VCR。

（2）掌握互感电路的分析方法。

（3）掌握耦合电感的相量分析方法。

（4）理解空心变压器的特性。

（5）理解理想变压器的特性。

（6）掌握双口网络的 Z、Y、H、T 参数方程的形式与各参数的含义及求法。

（7）掌握 Z、Y、H、T 四组参数之间的转换关系。

（8）掌握双口网络级联、串联及并联的条件与等效参数的求法。

2. 难点

耦合电感端电压与自感电压及互感电压的关系式、空心变压器中次级向初级等效和初级向次级等效、双口网络参数的确定等知识点是本章的学习难点。

7.2 基本知识点

1. 耦合电感

1）自感与互感系数、耦合系数

当一个线圈中电流变化时，它所产生的变化的磁场会在另一个线圈中产生感应电动势的现象，称为互感。由于导体本身电流发生变化而产生的电磁感应，称为自感。

在工程上，使用耦合系数来反映耦合电感耦合的紧密程度。耦合系数的表达式如下：

$$k=\sqrt{\frac{\psi_{12}\psi_{21}}{\psi_{11}\psi_{22}}}=\frac{M}{\sqrt{L_1L_2}}$$

由于 $\psi_{21}\leqslant\psi_{11}$，$\psi_{12}\leqslant\psi_{22}$，因此 $k\leqslant1$。k 值越大，表示两个线圈之间耦合越紧密，漏磁通越小。

2) 耦合电感的同名端

当电流(i_1，i_2)从两个线圈的某一对端子流入时，若线圈中的自感磁链和互感磁链是相互增强的，则这对端子就称为同名端，用“·”或“*”加以标记。

3) 耦合电感的 VCR

在耦合电感的同名端给出之后，其伏安关系可以由其电压、电流的参考方向唯一确定。在正弦稳态电路中，当耦合元件中的电流、电压都是同频率的正弦量时，其电压、电流的关系可用其相量形式表示。

2. 耦合电感电路分析

1) 耦合电感的去耦等效

耦合电感的去耦等效包括耦合电感的串联、耦合电感的并联、耦合电感的 T 形去耦等效。

(1) 耦合电感的串联。

① 异名端连接在一起的连接方式称为顺接串联，等效电感 $L=L_1+L_2+2M$。

② 同名端连接在一起的连接方式称为反接串联，等效电感 $L=L_1+L_2-2M$。

③ 将两线圈顺接一次，反接一次，即可得互感系数 $M=\frac{1}{4}(L_{顺}-L_{反})$。

(2) 耦合电感的并联。

① L_1 和 L_2 的同名端连接在同一个结点上的连接方式称为同侧并联，等效电感 $L=\frac{L_1L_2-M^2}{L_1+L_2-2M}\geqslant0$，其中 $M\leqslant\sqrt{L_1L_2}$。

② L_1 和 L_2 的异名端连接在同一个结点上的连接方式称为异侧并联，等效电感 $L=\frac{L_1L_2-M^2}{L_1+L_2+2M}\geqslant0$，其中 $M\leqslant\sqrt{L_1L_2}$。

(3) 耦合电感的 T 形去耦等效。

同名端为公共端的耦合电感，可以用三个去耦合的电感组成的 T 形网络等效替换，如图 7-1 所示。

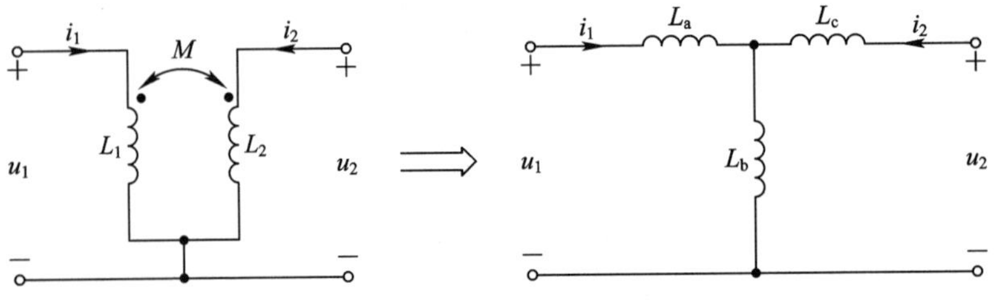

图 7-1

图 7-1 中：

$$\begin{cases}L_a=L_1-M\\L_b=M\\L_c=L_2-M\end{cases}$$

如果公共端为异名端，则其去耦等效电路中 M 前的符号也应改变，即

$$\begin{cases}L_a=L_1+M\\L_b=-M\\L_c=L_2+M\end{cases}$$

2）耦合电感电路的计算

耦合电感电路的分析方法与一般复杂正弦交流电路的分析方法相同，其特点是在列写电路方程时，必须考虑互感电压，一般采用支路法和网孔法来计算。

3）空心变压器电路

常用的变压器有空心变压器和铁芯变压器两种模型。

空心变压器没有铁芯变压器产生的各种损耗，常用于高频电路，特点是耦合系数较小，属于松耦合。铁芯变压器近似于全耦合变压器，通常应用于电力系统或电子设备中。

变压器电路的分析方法和一般的耦合电路的分析方法是相同的，如支路法、网孔法。

3. 理想变压器

1）理想变压器的 VCR

理想变压器的三个条件：无损耗，全耦合，电感和互感趋向于无穷大。

2）理想变压器的阻抗变换

理想变压器使用一次侧、二次侧阻抗相互折合的方法得到等效电路。

4. 双口网络

1）双口网络的概念

只有两个端钮和外电路连接，在任一时刻，流入其中一个端钮的电流总是等于另一个端钮流出的电流，称为双口网络。双口网络可以实现对信号的放大、变换和匹配等功能。

2）双口网络的方程与参数

双口网络的参数包括阻抗参数、导纳参数、其他参数。

(1) 双口网络的阻抗参数。

Z 参数方程：

$$\begin{cases}\dot{U}_1=z_{11}\dot{I}_1+z_{12}\dot{I}_2\\\dot{U}_2=z_{21}\dot{I}_1+z_{22}\dot{I}_2\end{cases}$$

Z 参数矩阵：

$$\boldsymbol{Z}=\begin{bmatrix}z_{11}&z_{12}\\z_{21}&z_{22}\end{bmatrix}$$

$$z_{11}=\left.\frac{\dot U_1}{\dot I_1}\right|_{\dot I_2=0},\quad z_{21}=\left.\frac{\dot U_2}{\dot I_1}\right|_{\dot I_2=0},\quad z_{12}=\left.\frac{\dot U_1}{\dot I_2}\right|_{\dot I_1=0},\quad z_{22}=\left.\frac{\dot U_2}{\dot I_2}\right|_{\dot I_1=0}$$

(2) 双口网络的导纳参数。

Y 参数方程：

$$\begin{cases}\dot I_1=y_{11}\dot U_1+y_{12}\dot U_2\\ \dot I_2=y_{21}\dot U_1+y_{22}\dot U_2\end{cases}$$

Y 参数矩阵：

$$\boldsymbol{Y}=\begin{bmatrix}y_{11} & y_{12}\\ y_{21} & y_{22}\end{bmatrix}$$

$$y_{11}=\left.\frac{\dot I_1}{\dot U_1}\right|_{\dot U_2=0},\quad y_{21}=\left.\frac{\dot I_2}{\dot U_1}\right|_{\dot U_2=0},\quad y_{12}=\left.\frac{\dot I_1}{\dot U_2}\right|_{\dot U_1=0},\quad y_{22}=\left.\frac{\dot I_2}{\dot U_2}\right|_{\dot U_1=0}$$

(3) 双口网络的其他参数。

T 参数方程：

$$\begin{cases}\dot U_1=t_{11}\dot U_2-t_{12}\dot I_2\\ \dot I_1=t_{21}\dot U_2-t_{22}\dot I_2\end{cases}$$

H 参数方程：

$$\begin{cases}\dot U_1=h_{11}\dot I_1+h_{12}\dot U_2\\ \dot I_2=h_{21}\dot I_1+h_{22}\dot U_2\end{cases}$$

3) 双口网络的等效电路

(1) 给定双口网络的 Z 参数，通常用 T 形等效电路。

(2) 给定双口网络的 Y 参数，通常用 Π 形等效电路。

(3) 给定双口网络的其他参数，可把其他参数变换成 Z 参数或 Y 参数，再求其等效电路参数。

4) 具有端接的双口网络

具有端接的双口网络具有变换阻抗的作用。

工程案例 11　　　　工程案例 12

7.3 思维导图

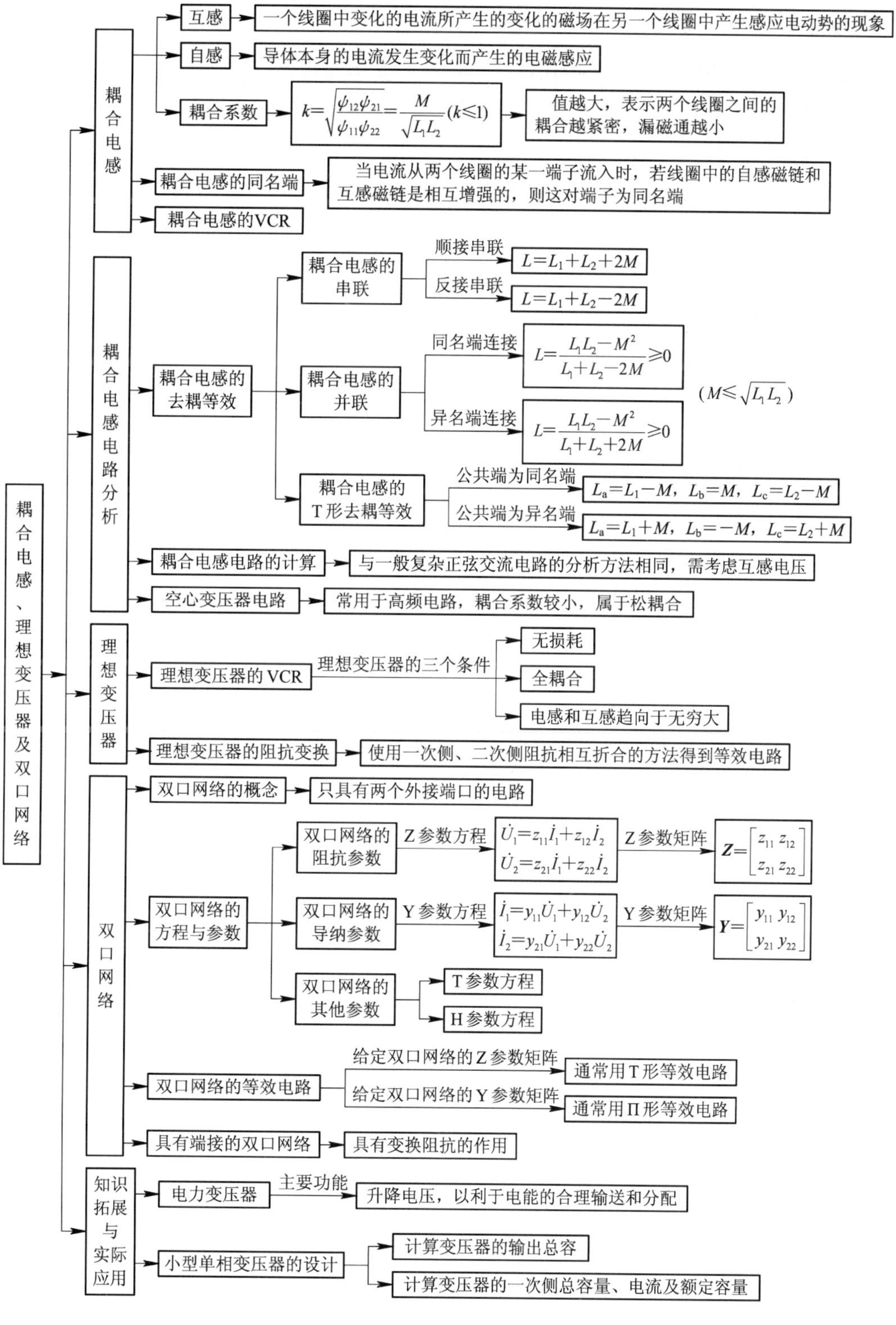
耦合电感、理想变压器及双口网络
耦合电感
互感
一个线圈中变化的电流所产生的变化的磁场在另一个线圈中产生感应电动势的现象
自感
导体本身的电流发生变化而产生的电磁感应
耦合系数
$k=\sqrt{\frac{\psi_{12}\psi_{21}}{\psi_{11}\psi_{22}}}=\frac{M}{\sqrt{L_1L_2}}(k\leqslant 1)$
值越大，表示两个线圈之间的耦合越紧密，漏磁通越小
耦合电感的同名端
当电流从两个线圈的某一端子流入时，若线圈中的自感磁链和互感磁链是相互增强的，则这对端子为同名端
耦合电感的VCR
耦合电感电路分析
耦合电感的去耦等效
耦合电感的串联
顺接串联
$L=L_1+L_2+2M$
反接串联
$L=L_1+L_2-2M$
耦合电感的并联
同名端连接
$L=\frac{L_1L_2-M^2}{L_1+L_2-2M}\geqslant 0$
异名端连接
$L=\frac{L_1L_2-M^2}{L_1+L_2+2M}\geqslant 0$
$(M\leqslant\sqrt{L_1L_2})$
耦合电感的T形去耦等效
公共端为同名端
$L_a=L_1-M$，$L_b=M$，$L_c=L_2-M$
公共端为异名端
$L_a=L_1+M$，$L_b=-M$，$L_c=L_2+M$
耦合电感电路的计算
与一般复杂正弦交流电路的分析方法相同，需考虑互感电压
空心变压器电路
常用于高频电路，耦合系数较小，属于松耦合
理想变压器
理想变压器的VCR
理想变压器的三个条件
无损耗
全耦合
电感和互感趋向于无穷大
理想变压器的阻抗变换
使用一次侧、二次侧阻抗相互折合的方法得到等效电路
双口网络
双口网络的概念
只具有两个外接端口的电路
双口网络的方程与参数
双口网络的阻抗参数
Z参数方程
$\dot{U}_1=z_{11}\dot{I}_1+z_{12}\dot{I}_2$
$\dot{U}_2=z_{21}\dot{I}_1+z_{22}\dot{I}_2$
Z参数矩阵
$Z=\begin{bmatrix}z_{11} & z_{12}\\ z_{21} & z_{22}\end{bmatrix}$
双口网络的导纳参数
Y参数方程
$\dot{I}_1=y_{11}\dot{U}_1+y_{12}\dot{U}_2$
$\dot{I}_2=y_{21}\dot{U}_1+y_{22}\dot{U}_2$
Y参数矩阵
$Y=\begin{bmatrix}y_{11} & y_{12}\\ y_{21} & y_{22}\end{bmatrix}$
双口网络的其他参数
T参数方程
H参数方程
双口网络的等效电路
给定双口网络的Z参数矩阵
通常用T形等效电路
给定双口网络的Y参数矩阵
通常用Π形等效电路
具有端接的双口网络
具有变换阻抗的作用
知识拓展与实际应用
电力变压器
主要功能
升降电压，以利于电能的合理输送和分配
小型单相变压器的设计
计算变压器的输出总容
计算变压器的一次侧总容量、电流及额定容量

7.4 习题全解

一、选择题

1. 符合全耦合、参数无穷大、无损耗这 3 个条件的变压器称为(　　)。

A. 空心变压器　　B. 理想变压器　　C. 实际变压器

答案：B

2. 在线圈几何尺寸确定后，其互感电压的大小正比于相邻线圈中电流的(　　)。

A. 大小　　B. 变化量　　C. 变化率

答案：C

3. 两互感线圈的耦合系数 $k=$(　　)。

A. $\dfrac{\sqrt{M}}{L_1L_2}$　　B. $\dfrac{M}{\sqrt{L_1L_2}}$　　C. $\dfrac{M}{L_1L_2}$

答案：B

4. 当两互感线圈同侧相并时，其等效电感量 $L_{同}=$(　　)。

A. $\dfrac{L_1L_2-M^2}{L_1+L_2-2M}$　　B. $\dfrac{L_1L_2-M^2}{L_1+L_2+2M^2}$　　C. $\dfrac{L_1L_2-M^2}{L_1+L_2-M^2}$

答案：A

5. 当两互感线圈顺向串联时，其等效电感量 $L_{顺}=$(　　)。

A. L_1+L_2-2M　　B. L_1+L_2+M　　C. L_1+L_2+2M

答案：C

6. 符合无损耗、$k=1$、自感量和互感量均为无穷大条件的变压器是(　　)。

A. 理想变压器　　B. 全耦合变压器　　C. 空心变压器

答案：A

7. 反射阻抗的性质与次级回路总阻抗的性质相反的变压器是(　　)。

A. 理想变压器　　B. 全耦合变压器　　C. 空心变压器

答案：C

8. 在变比为 k 的变压器二次侧接上阻抗模为 $|Z|$ 的负载，在变压器一次侧的等效阻抗模为(　　)。

A. $\dfrac{|Z|}{k}$　　B. $k|Z|$　　C. $k^2|Z|$

答案：C

9. 一台单相变压器，一次侧绕组为 100 匝，二次侧绕组为 25 匝，则该变压器的变比为(　　)。

A. 2　　B. 0.25　　C. 4

答案：C

10. 一台单相变压器，一次侧电压为 3000 V，二次侧电压为 150 V，则该变压器的变比为(　　)。

A. 15　　B. 20　　C. 25

答案：B

二、填空题

1. 对于两个耦合的电感线圈，假定其电感分别为 2 mH 和 8 mH，两者间可能的最大互感为________ mH。

答案：4

2. 一台单相变压器，一次侧绕组为 100 匝，二次侧绕组为 10 匝，二次侧电压为 500 V，则该变压器的一次侧电压为________ V。

答案：5000

三、分析计算题

1. 求图 7 - 2 所示电路的等效阻抗。

解　两线圈为异侧相并，所以等效阻抗

$$X_L = \omega \frac{L_1 L_2 - M^2}{L_1 + L_2 + 2M}$$

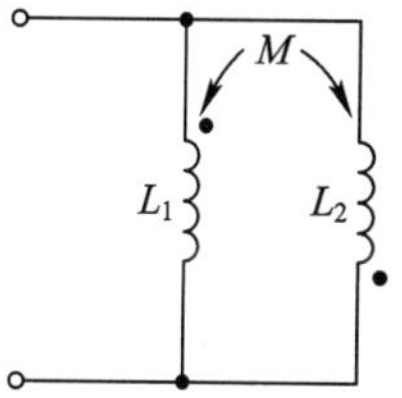

图 7 - 2

2. 耦合电感 $L_1=6$ H，$L_2=4$ H，$M=3$ H，试计算耦合电感串联、并联时的各等效电感值。

解

$$L_{顺}=6+4+2\times3=16\ \text{H}$$

$$L_{反}=6+4-2\times3=4\ \text{H}$$

$$L_{同}=\frac{4\times6-3^2}{6+4-6}=\frac{15}{4}=3.75\ \text{H}$$

$$L_{异}=\frac{4\times6-3^2}{6+4+6}=\frac{15}{16}=0.9375\ \text{H}$$

3. 耦合电感 $L_1=6$ H，$L_2=4$ H，$M=3$ H。

(1) 若 L_2 短路，求 L_1 端的等效电感值；

(2) 若 L_1 短路，求 L_2 端的等效电感值。

解　(1) 若 L_2 短路，设在 L_1 两端加电压 $\dot{U}_1$，则

$$\dot{U}_1 = j\omega L_1 \dot{I}_1 - j\omega M \dot{I}_2 \qquad (1)$$

$$j\omega L_2 \dot{I}_2 - j\omega M \dot{I}_1 = 0 \qquad (2)$$

由式(2)得 $\dot{I}_2=\frac{M}{L_2}\dot{I}_1$，代入式(1)得

$$\dot{U}_1 = j\omega L_1 \dot{I}_1 - j\omega \frac{M^2}{L_2}\dot{I}_1 = j\omega\left(L_1 - \frac{M^2}{L_2}\right)\dot{I}_1$$

所以

$$\frac{\dot{U}_1}{\dot{I}_1} = j\omega\left(L_1 - \frac{M^2}{L_2}\right)$$

得 L_1 端等效电感

$$L_1'=L_1-\frac{M^2}{L_2}=6-\frac{9}{4}=3.75\ \text{H}$$

(2) 同理可得 L_1 短路时 L_2 端的等效电感

$$L_2'=L_2-\frac{M^2}{L_1}=4-\frac{9}{6}=2.5\ \text{H}$$

也可根据反射阻抗的公式直接计算等效电感量，得

$$Z_{1r}=\frac{\omega^2M^2}{Z_{22}}=\mathrm{j}\omega L_2$$

$$Z_{1r}=\frac{\omega^2M^2}{\mathrm{j}\omega L_2}=-\frac{\mathrm{j}\omega M^2}{L_2}$$

所以

$$L_1'=L_1-\frac{M^2}{L_2}=6-\frac{9}{4}=3.75\ \text{H}$$

7.5 考研真题详解

1. 在如图 7-3 所示的正弦稳态电路中，$L_1=L_2=L_3=0.1$ H，$M=0.04$ H，$R_1=R_2=320\ \Omega$，$C=5\ \mu$F，$\dot{U}_{AB}=10\angle 0°$ V，电源角频率 $\omega=2\times10^3$ rad/s。试求使 C-L_4 发生谐振时 L_4 的值，并计算此时的 $\dot{U}_{DE}$ 及电路的平均功率。

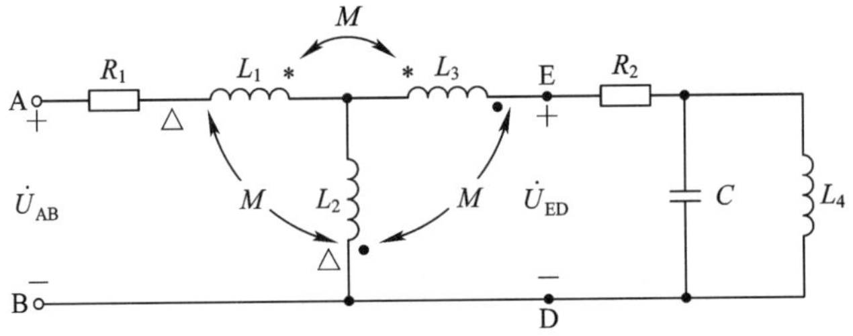

图 7-3

解 使 C-L_4 发生谐振的 L_4 的值为

$$L_4=\frac{1}{\omega^2C}=\frac{1}{(2\times10^3)^2\times5\times10^{-6}}=0.05\ \text{H}$$

作出消互感等效电路，如图 7-4 所示，当 C-L_4 谐振时，$\dot{I}_2$ 为零，所以

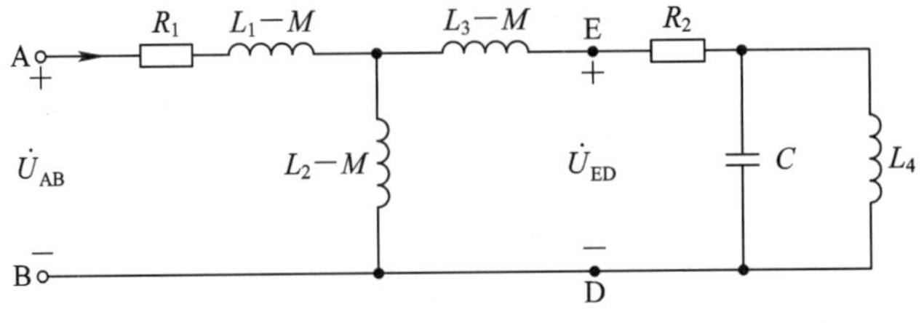

图 7-4

$$\dot{I}_1=\frac{\dot{U}_{AB}}{R_1+j\omega(L_1-M+L_2-M)}=\frac{10\angle 0^\circ}{320+j240}=0.025\angle(-36.87^\circ)\ \text{A}$$

$$\dot{U}_{DE}=j\omega(L_2-M)\dot{I}_1=j120\times 0.025\angle(-36.87^\circ)=3\angle 53.13^\circ\ \text{V}$$

电路的平均功率：

$$P=R_1I_1^2=320\times 0.025^2=0.2\ \text{W}$$

2. 电路如图 7－5 所示，已知 $L_1=5$ H，$L_2=1.2$ H，$M=1$ H，$R=10$ Ω，试分别求 $u_S(t)=100\sqrt{2}\cos t$ V 和 $u_S(t)=50\sqrt{2}\cos t$ V 时的电流 i_2。

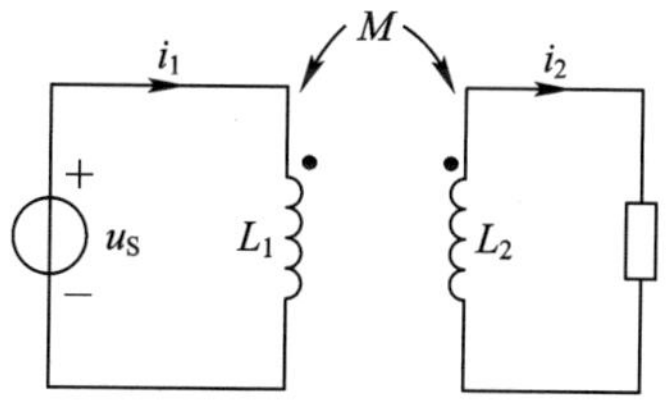

图 7－5

解　用戴维南定理求解。

(1)
$$\dot{U}_{OC}=\frac{100}{j5}\times j1=20\ \text{V}$$

$$Z_0=\frac{\omega^2M^2}{Z_{11}}=\frac{1}{j5}=-j0.2\ \Omega$$

$$\dot{I}_2=\frac{\dot{U}_{oc}}{Z_0+10+j1.2}=\frac{20}{10+j}=2\angle(-5.7^\circ)\ \text{A}$$

$$i_2(t)=2\sqrt{2}\cos(t-5.7^\circ)\ \text{A}$$

(2)
$$\dot{U}_{OC}=10\ \text{V}$$

$$\dot{I}_2=1\angle(-5.7^\circ)\ \text{A}$$

$$i_2(t)=\sqrt{2}\cos(t-5.7^\circ)\ \text{A}$$

3. 在如图 7－6 所示的电路中，$R=50$ Ω，$L_1=20$ mH，$L_2=60$ mH，$M=20$ mH，$\omega=10^4$ rad/s，$\dot{U}=200e^{j10^\circ}$ V。

(1) 电容 C 取何值时，才能使整个电路发生谐振？

(2) 计算谐振时的各支路电流 $\dot{I}_1$、$\dot{I}_2$、$\dot{I}_3$ 及电压 $\dot{U}_{AB}$、$\dot{U}_{BD}$。

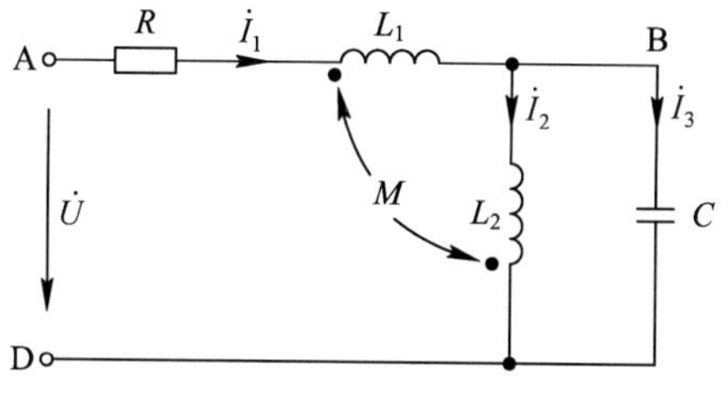

图 7－6

解　作出消互感的等效电路，如图 7－7 所示。要使整个电路发生谐振，应使入端阻抗 Z_{AB} 的虚部为零，由此可求出使电路谐振的 C 值。

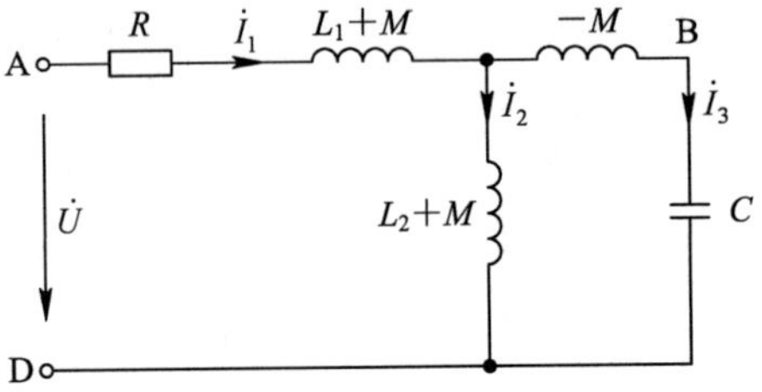

图 7－7

$$Z_{AD}=R+j\omega(L_1+M)+j\omega(L_2+M)/\!/\left(-j\omega M-j\frac{1}{\omega C}\right)$$

$$=50+j10^4(20+20)\times10^{-3}+j10^4(60+20)\times10^{-3}/\!/\left(-j10^4\times20\times10^{-3}-j\frac{1}{\omega C}\right)$$

$$=50+j\left[400-\frac{800\left(200+\dfrac{1}{\omega C}\right)}{600-\dfrac{1}{\omega C}}\right]$$

令 $\mathrm{Im}[Z_{AD}]=0$，解出 $C=1.5\ \mu F$。

计算谐振时各支路的电流、电压：

$$\dot{I}_1=\frac{\dot{U}}{Z_{AD}}=\frac{200e^{j10°}}{50}=4\angle0°$$

$$\dot{I}_2=\frac{\left(-j\omega M-j\dfrac{1}{\omega C}\right)\dot{I}_1}{j\omega(L_2+M)-j\omega M-j\dfrac{1}{\omega C}}=2\angle180°\ A$$

$$\dot{I}_3=\dot{I}_1-\dot{I}_2=4\angle0°-2\angle180°=6\angle0°\ A$$

$$\dot{U}_{BD}=\left(-j\frac{1}{\omega C}\right)\dot{I}_2=-j\frac{200}{3}\times6\angle0°=400\angle(-90°)\ V$$

$$\dot{U}_{AB}=\dot{U}_{AD}-\dot{U}_{BD}=200\angle0°-400\angle(-90°)=447.2\angle63.43°\ V$$

4. 如图 7－8 所示，已知 $R_1=R_2=50\ \Omega$，$L_1=40$ mH，$L_2=M=10$ mH，$C=\frac{1}{3}\ \mu F$，

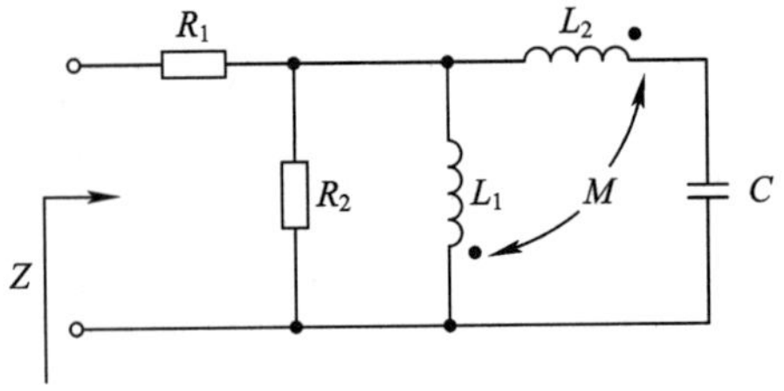

图 7－8

求电路的谐振角频率 ω_0 和谐振时的输入端阻抗 Z。

解　先作去耦合等效电路，如图 7-9 所示。

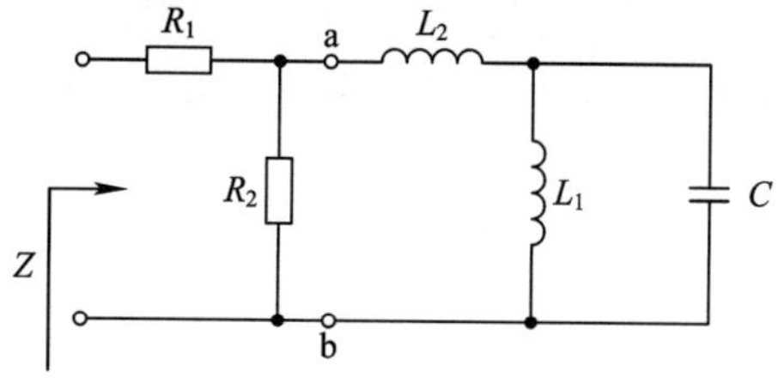

图 7-9

并联谐振角频率：

$$\omega_{01}=\frac{1}{\sqrt{30\times10^{-3}\times\frac{1}{3}\times10^{-6}}}\ \text{rad/s}=10^4\ \text{rad/s}$$

并联谐振时输入端阻抗：

$$Z_{01}=(50+50)\ \Omega=100\ \Omega$$

发生串联谐振时，a、b 端等电位，相当于短路，此时，10 mH 电感和 30 mH 电感可看成并联，并联等效电感为 7.5 mH，则串联谐振角频率：

$$\omega_{02}=\frac{1}{\sqrt{7.5\times10^{-3}\times\frac{1}{3}\times10^{-6}}}\ \text{rad/s}=(2\times10^4)\ \text{rad/s}$$

串联谐振时输入端阻抗：$Z_{02}=50\ \Omega$。

5. 电路如图 7-10 所示，已知 $R_1=50\ \Omega$，$R_2=20\ \Omega$，$\omega L_1=160\ \Omega$，$\omega L_2=40\ \Omega$，$\frac{1}{\omega C}=80\ \Omega$，耦合系数 $k=0.5$，$\dot{U}_S=100\angle0°\ \text{V}$。求：

(1) 两个线圈中的电流；

(2) 电源发出的有功功率和无功功率；

(3) 电路的入端阻抗。

解　电路如图 7-11 所示，互感阻抗：

$$\omega M=\omega k\sqrt{L_1L_2}=k\sqrt{(\omega L_1)(\omega L_2)}=(0.5\times\sqrt{160\times40})\ \Omega=40\ \Omega$$

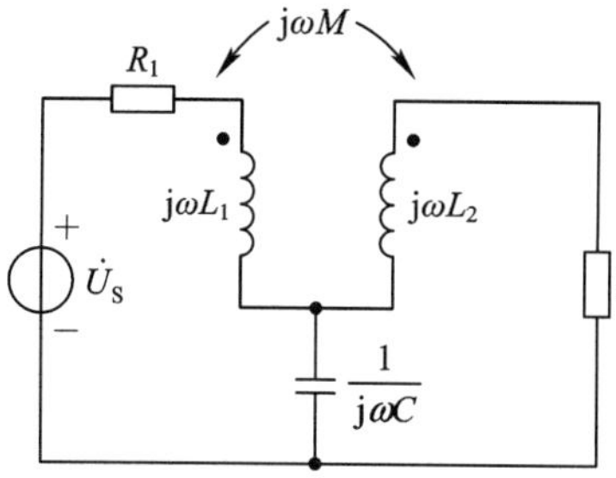

图 7-10

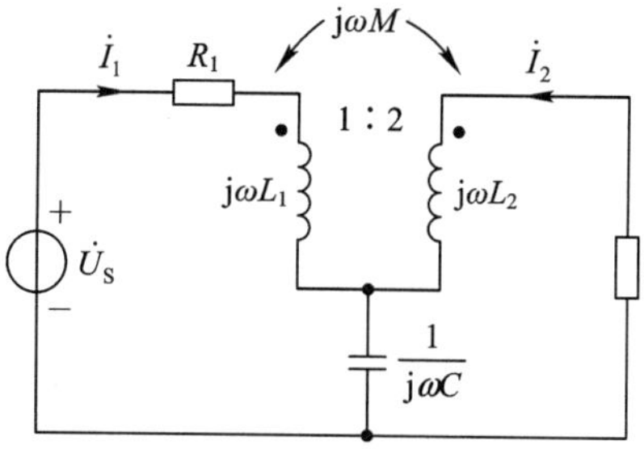

图 7-11

列写回路方程：

$$\left(R_1+\mathrm{j}\omega L_1-\mathrm{j}\frac{1}{\omega C}\right)\dot{I}_1+\left(\mathrm{j}\omega M-\mathrm{j}\frac{1}{\omega C}\right)\dot{I}_2=\dot{U}_S$$

$$\left(\mathrm{j}\omega M-\mathrm{j}\frac{1}{\omega C}\right)\dot{I}_1+\left(R_2+\mathrm{j}\omega L_2-\mathrm{j}\frac{1}{\omega C}\right)\dot{I}_2=0$$

代入数值可得

$$(50+\mathrm{j}80)\dot{I}_1-\mathrm{j}40\dot{I}_2=100$$

$$-\mathrm{j}40\dot{I}_1+(20-\mathrm{j}40)\dot{I}_2=0$$

解得

$$\dot{I}_1=0.7692\angle(-59.49^\circ)\ \mathrm{A}$$

$$\dot{I}_2=0.688\angle 93.94^\circ\ \mathrm{A}$$

电源的发出功率：

$$\overline{S}=\dot{U}_S\dot{I}_1^*=(100\angle 0^\circ\times 0.7692\angle(-59.49^\circ))\ \mathrm{V\cdot A}=(39.05+\mathrm{j}66.27)\ \mathrm{V\cdot A}$$

则

$$P=39.05\ \mathrm{W}$$

$$Q=66.27\ \mathrm{var}$$

入端阻抗：

$$Z=\frac{\dot{U}_S}{\dot{I}_1}=\frac{100\angle 0^\circ}{0.7692\angle(-59.49^\circ)}\ \Omega=(66+\mathrm{j}112)\ \Omega$$

6. 含理想变压器的电路如图 7－12 所示，求从端口 a、b 看进去的输入阻抗。

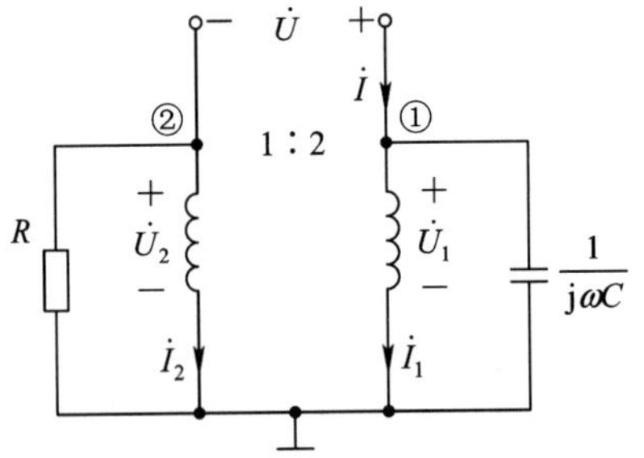

图 7－12

解 由于输入阻抗 $Z_i=\frac{\dot{U}}{\dot{I}}$，所以只需求出$\frac{\dot{U}}{\dot{I}}$即可。采用结点电压法，结点的选取如图 7－12 所示，有

$$\mathrm{j}\omega C\dot{U}_1+\dot{I}_1=\dot{I} \tag{1}$$

$$\frac{\dot{U}_2}{R}+\dot{I}_2=-\dot{I} \tag{2}$$

根据理想变压器端口特性方程，又有

$$\dot{I}_1=-\frac{1}{n}\dot{I}_2 \tag{3}$$

$$\dot{U}_1=n\dot{U}_2 \tag{4}$$

消去 $\dot{I}_1$、$\dot{I}_2$、$\dot{U}_1$ 后，则有

$$\dot{I}=-\frac{(1+\mathrm{j}\omega CRn^2)\dot{U}_2}{R(1-n)} \tag{5}$$

又由于

$$\dot{U}=\dot{U}_1-\dot{U}_2=n\dot{U}_2-\dot{U}_2=(n-1)\dot{U}_2$$

代入式(5)，解得

$$Z_{\mathrm{i}}=\frac{\dot{U}}{\dot{I}}=\frac{(1-n)^2R}{1+\mathrm{j}\omega CRn^2}$$

7. 在如图 7-13 所示的电路中，$C_1=10^{-3}$ F，$L_1=0.3$ H，$L_2=0.6$ H，$M=0.2$ H，$R=10\ \Omega$，$u_S=100\sqrt{2}\cos(100t-30°)$ V，C 可变动。C 为何值时，R 可获得最大功率？求出最大功率。

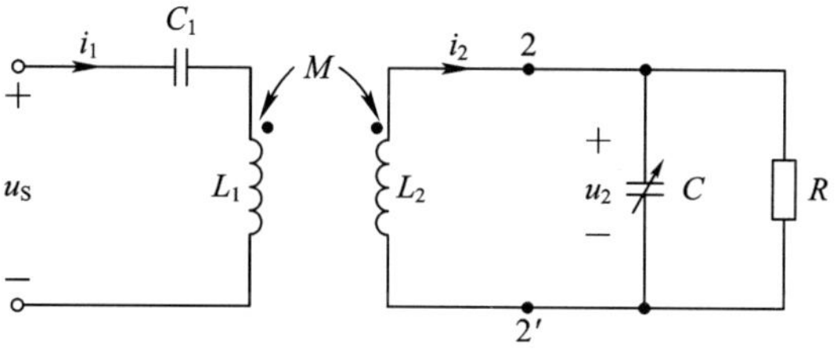

图 7-13

解　图 7-13 中端口 2-2′用电压源 $\dot{U}_2$ 替代，则网孔方程如下：

$$\left(\mathrm{j}\omega L_1-\mathrm{j}\frac{1}{\omega C_1}\right)\dot{I}_1-\mathrm{j}\omega\dot{M}I_2=\dot{U}_S$$

$$-\mathrm{j}\omega\dot{M}I_1+\mathrm{j}\omega L_2\dot{I}_2=-U_2$$

解得

$$\dot{I}_2=\frac{1}{\mathrm{j}40}\dot{U}_S-\frac{1}{\mathrm{j}40}U_2$$

诺顿等效电路的参数：

$$\dot{I}_2=\frac{1}{\mathrm{j}40}\dot{U}_S=2.5\angle(-120°)\ \mathrm{A}$$

$$\mathrm{Y}_{\mathrm{eq}}=\frac{1}{\mathrm{j}40}=-\mathrm{j}0.025\ \mathrm{S}$$

显然在电路端口 2-2′并联 RC 电路后，端电压 $\dot{U}_{22}$ 最大时，R 获最大功率，其实现条件如下：

$$\omega C=0.025,\ C=\frac{0.025}{\omega}=\frac{0.025}{100}=250\ \mu\text{F}$$

证明 $Y_{eq}+j\omega C=0$，$\dot{I}_{SC}$ 全部流入 R，其最大功率：

$$P_{max}=(\dot{I}_{SC})^2R=62.5\ \text{W}$$

只有当 Y_{eq} 为感性时，才有实现的可能。

8. 图 7－14 为含有耦合电感的正弦稳态电路，电源角频率为 ω，试写出网孔电流方程和结点电压方程。

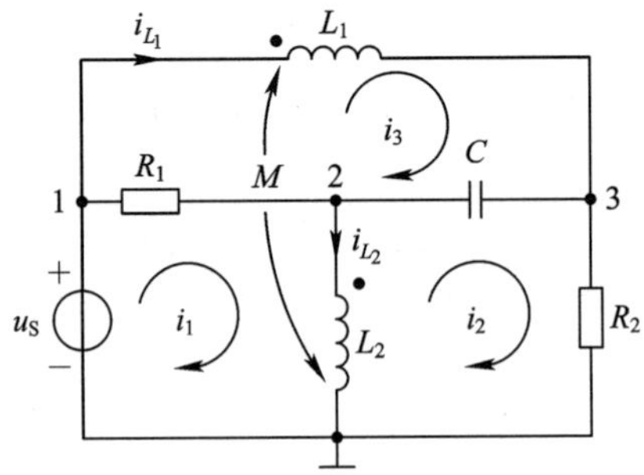

图 7－14

解 （1）网孔电流方程。

设 L_1、L_2 的电压 U_{L_1}、U_{L_2} 均以标记端为正极性端，由耦合电感的伏安关系，有

$$\dot{U}_{L1}=j\omega L_1\dot{I}_3+j\omega M(\dot{I}_1-\dot{I}_2)=j\omega M\dot{I}_1-j\omega M\dot{I}_2+j\omega L_1\dot{I}_3$$

$$\dot{U}_{L2}=j\omega L_2(\dot{I}_1-\dot{I}_2)+j\omega M\dot{I}_3=j\omega L_2\dot{I}_1-j\omega L_2\dot{I}_2+j\omega M\dot{I}_3$$

对各网孔应用 KVL，有

$$m_1:\ R_1\dot{I}_1-R_1\dot{I}_3+\dot{U}_{L2}=\dot{U}_S$$

$$m_2:\ \left(R_2-j\frac{1}{\omega C}\right)\dot{I}_2+j\frac{1}{\omega C}\dot{I}_3-\dot{U}_{L2}=0$$

$$m_3:\ -R_1\dot{I}_1+j\frac{1}{\omega C}\dot{I}_2+\left(R_1-j\frac{1}{\omega C}\right)\dot{I}_3+\dot{U}_{L1}=0$$

将 $\dot{U}_{L1}$、$\dot{U}_{L2}$ 代入以上三式，整理后有

$$(R_1+j\omega L_2)\dot{I}_1-j\omega L_2\dot{I}_2+(-R_1+j\omega M)\dot{I}_3=\dot{U}_S$$

$$-j\omega L_2\dot{I}_1+\left[R_2+j\left(\omega L_2-\frac{1}{\omega C}\right)\right]\dot{I}_2+j\left(\frac{1}{\omega C}-\omega M\right)\dot{I}_3=0$$

$$(-R_1+j\omega M)\dot{I}_1+j\left(\frac{1}{\omega C}-\omega M\right)\dot{I}_2+\left[R_1+j\left(\omega L_1-\frac{1}{\omega C}\right)\right]\dot{I}_3=0$$

（2）结点电压方程。

对含有耦合电感的电路列写结点电压方程，可将耦合电感的电流也作为方程变量。结点电压方程如下：

$$\dot{U}_1=\dot{U}_S$$

$$\left(\frac{1}{R_1}+\mathrm{j}\omega C\right)\dot{U}_2-\mathrm{j}\omega C\dot{U}_3+\dot{I}_{L2}=\frac{1}{R_1}\dot{U}_S$$

$$-\mathrm{j}\omega C\dot{U}_2+\left(\frac{1}{R_2}+\mathrm{j}\omega C\right)\dot{U}_3-\dot{I}_{L1}=0$$

$$-\mathrm{j}\omega C\dot{U}_2+\left(\frac{1}{R_2}+\mathrm{j}\omega C\right)\dot{U}_3-\dot{I}_{L1}=0$$

$$\dot{U}_1-\dot{U}_3=\mathrm{j}\omega L_1\dot{I}_{L1}+\mathrm{j}\omega M\dot{I}_{L2}$$

$$\dot{U}_2=\mathrm{j}\omega M\dot{I}_{L1}+\mathrm{j}\omega L_2\dot{I}_{L2}$$

可见，对含有耦合电感的电路，结点法通常不能直接应用，因为连接到每个结点的自导纳不能直接表示，这里应用的结点法实际上是一种改进的结点法。